中国现代科学全书·石油与天然气工程学

油气储运工程

严大凡　张劲军　编著

中国石化出版社

图书在版编目（CIP）数据

油气储运工程 / 严大凡，张劲军编著 .
—北京：中国石化出版社，2003(2025.2 重印)
（中国现代科学全书·石油与天然气工程学）
ISBN 978-7-80164-317-9

Ⅰ.①油… Ⅱ.①严… ②张… Ⅲ.石油与天然气储运 Ⅳ.TE8

中国版本图书馆 CIP 数据核字（2002）第 100507 号

中国石化出版社出版发行
地址：北京市东城区安定门外大街 58 号
邮编：100011　电话：(010)57512500
发行部电话：(010)57512575
http://www.sinopec-press.com
E-mail：press@sinopec.com
北京艾普海德印刷有限公司印刷
全国各地新华书店经销
*
850×1168 毫米 32 开本 10.5 印张 270 千字
2025年2月第1版第13次印刷
定价：48.00 元

石油与天然气工程学序

《中国现代科学全书》是一套规模宏大的学术专著丛书，它的任务是系统、全面地概述我国现代自然科学和社会科学各学科的建设与发展及其学术研究的主要成果，为繁荣和发展我国与世界各国之间的科学文化交流服务。它是一项迎接21世纪的科学文化建设工程。

石油与天然气工程学科是工业分卷中的一部分，其内容又按四个分支学科分为五卷，即《油气勘探工程》、《油气井工程》、《油气田开发工程》、《油气开采工程》、《油气储运工程》。

近代石油工业的发展约有150年的历史。石油在20世纪世界工业化进程中起了极其重要的作用，它不仅在能源、交通方面支撑着工业化的进行，在化工等各个方面也起着举足轻重的作用，因此被称为“工业的血液”。我国是世界上最早发现、开采和利用石油的文明古国。两千年前，我们的祖先就开始描述和利用石油了。公元前221~210年，四川出现了用顿钻钻凿的天然气井；13世纪，四川的先民已大规模开采气田煮盐。公元1878~1949年的旧中国勘探、开发了一批油气田，如玉门的老君庙、新疆的独山子、台湾苗栗的出磺坑、陕北的延长等油田、四川的圣灯山等气田；但自1904年至1949年累积产量仅210万吨。因此，中国现代石油工业的建设是在1949年全国解放以后开始的；经过半个世纪的奋斗，已发现了大庆、胜利、克拉玛依、辽河、任丘、渤海蓬莱19-3等一批油田和四川、陕甘宁、南海、柴达木、塔里木等一批气区；2000年我国的原油产量达到了1.6亿吨，天然气产量262亿立方米。

我国石油工业极其艰难地走过了半个世纪。由于中国地质构造和陆相沉积的复杂性使石油勘探开发工作也极具特色，这也决定了石油学科的科学技术发展方面的特殊性，它丰富了世界油气勘探开发理论和技术的宝库，应予以很好总结。

虽然中国的石油工业进入了大发展的阶段，但是国民经济的快速发展对石油工业提出了更高的要求。1993年，我国又开始进口原油了，而且今后石油缺口还会不断扩大。在这样矛盾的情况下，对中国石油工业应有一个正确的认识，它到底是一个发展中的产业或高峰期的产业还是一个夕阳产业？目前的几个事实应该能清楚地说明上述问题。一是我国油气产量还在逐年稳步上升，保持在世界前十位这样一个较高的产量水平上，二是后备储量也在不断增长，能支持产量维持在这一较高水平上，能确保“西气东输”的资源基础。三是大型油气田还在不断发现，如近几年发现的内蒙古苏里格大气田(5千亿立方米以上)、塔里木盆地的克拉2号大气田(2.5千亿立方米)是目前我国最大的整装气田，渤海湾的蓬莱19-3油田，为位列大庆油田之后的第二大油田，说明我国东、西部地区都有着巨大的潜力，说明我国石油工业仍处在向上发展阶段；特别值得一提的是蓬莱19-3油田，它是在我国东部老区上第三系新领域发现的大油田。根据对我国资源量的估算，石油高峰年产量预计将达到2.5亿吨左右。

本书回顾和总结了前五十年的石油工业理论和技术发展概况和发展水平，对未来的发展趋势和可能前景作了预测，相信会对今后石油学科的发展和有关政策的制定起到应有的作用。

《石油与天然气工程学》主编　张一伟

2002年6月

前　言

油气储运系统是连接油气生产、加工、分配、销售诸环节的纽带，它主要包括油气田集输、长距离输送管道、储存与装卸及城市输配系统等，在保障国家能源供应、维护能源安全中具有重要作用。随着“西气东输”等大型油气储运工程的开工建设，我国油气储运业进入了一个新的大发展时期。油气储运工程不仅与相关技术领域的联系越来越紧密，而且从来没有像今天这样与普通百姓的生活息息相关。与此同时，我们也面临着越来越强烈的技术挑战和竞争压力。为了给相关学科的技术及管理人员了解油气储运工程提供一座桥梁，本书较系统地介绍了油气储运系统的主要组成部分及其工作原理和基本概念，并力图反映技术的新成就和发展趋势。

全书共分八章，主要内容包括油气储运工程概述、矿场油气集输、长距离输油管道、长距离输气管道及城市输配气工程、长输油气管道的线路工程及风险管理、油料的储存及综合运输、海上油气田的油气储运，最后对21世纪油气储运技术的发展进行了展望。

根据《中国现代科学全书》编辑工作委员会制定的编撰条例，石油大学(北京)油气储运工程系严大凡教授、张劲军教授组织了《石油与天然气工程学》之《油气储运工程》的编写工作。参加编写工作的都是我国油气储运界的知名专家、教授，其中严大凡教授撰写第一、五章以及第八章第一、四节，石油大学(华东)储运与城建学院冯叔初教授撰写第二章，张劲军教授撰写第三章以及第八章第二节，石油大学(北京)油气储运工程系吴长春教授撰写第四章及第八章第三节，中国石化集团公司北京设计院彭国庆教授级高工撰写第六章，中国海洋石油总公司原总工程师张培生教授级高工撰写第七章。全书由严大凡教授统稿审定。

由于编者水平有限，书中难免存在缺点错误，恳切希望读者批评指正。

严大凡　张劲军

2002年6月

目录

第一章 概 述

一、油气储运系统的任务

油气储运顾名思义就是油和气的储存与运输。在石油工业内部它是联接产、运、销各环节的纽带，包括矿场油气集输及处理、油气的长距离运输、各转运枢纽的储存和装卸、终点分配油库(或配气站)的营销、炼油厂和石化厂的油气储运等。

矿场油气集输就是在各油(气)田上收集各井产出的原油(或天然气)及其伴生物，经分离、计量后汇集输送至处理站。对于油井，要分离其伴生的天然气及水；对于气井，则要分离其伴生的凝析油及水。各井分离后的油气分别计量后又汇集在一起用一条管路混输至处理站，或用两条管路(单井产量大时)分别输往处理站。因为各井的油气产量是监控该井生产情况的重要参数，故以往在各油气田上均为单井分别计量油气而专设油气分离设施。90年代以来，随着多相计量技术的发展，国内外已有不少油气田采用多相流量计一起计量各井产出的油和气量，以便不用分离就将各井的产出液直接输往处理站，显著简化了集输流程，节约了地面建设的投资。

处理站上需要进行的工作是油气水的进一步分离和净化，包括轻烃回收、原油稳定、含油污水处理、气体脱水、脱 CO_2 和脱硫等，详见本书的第2章。油气集输管网的投资约占油气田地面工程总投资的1/3，油气集输系统的能耗则占油田生产总能耗的近40%，故集输管网的优化配置和运行管理，对油气田节约投资和降低运行成本有重要的经济意义。

经净化处理后达到国家规定要求的质量标准的原油和天然气，是油(气)田的商品，集中到外输计量站向外运送。

原油的外输可以通过火车油槽车、油轮或长距离管道运输，应视运量、运距及地理条件的不同而选择经济的运输方式。一般说来，铁路运输大都用于运量和运距较小的情况。

长距离管道连绵数百至几千公里，要穿越河流、跨越峡谷、翻山越岭或由隧道通过，工程艰巨。为了给在管道中流动着的油(气)提供能量，以克服流动的阻力、提供举升的能量，在输油管道沿线需设若干个中间加压泵站，给油流加压。在输气管道沿线则要设中间压缩机站给天然气加压。在管路沿线每隔一定距离还要设中间截断阀，以便发生事故或检修时关断。沿线还有保护地下管道免受腐蚀的阴极保护站等辅助设施。

由于我国所产的原油大都含蜡多、凝点高，在管道输送中需要采用在各中间泵站上加热，以保持全线的油温高于凝点的加热输送方法，或采用加入降凝剂以降低原油凝点的方法输送，称为加剂改性输送。

长距离原油管道的终点可以是炼油厂的原油库或其它转运枢纽。原油的转运枢纽相对比较单一，大都属于港口油库，将长输管道输来的原油经计量后灌装入油轮外运，例如我国的秦皇岛油库，它既是从大庆来的长输管道的末站，又是原油外运的港口。也有的是从油轮上卸下进口的原油，经管道输往内陆的炼厂，如湛江港的油库，又是湛江至茂名的长输管道的起点输油站。由于油轮难免受台风、冰凌等自然条件的影响而延误航期，故无论是装油还是卸油的港口油库，都必须要有足够的储罐容量(一般不少于 3 天的输量)。也有原油管道与铁路联运的枢纽站，但为数较少。

炼油厂的油品储运系统包括：接收从管道或港口油库输来的原油的原油库；接收各装置输来的成品油，并将其向厂外发送的成品油库；在各装置间输转半成品的半成品库等。

各装置与油库间均有管线及相应的泵站连接。港口油库至炼油厂原油库之间常有数十或上百公里的输转管道相接。这些都是保证炼厂正常生产的重要设施。

成品油库除了输转的业务外，还要承担油品调合的业务。通常各炼油装置生产出来的都是油品的基础组分，出厂的石油产品大都是将各种基础油按比例调合而成的，或者是将添加剂加入基础油中调制而成的。调合可以扩大炼厂的产品品种，使产品具有符合使用要求的各种性能，提高产品的质量等级，从而提高炼厂的经济效益。近年来，油品调合的控制技术也有较大的发展。

我国炼油厂成品油的外运一直以铁路运输为主，1977 年建成了第一条长距离的成品油管道——格尔木至拉萨管道，长 1070 公里，管径 150 毫米。直至 1995 年又建成了抚顺至鲅鱼圈的成品油管道，长 246 公里，管径 350 毫米。到 90 年代中，我国成品油的总运量中，铁路仍占近 60%，管道运量仅约 10%。

作为炼油厂商品外销通道的成品油管道运输，其工艺技术要比轻原油管道复杂。首先，鉴于每种成品油的运量都不会很大，为了提高管输的经济效益，大都采用一条管道顺序输送多种成品油的工艺，例如格—拉成品油管道就顺序输送汽油、煤油、柴油三种油品。国外有的成品油管道曾顺序输送几十种牌号的石油产品。其次，成品油管道大都是多个分支、多个出口的，以便向管道沿线及附近的各个城市供应油品。在分输站上可由支线管道输往某一城市，也可是与铁路或公路联运的转运枢纽。有的管道还可能有多个入口的分支，接收多个炼油厂的来油。

为了使在同一管道中前后流动着的各批油品按计划准时到达某一分输站，并尽可能减少其混油损失，顺序输送管道的调度控制要严格按预定的计划进行并及时监测。在管道的末站和分输站上要有混油处理设施。

天然气的输送目前只有两种方法，一是用管路加压输送，二是将天然气液化后用油轮运输。

液化天然气(LNG)是天然气经净化处理后，通过低温冷凝而成的液态混合物。为在常压下保持液态，必须冷却至-162℃以下，其体积为原气态体积的1/600。可以用特殊保温的远洋油轮运输。LNG运达接收的港口后，可卸入接收站的低温储罐中储存，然后再通过加热再气化后，以气态形式用管道输送至用户。

虽然天然气的液化技术始于1914年，但一直到1941年美国才建成世界第一座工业规模的液化天然气装置，到1964年法国设计的第一个液化天然气工厂在阿尔及利亚投产，并在世界上首次采用大型低温油轮远洋运输，将液化天然气输送到英国。当时的油轮容量为2.7万立方米。目前液化天然气船的标准容量为12~13万立方米。由于受到港口水深和必须靠岸装卸的限制，看来在近几年内，液化天然气船的容量不会有大变化。

目前各国投产的天然气液化装置已达160套以上，生产能力大都在每年300~600万吨之间。

天然气液化输送不仅为天然气资源丰富的国家提供了途径，将天然气输送到管道建设受地域限制的市场，更重要的是起着调节世界天然气供应的巨大作用，使能源短缺的国家找到了天然气来源多元化的途径，可避免对一国一地区的依赖，以保障其能源供应，而且其环境效益显著。

但是由于液化装置、低温油轮等的价格昂贵，将天然气液化后出口的国家都是天然气资源十分丰富，因而其井口气价低廉，液化装置处理量大，经远洋运输到达消费地区港口的天然气售价仍有显著的竞争力。运量愈大，经济效益愈好。

据第15届世界石油大会的资料，建设一个年产500万吨的液化天然气厂的上中下游投资共需100~150亿美元(1994年)。要求供应该项目的气田储量不少于2100亿立方米。故液化天然气的远洋运输必须要有供应方、需求方、船运公司、政府和金融机构各方的通力合作，才能使各方受益。

与输油不同，天然气的管道输送必然是上中下游一体化的，开采、收集、处理、运输和分配是在统一的连续密闭的系统中进行的。一般气井的井口压力都比较高，集气站收集各井的来气经调压、计量后输往处理厂，经脱水、脱硫后将合格的天然气输入干线。一般可利用处理厂的压力输送一段距离后再增压，即第一个压气站不一定设在气田出口处。

输气管道沿线必然要有多个分输的管线，与各用气的城市管网相连，图1－1为区域输气管网的示意图。每一个地区(城市)

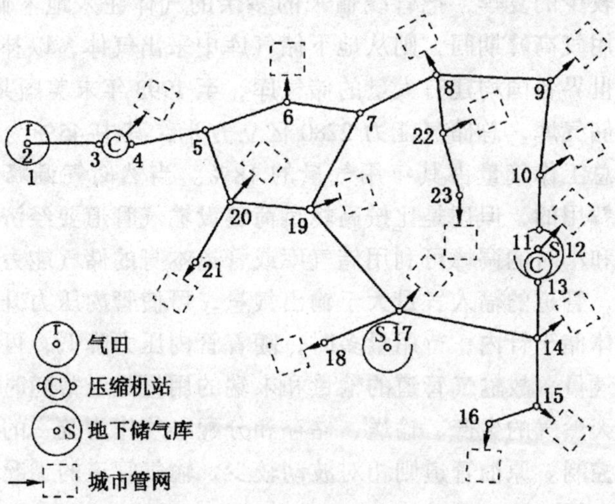

图1－1 区域输气管网示意图

根据其用气量的大小设有多套管网，从高压到低压有多达四套管网的，来气干线与高压管网之间，以及各级管网之间都设有调压计量站。

目前在各发达国家，天然气消费量的约1/4用于发电，主要是调峰电厂，因为燃气机组比蒸汽轮机启动快、效率高。另约1/4用于居民和城市服务业。这两类用户的特点是用气不均衡，不仅冬季和夏季用量差别大，白天的11点和17点前后的用气量要比凌晨2～3点高数倍。例如香港的中华电厂一天只在用电高峰的12小时增加用气发电。以目前尚未用天然气发电的北京为例，99年4月份的用气量与12月份相差5倍。12月10日3点的供气量为18点供气量的1/6。

故输气干线及配气管网都必须有足够容量的储气设施，以调节用气的不均衡，使干线的输量尽可能均匀平稳。为调节月的用气不均衡，通常是在管线末端接近消费中心处建地下储气库，在用气量较少的夏季，把管线输来的多余的气体注入地下储气库；到冬季用气高峰期间，则从地下储气库中采出气体，以补来气的不足。世界各国均建有大量的储气库，至1993年末美国共有386座地下储气库，总储气能力2280亿立方米，其中45%为有效工作气，总工作气量占其年用气量的18%。当然储气调峰是要付出相当费用的，但还是比按高峰负荷建设输气管道要经济。

日和小时的调峰可利用储气库或管道本身的储气能力。在用量少时，管道的输入气量大于输出气量，可使管内压力升高，将部分气体储于管内；待用量多时，随着管内压力降低，可以输出更多的气量。故输气管道的输量和末端的用量是经常随时间而波动的，天然气的生产、输送、储存和分配必须作为统一的整体进行调度控制。原油管道则相对波动较少，输气管道的工况将在第四章中介绍。

天然气的地下储气库除了上述平衡天然气的供应与消耗量之间的差额，通常称为“调峰”的协调供求关系的作用外，还有其它很多用途，首先是战略储备，以应付供气中断的危险。西欧的储气能力达到半年的进口气源的供气量。其次是控制气价和价格套利，为此还要有与储备库配套的输送设施。第三是可用于天然气产供销系统的优化控制。国外有若干个专门经营地下储气库的公司，是天然气储运销系统的重要组成部分。

原油和成品油也需要建储备库，但它的任务主要是战略储备、控制油价和价格套利。吸取1973年石油危机的教训，1974年经合组织(OECD)的国际能源机构(IEA)就规定各成员国有义务保有相当于90天净进口量的石油战略储备。

图1-2为国外某海上油气田的油气储运综合系统示意图。油井产出物经平台预处理后，由海底管道输往岸上的集中处理站。处理合格的天然气，一部分送往陆上某输气干线，一部分送往液化天然气厂，液化后装船外运。合格的原油则送往港口油库装船外运。

上面概略地介绍了油气储运系统的各项工作内容，详情将在后面各章中论述。

二、油气储运系统在国民经济中的地位

由上述简介，读者对油气储运系统在国民经济中的重要性已可见一斑。不仅在石油工业内部它是联系产、运、销的纽带，在全国以至国际范围内，它是能源保障系统的重要一环。石油和天然气是世界各国经济发展和人民生活中不可缺少的重要能源，但全球油气资源的分布却很不均衡，以天然气为例，世界已探明的剩余储量中，俄罗斯占34%，且高度集中在西西伯利亚和远东地区的巨型气田中。人口不到世界5%的中东地区占有32%的探明储量，而人口占世界近60%的亚洲，只有约9%的探明储量[1]。我国的分布不均情况也和世界类同，新疆塔里木盆地的资源量占全国的23%，海域占21%。

一方面资源大都分布在远离消费中心的边缘地区，另一方面各国和各地区的需求量又差别很大。1992年北美、中东、亚洲(包括大洋洲)的天然气消费量占世界总消费量的份额分别为

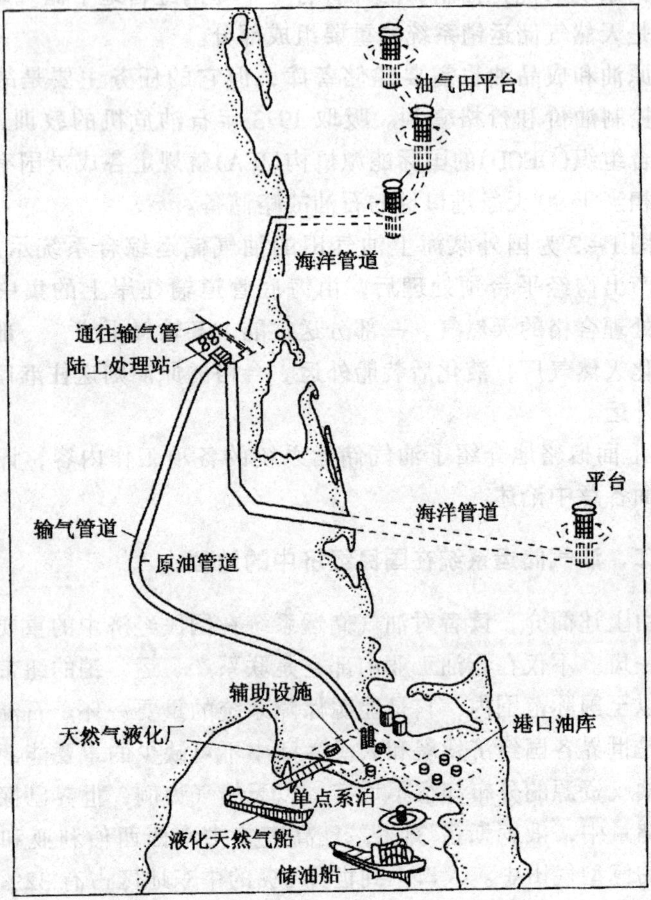

图 1-2　某海上油气田的油气储运系统示意图

32.1%、4.5%和 8.4%[1]。据有关部门预测，到 2010 年我国沪、苏、浙三省市的天然气总需求量要比青海、甘肃两省的总需求量高出 10 倍以上。

不论是国内还是国际，面对这一供需矛盾，都迫切需要一个可靠而巨大的油气储运系统来联系产地和消费中心。油气储运系统的可靠与否不仅影响国家经济建设的可持续发展，也是制约区域经济平衡发展的重要因素。油气储运系统的不完善和故障，必然会给油气生产方(国)和消费方(国)带来重大的经济损失。至于一旦发生战争，油料保障更是战争胜败的关键因素。

欧美各大石油公司均不惜投入巨资建设油气储运设施，各国政府在油气储备、管道安全、输气管网及城市配气的运营等方面均制定了一系列法令、法规，一方面要加强油气供应的保障能力，另一方面又要控制大公司的垄断。

三、油气储运行业的发展历程

油气储运行业的发展历程也是人们逐渐认识其重要性的过程。追根溯源，我国应是最早建设输送管道的国家，早在公元221~263年的蜀汉时期，我国四川、重庆地区就有采用楠竹管道输送卤水来制盐的。17世纪就有用楠竹管道输气的。1859年8月美国打出了第一口油井，1865年10月修建了第一条管径50毫米、长9756米的管道把原油从油田输送到火车站。但油气管道运输的初具规模是在1928年电弧焊技术问世，以及无缝钢管的应用而得到发展的。管道输送技术的第一次飞跃是在二次大战期间，由于德国潜艇对油轮的袭击，严重威胁了美国的油料供应，美国于1942年初开始仅用一年多的时间就紧急建成了一条全长2018公里，管径分别为600毫米(当时最大的)和500毫米的原油管道，保障了原油的供应。半年之后又投用了一条长2373公里、管径为500毫米的成品油管道。对保证盟国的战争胜利起了重要作用。

战后，从50年代中到60年代末，随着各国经济的恢复及工业化发展速度的加快，石油天然气工业得到迅猛发展，各国对油气能源的依赖程度日益加大，油气管道建设得到飞速发展。美国在其管道发展的最高峰的1960年一年就建成了22600公里的输气管道[2]。当时，油气的价格也相对比较低廉。战后50年全世界已建油气长输管道166万公里。

我国的第一条长距离输油管道建于1958年，第一条长距离输气管道建于1963年，目前已有近二万五千公里的长距离油气管道。

进入70年代以后，由于盛产石油的中东地区政局动荡，战事频发，使世界油气价格经常发生剧烈波动，图1-3为1975~1995年期间远东地区到岸的原油和液化天然气价格的变化[1]，从1975年的每百万Btu1.9美元攀升到1980年的6.75美元。

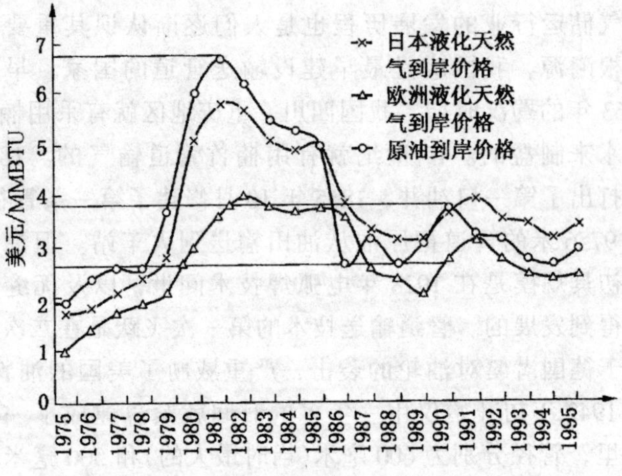

图1-3 1975~1995年间远东地区到岸油、气价的变化

一方面油气的价格波动对管道建设的工程量和运输利润影响很大，例如1992~1994年期间油价持续下跌，1994~1995年期间又迅速上涨，因此1995年的世界管道建设工程量比1993~1994年期间高出数倍。油轮运输业则更是惊险，在1972~1975

年期间他们曾有过运费上涨 5 倍的喜悦，但是在 80 年代中期两伊战争时间，他们的收入非常低微，甚至破产[3]。

另一方面上述历史教训使各国政府和各大石油公司一再认识到建设和管理好油气储运系统的重要性。油气储备量充足的国家在油价波动中套取了暴利，反之则损失不小。因此，除了国内必须有相应规模的储备量以外，油气进口国必须要寻找多个多方向的进口渠道，例如，意大利一方面从东北方向由俄罗斯经捷克进口天然气，另一方面又从北方由荷兰、北海进口天然气，南面穿越西西里海峡，从阿尔及利亚铺设阿意输气管道进口天然气，同时又从西面海上进口 LNG。

历史的教训也使各国认识到，对于大的跨国管道的建设，由于其耗资巨大，且受政治因素的影响大，都要反复权衡酝酿多年，并要在加强国际合作的基础上才可付诸实施。若干在国外媒体上宣传多年的长距离跨国管道，例如 80 年代中开始的美国从阿拉斯加经加拿大外输天然气的"公路管道"，其二期工程迄今未建；又如从 90 年代中就开始酝酿的，从里海大陆架经中亚各国外输原油的管道，迄今尚未实施。

为了减少国际油价急剧波动对我国经济的影响，我们必须迅速完善我国的油气储运设施，尤其要加快建设各种类型的油、气储库。

四、油气储运系统的主要经济规律

如前所述，油气的储运有多种方式可供选择，要作出正确的决策，必须了解油气储运系统的主要经济规律。

对于大宗原油的运输，可供选择的方式主要是管道和海洋运输。海运首先决定于地理条件，即发油点和收油点要有装卸能力足够大的港口。其次，油轮的运输成本是随着油轮吨位的增大而降低的，如表 1－1 所示。

例如，从中东到我国的航程约为6200公里，25万吨级油轮的运价要比用10万吨级少3.5美元/吨，可见运输费的差额是很大的。因此，必须要有足够大的运量和运距，才可能发挥其优势。目前国外用于远洋运输的油轮的载重量大都在10万吨级以上，20万吨级的超级油轮居多，船队的年运量大都在1000万吨以上。

表1-1 油轮运输成本与载重量的关系

载重量/万吨	1.6	1.9	3.0	4.5	7.0	8.5	10.0	20.0
运输成本/%	100	90	63	51	43	40	38	25

因受航线和港口靠泊能力的限制，25万吨级以上的油轮也是少数。1975年油轮运输达到鼎盛时期，远洋运输的平均运距达到7100海里[3]。油轮的主要航线是从中东到美、欧和远东地区。嗣后，由于油价上涨、两伊战争等一系列事件又使原油的远洋运输趋于萧条。

总之，远洋运输的弱点是受难以控制的外界事件的影响大，其突出的优点是大运量时运费低，且随运距的变化不大。进入90年代以来，平均运距接近5000海里的超级油轮的运费大都在每桶1.5美元上下。

长距离油气输送管道的输送成本单价是按每吨·公里(对油)和每千标准立方米·公里(对气)来计算的，输送成本随输量的变化较大。

对原油管道而言，如图1-4所示[4]，对每一种管径而言，都有一个输送成本单价最低的经济输量。输量愈大，采用的管径愈大，其每吨公里的输送成本单价 C_T 也低。管径愈小，经济输量愈小，但其输送成本单价却高。

对某一具体管道而言，其管径D和输送距离L是一定的，因此在某一输量下，每吨油的总运输费用是：输送成本单价×运距，即 $C_T \cdot L$。在同样的管径和输量下，输送距离愈远，每吨油的运输费用也愈高，运费占原油成本的比例也愈大。因此，为使管道运输有较强的竞争力，当管道运输距离较远时，必须要有足够大的输量，才能使每吨油的运输费用不超过油价的某一比例。发达国家每吨油的运费一般都不超过原油价格的5%，例如1995～1996美国原油的平均售价约为每桶18美元(折合130美元/吨)，管道的平均运费为3～4美元/吨。1996年俄罗斯出口原油的国内平均运费为3.5美元/吨[4]。

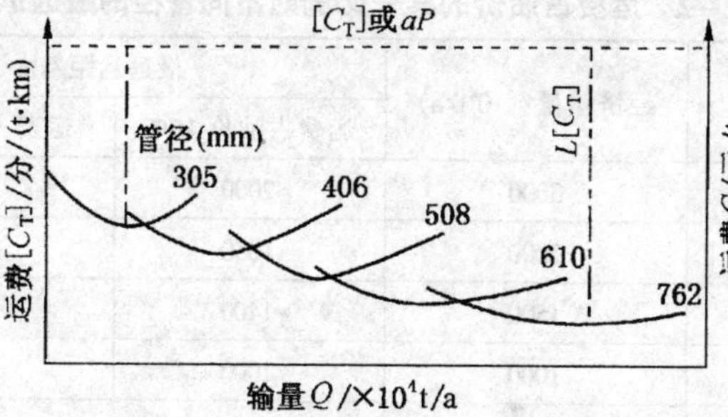

图1-4 经济输量与管径、运费的关系

同一期间，我国大庆—秦皇岛约1000公里的管输运费约为原油售价的5%(输量1000万吨)。由于我国原油的凝点高，管道大都采用加热输送，故运费比国外轻原油要高。输送距离愈远，运费愈高。同样距离的铁路运费约为原油售价的8%～9%。与管道相比，铁路运费受输量的影响较小，主要决定于运距。但其运输能力一般不超过1000万吨/年。

如取原油运价不超过原油售价的某一比例作为界限，则在某一输量及其相应的经济管径下，就有最远运距的限制。表1-2为运费占油价的15%或20%时，相应管径时的经济输量及最远运距[4]。该表按我国1993年的价格水平计算，数值取整了。不同的价格水平，计算结果略有出入。

长距离输气管道的经济规律与输油管道类似，其管输成本也随管径、输量和运距而不同。运距愈远，要求的经济输量和管径就愈大。需要说明的是，按照输送等热值的燃料计算，输气管道的输送费用要比输油管道贵得多($1m^3$ 天然气的热值约相当于 0.8~0.85kg 原油)，图 1-5 所示为输送不同介质时不同距离的运费，可见超过 4000 公里以上，LNG 海运可能比陆上输气管道便宜[5]。

表 1-2 运费占油价的某一比例时不同管径的最远运距

管径/mm	经济输量/(10^4t/a)	最远运距/km	
		运费占油价 15%	运费占油价 20%
820	3000	2000	2550
720	2000	1650	2100
630	1500	1400	1800
529	1000	1000	1300
426	600	650	830
377	400	470	600
325	300	320	420
273	200	270	360

根据美国 80 年代中的统计，管输不同介质每输送 1000 公里所消耗的能量与所输燃料的比例为原油 0.4%、成品油 0.5%、天然气 2.5%[6]。

其次，天然气的销售成本构成与原油显著不同，根据我国近年来的天然气管道的设计数据，输送距离约 1000 公里，输量为 30 亿标立方米/年(按热值计约为 1.05×10^8 百万 Btu)时，管输费用与井口气价接近相等。即在天然气的售价中运输费用占的比例可能超过气田气价，城市配气的费用也可能超过气田气价。

据美国某公司 1998 年的资料，每标准立方米天然气各环节的成本为：产气 7.07 美分，管输和储存 2.65 美分，分配和销售 8.83 美分，合计 18.5 美分。1994 年加拿大的前两项成本约均为 3 美分。加拿大国内的运距比美国大得多，故其管输成本高。

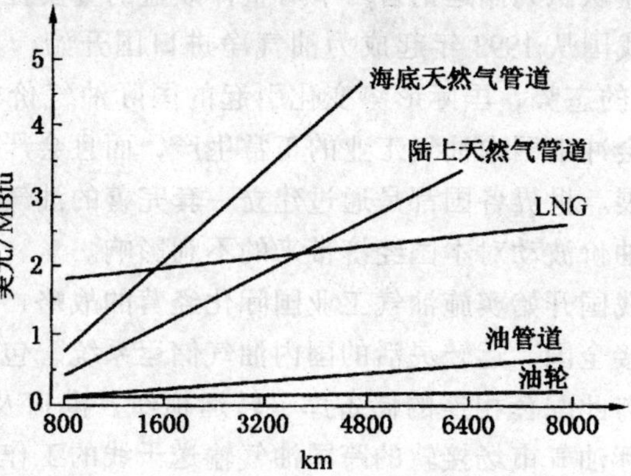

图 1－5 输送不同介质时不同距离的运费

上述数据说明，在到达用户的天然气价格中，运输、储存和分配占有相当大的比重。

众所周知，原油的输送是给炼油厂供应必需的原料，运输费用将计入炼厂的成本。而天然气则是一种可替代的燃料，到达用户的价格必须有竞争力。和其它燃料相比，天然气除了环保和使用效率上的优势外，各种燃料均应按等热值的价格进行比较(欧美各国习惯使用的单位是每百万 Btu，约相当于 1.05×10^9 焦耳)，故必须特别计较天然气在储运、分配环节的费用，以降低到达用户的售价。

五、向市场经济过渡的油气储运系统

长期以来，我国的石油天然气工业在计划经济体制内，只重视产量，不关心销售，生产出来的油气按什么价格卖到哪里去是由上级部门安排的。在整个产运销的流通过程中，销售环节占去了利润的大部分，而销售的通畅与否又是与储运设施密不可分的。这在国外也是如此。在向市场经济过渡的过程中，石油、石化集团日益认识到储运销售环节对整体效益的重要性。

随着我国从1993年起成为油气净进口国开始，尤其是面临加入WTO的态势，国际形势变化引起的国际油气价格的剧烈波动，不仅会冲击国内油气工业的正常生产，而且会严重影响我国经济的发展。世界各国都是通过建立一套完善的油气储运系统来消除国际油价波动对本国经济带来的不利影响。

随着我国开始实施油气工业国际化经营的战略，必须逐步建成一套连接全国、运转灵活的国内油气储运系统，包括油气输送干线网及与此配套相连的储备库、转运枢纽、港口及分配网等。建设与国际油气市场接轨的跨国油气输送干线的工作步伐也必然会加快，只有这样，才能使我国的油气储运系统真正成为强有力的能源保障系统。

以往在计划经济体制下，我国油气储运系统的建设往往只重视设备、管网等“硬件”系统，而对管理体制、经营模式等“软件”的建设重视不够。面对油气储运系统的建设也要引进外资的新形势，我们首先必须要确定管理体制和经营模式上的法律框架。

尤其是对输气管网，各国的体制不尽相同，俄罗斯有几乎全国统一的、实行采气、储气、输气、配气一体化的股份制的经济实体。而美国的某些输气公司则是单一的输气行业，其经营收入主要来自管输费。欧洲的某些公司则享有购气(进口)、输气和配气的专营权。上述各种形式的股份公司，其股东往往包括产气的资源公司、发电厂、化工厂等大用户，以及投资公司等金融部门，以保证上中下游协调一致地运作。针对我国目前的国情，采取什么样的管理体制为好，是必须解决的问题。

第二章　矿场油气集输

第一节　油气集输系统流程

一、油气集输系统的工作内容

油田油气集输系统的工作内容包括：油井计量、集油、集气、油气水分离、原油脱水、原油稳定、原油储存、天然气脱水、天然气凝液回收、凝液储存和含油污水处理。

以上工作内容及相应关系见图 2－1。

二、油田油气集输流程

图 2－1 可认为是集输流程的简单框图。集输流程通常由油气收集、加工处理、输送和储存等部分组成。从各油井至集中处理站(也称联合站)的流程称油气收集流程，流程中同一根管线内常有油气水(有时还有砂子)同时流动，这种管线称多相混输管线。由集中处理站至矿场油库和长距离输气管首站为输送流程，管线内流动介质为单相原油或天然气。

油气集输流程的设计必需以油田开发总体方案为依据，考虑所采用的采油工艺、油气物性、油田所处的地理环境等因素。由于上述因素极其复杂，集输流程无统一模式，但均应遵循“适用、可靠、经济、高效、注重环保”这一基本原则。

(一) 油气集输流程的命名

1. 按集油流程加热方式命名

集油流程可有不同的加热方式，其相应的流程命名为：不加热集油流程、井场加热集油流程、热水伴随集油流程、蒸汽伴随集油流程、掺稀油集油流程、掺热水集油流程、掺活性水集油流程、掺蒸汽集油流程等。

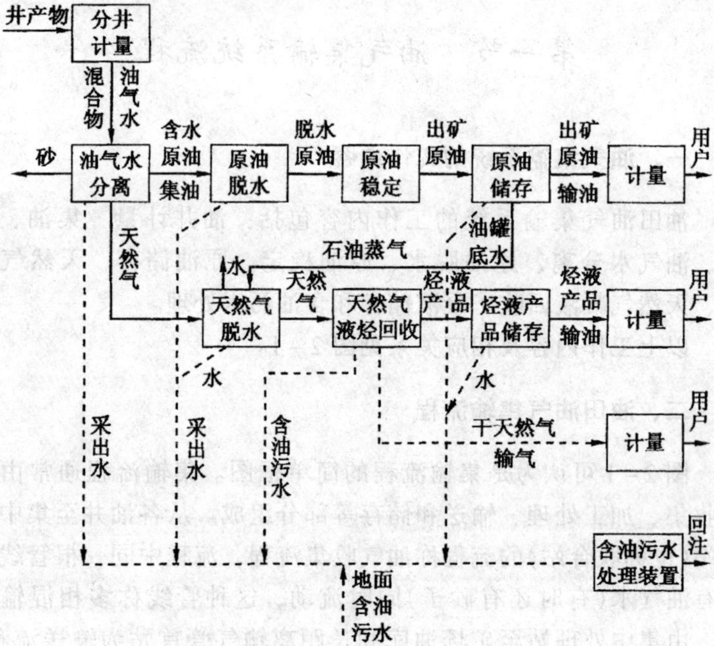

图 2－1　油气集输系统的工作内容

2. 按通往油井管线的数目命名

通往油井的管线有不同的根数，依此命名的流程为：单管集油流程、双管集油流程和三管集油流程。

3. 按集油管网形态命名

如米字形管网集油流程、环形管网集油流程、树状管网集油流程、串接管网集油流程等。

4. 按油气集输系统布站级数命名

在井口与原油库之间有不同级数的集输站场，由此命名的流程有：一级布站集油流程：只有集中处理站；二级布站集油流程：有计量站和集中处理站；三级布站集油流程：有计量站、接转站(用于对原油或油气增压)和集中处理站。

5. 按油气集输系统密闭程度命名

有开式流程和密闭流程两种。

(二) 油田集油流程举例

1. 双管掺活性水流程

大庆油田单井产量较高，原油凝点高，又处高寒地区，集油系统采用双管掺活性水流程(见图 2-2)。在井场有两条管线，一条将油井产物送往站场计量、分离和增压，另一条是从场站把分出的伴生水加热、加化学剂后送往井场，热活性水掺入油井出油管线，降低原油粘度防止管线冻结。

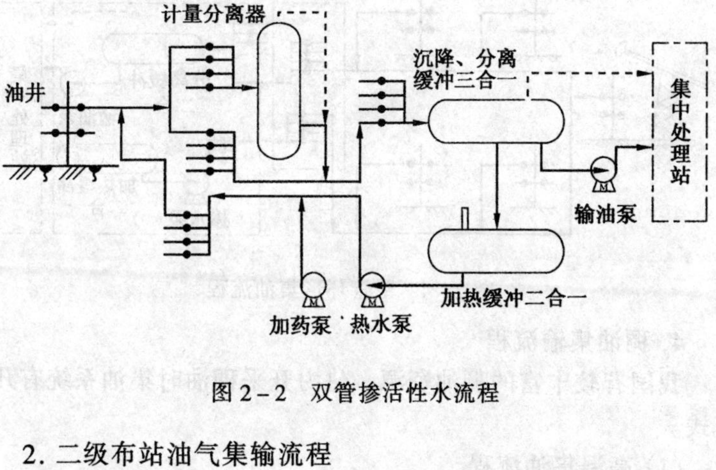

图 2-2 双管掺活性水流程

2. 二级布站油气集输流程

塔里木油田油藏分散、气候恶劣、自然条件苛刻，油气集输系统全部采用二级(或一级)布站，油气混输单管集油流程，见图 2-3。

3. 单管环形集油流程

大庆外围油田集油系统采用单管环形集油流程，二级或一级布站的简化流程，见图 2－4。该流程取消了计量站或计量接转站，采用便携式“液面计”或“功图仪”定期在井口计量，简化了集油流程。

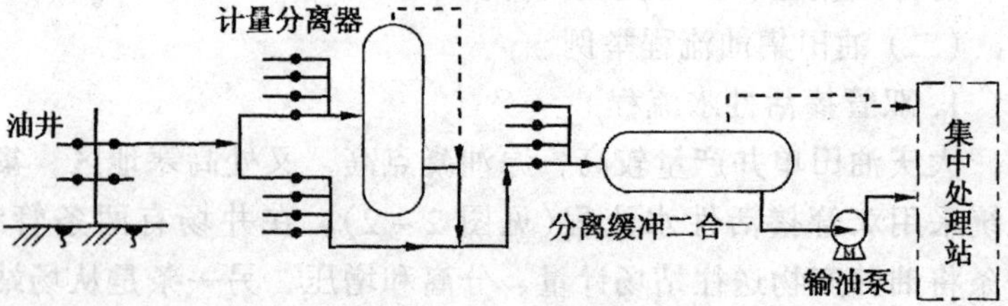

图 2－3　油气混输单管集油流程

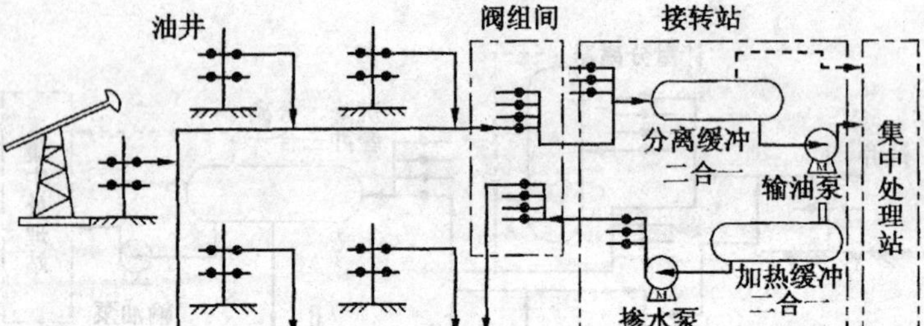

图 2－4　单管环形集油流程

4. 稠油集输流程

我国有较丰富的稠油资源，热力开采稠油时集油系统有几种模式。

(1) 高温集油流程

对于井深较浅，50℃时稠油粘度小于 500mPa.s 的稠油，一般可采用单管加热集油流程，见图 2－5。

对于中、高粘度稠油，宜采用类似图 2－2 的掺稀释剂降粘流程。常用的稀释剂有：稀原油、轻质馏分油、活性水等。油田开发的中后期含水率增高，其流程应作相应调整。当含水率逐步上升至某一值(通常为油水乳化反相点的含水率)时，可停掺或少掺。

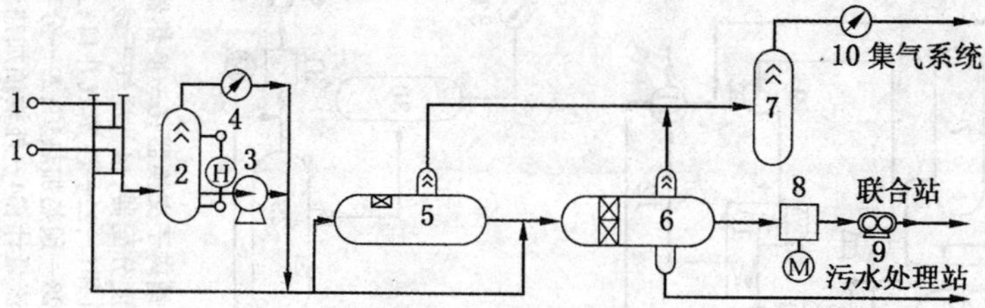

图 2－5　稠油高温集油流程

1—注蒸汽井口；2—计量分离器；3—管道泵；4—单井气流量计；5—除砂分气器；6—三相分离器；7—气体除油器；8—外输泵；9—外输油流量计；10—外输气流量计

(2) 掺蒸汽集油流程

对于油层浅、中高粘度的稠油，可采用注蒸汽开采方式，如新疆克拉玛依红浅山油田，其集油流程见图 2－6。

此外，对复杂断块、面积小、产量低、分散、投资开发风险大采用滚动开发的油田，一般先建简易设施，可采用“单井拉油”或“几口井集中拉油”方式，通过试采后再确定是否应配套完善。

(3) 气田集气流程

气田的矿场集输与油田有许多共同之处。气田的商品主要为天然气、液化石油气、稳定轻烃及从含硫天然气中提炼出高纯度的硫磺等副产品。

气井井口压力与气藏深度有关，一般远高于油井，开采初期常在 10MPa 左右。随天然气开采井口压力下降，开采后期压力可降至 1.6MPa 以下。根据集气压力不同，集气管网可分为高压

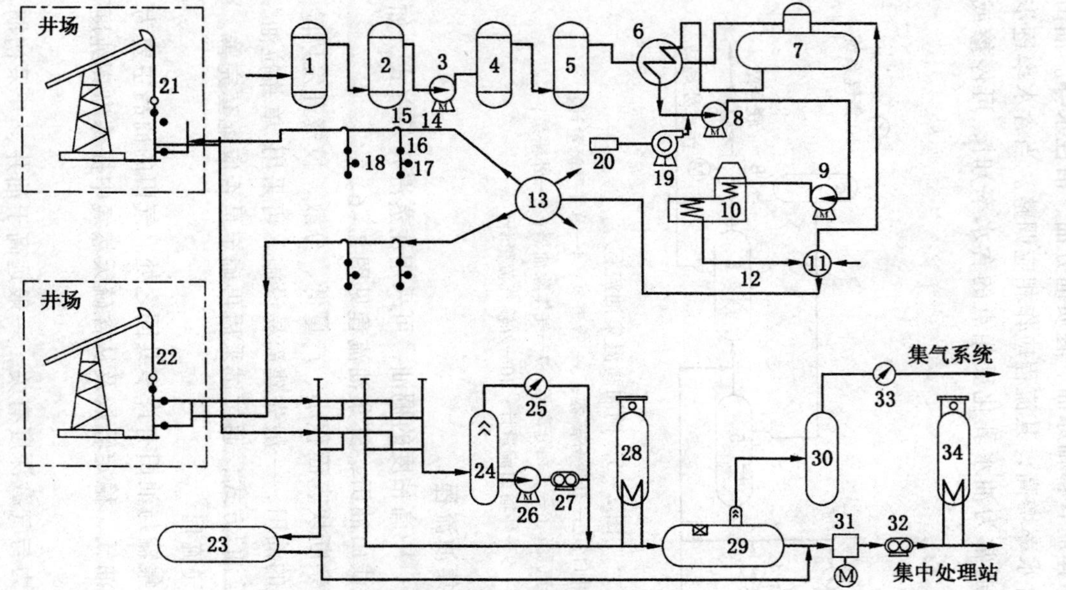

图 2－6　稠油掺蒸汽集输流程

1—筛管过滤器；2—电磁除铁器；3—水泵；4—一级钠离子交换器；5—二级钠离子交换器；6—换热器；7—除氧器；水泵；9—锅炉给水泵；10—锅炉；11—混合器；12—注气干线；13—球形等干度分配器；14—注气干线；15—Y 型分配器；16—节流阀；17—计量装置；18—井口；19—加药泵；20—加药罐；21—抽油机井口；22—注蒸汽井口；23—常压储罐；24—计量分离器；25—单井气流量计；26—管道泵；27—单井油流量计；28—预热加热炉；29—分离缓冲罐；30—气体除油器；31—外输泵；32—外输油流量计；33—外输气流量计；34—外输油加热炉

(＞10MPa)、中压(1.6～10MPa)、和低压(＜1.6MPa)三种。低压气可供邻近用户，或用压缩机、或以高压气为动力的喷射器增压后纳入上一压力等级的集气管网。集气流向从井口至集气站再输至气体处理厂。

气体流至地面后，在井场一般需经两级节流降压。第一级用以控制气井产量，第二级降压使气体压力满足采气管线起点压力要求。为防止气体降压后采气管线内因降温形成水合物，应在一级降压上游注水合物抑制剂(甲醇或已二醇)或通过加热设备提高气体温度。

采气站收集来自各气井的气体，在站上进行气液分离、计量、调压，使出站气体压力满足集气管线输送要求。按气液分离温度，集气站有常温和低温之分。低温集气站由气体节流降压后获得低温，分离温度为－4～－20℃，可从气体中回收更多轻烃。集气站的气、液送往气体处理厂，进行加工得到气田产品，其工艺过程与油田气加工类似。

集气管网分枝状、环状和放射状三种(见图2－7)，按气藏

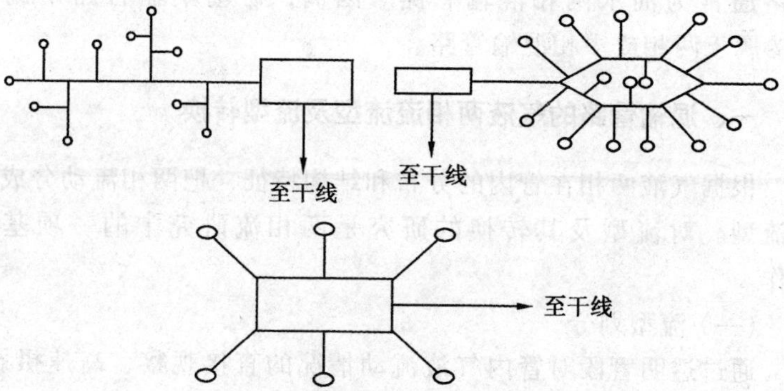

图2－7　集气管网示意图

(a)枝状集气管网；(b)环状集气管网；(c)放射状集气管网

□—集气站；○—气井

大小、形状、集气可靠性、气井集中程度等因素选择管网形式。

第二节 矿场集输管路

从油井到矿场原油库、长距离输油管和输气管首站之间所有输送原油和天然气的管路统称为集输管路。

按管路内流动介质的相数，集输管路可分为单相、两相和多相管路。输油管和输气管都属于单相管路，而油气或油气水混输管分属两相或多相管路，简称混输管路。

按管路的工作范围和性质，集输管路可分为出油管、集油(气)管和输油(气)管。出油管是指与井口相连、只输送一口油井产物的管路，它以油层剩余能量(自喷井)或抽油机(抽油井)的能量为动力，通常为混输管路。输送多口油井产物的管路称为集油管路，通常也为混输管路。只有在集中处理站原油净化后的输送管路才是单相输油管。当采用三级布站时，在接转站上将气液分离，对液相增压，接转站至集中处理站气液分别输送，此时液相管路通常为油水两相混输管路。因而，矿场集输管路中约有70%属于两相或多相混输管路。

一、混输管路的气液两相流流型及流型转换

根据气液两相在管内的分布和结构特征，把两相流动分成若干流型。对流型及其转换的研究是两相流研究中的一项基础工作。

(一) 流型划分

通过透明管段对管内气液流动情况的直接观察、高速摄影、观察管路压力波动、射线测量等方法来确定流型。各研究者对流型分类和名称不尽统一，目前比较公认的水平管的流型如图2－8所示。

1. 气泡流

含气率较低时，气体以气泡形式浓集于管子上部，以与液体相等或略低于液体的速度沿管运动。以气泡流型运行的管路，一般无明显的压力波动。

2. 塞状流

随含气率增加，小气泡合并成大气团，在管路上部同液体交替地流动，气团间的液体内还存在一些小的气泡，塞状流也称气团流。

3. 分层流

气液均为连续相，气液间具有较光滑的界面，气液相的流速都较低。在此流型下运行，管路也无明显的压力波动。

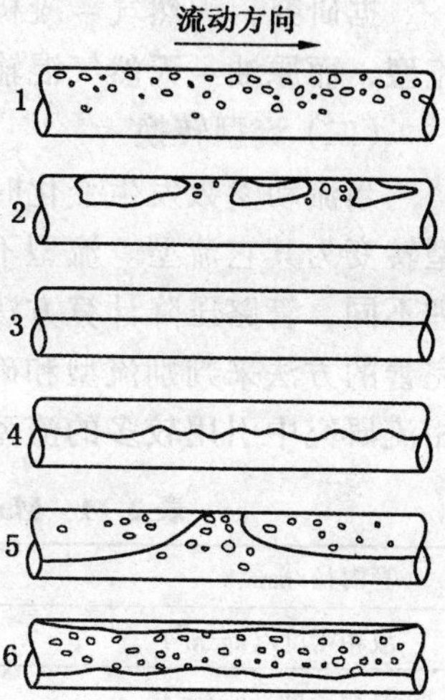

图 2-8 油气两相流动的流型图

1—气泡流；2—塞状流；3—分层流；4—波状流；5—冲击流；6—环状流

4. 波浪流

当气体流速增高时，在气液界面吹起与行进方向相反的波浪，气液界面也不断地有轻微的压力波动，波动频率较高。

5. 冲击流

气体流速更高时，波浪加剧，波峰不时高达管顶，形成液塞，阻碍高速气流的通过，在气流推动下液塞沿管高速流动。它与气团流的差别在于气团上方有较厚液膜。显然，以冲击流工作的混输管路其振动和水击现象最明显，管路压力有很大波动，但频率较低。

6. 环状流

气体流速进一步增长，气体携带液滴以较高流速在紧挨管壁的环状液层的中心通过，形成环状流。

据研究，天然气－凝析液混输管路中常遇到分层流型和环状流型，而原油－天然气混输管路中常遇到前五种流型。

(二) 流型转换

当流动参数发生变化时，管内流型可能发生转换，由一种流型转变为其它流型。流型不同，气液两相沿管流动时能量损失机理不同，管路压降计算方法也应有所区别。但迄今还没有一种很完善的方法来判别流型和确定流型间的转换条件，这里仅介绍多相流研究中引用较多的流型判别法。

表 2－1　Mandhane 流型图的参数范围

管内径/mm	12.7～165.1
液相密度/(kg/m^3)	705～1009
气相密度/(kg/m^3)	0.80～50.5
液相粘度/Pa·s	3×10^{-4}～9×10^{-2}
气相粘度/Pa·s	10^{-5}～2.2×10^{-5}
表面张力/(mN/m)	24～103
液相折算速度/(cm/s)	0.09～731
气相折算速度/(cm/s)	0.04～171

1. 流型图

Baker 于 20 世纪 50 年代提出一幅水平管流型分界图，曾在一段时期内获得广泛应用，特别是用于石油工业的冷凝器设计。

70 年代 Mandhane 根据 1000 多组实验数据作出水平管路流型分界图(见图 2－9)，其实验参数范围见表 2－1。该流型图以液、气相折算速度(气体、液体单独流过管路流通面积时的流速)为纵、横坐标，共分六种流型。图中弥散流是环状流的一种，气体流速很大，环状液层被气体吹散，以液雾形式随高速气体向前流动。Mandhane 流型近年来引用者颇多，但该流型图未考虑流体物性、管路倾角对流型的影响。

2. Taitel-Dukler 流型图

Taitel-Dukler 从流型转变机理入手导出了流型转变的数学模型。其水平管的流型图见图 2-10。

(1) 分层波浪流转变为间歇流或环状流的判别准则

间歇流是气团流和冲击流的总称。用参数 F 和 X 来判别上述流型的转换，图中以曲线 A 表示。

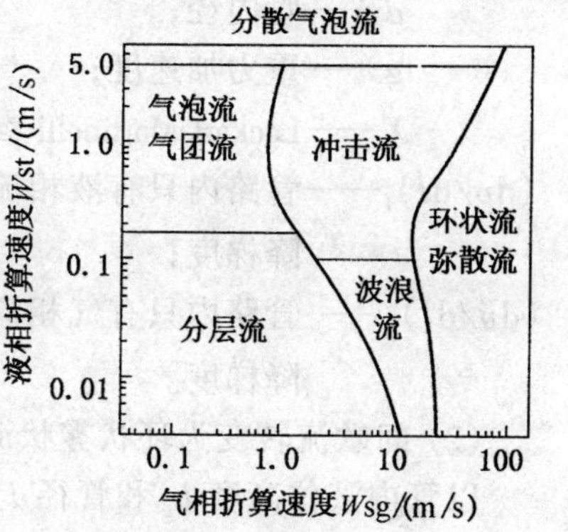

图 2-9 Mandhane 流型图

$$\left.\begin{aligned} F &= \frac{w_{sg}}{\sqrt{dg\cos\theta}}\sqrt{\frac{\rho_g}{(\rho_l-\rho_g)}} \\ X &= \left[\frac{(dp/dl)_l}{(dp/dl)_g}\right]^{1/2} \end{aligned}\right\} \tag{2-1}$$

式中 θ——管路相对于水平面的倾角；

w_{sg}——气相折算流速；

ρ_g、ρ_l——管路条件下气、液相密度；

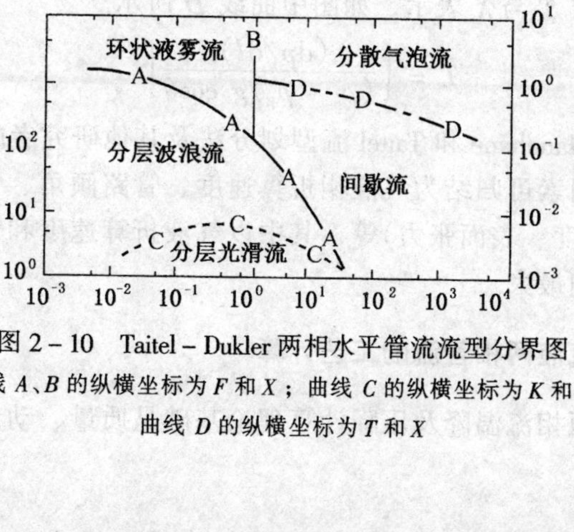

图 2-10 Taitel-Dukler 两相水平管流流型分界图

曲线 A、B 的纵横坐标为 F 和 X；曲线 C 的纵横坐标为 K 和 X；曲线 D 的纵横坐标为 T 和 X

d——管内径；

g——重力加速度；

X——Lockart-Martinelli 参数；

$(\mathrm{d}p/\mathrm{d}l)_l$——管路内只有液相流动时的压降梯度，称分液相压降梯度；

$(\mathrm{d}p/\mathrm{d}l)_g$——管路内只有气相流动时的压降梯度，称分气相压降梯度。

(2) 间歇流转变为环状雾状流的判别准则

以管内液位高度 h_l 和管径 d 之比进行判断，$h_l/d>0.5$ 产生间歇流，否则为环状流。对水平管 $h_l/d=0.5$ 时相应的 $X=1.6$，在图中以线 B 表示。

(3) 分层流转变为波浪流的判别准则

用参数 K 与 X 表示，如图中曲线 C 所示。

$$K=\left[\frac{\rho_{\mathrm{g}}w_{\mathrm{sg}}{}^{2}w_{\mathrm{s}l}}{(\rho_l-\rho_{\mathrm{g}})g\nu_l\cos\theta}\right]^{1/2} \tag{2-2}$$

式中　ν_l——液体运动粘度；

w_{sg}——液相折算流速。

(4) 间歇流转变为分散气泡流的判别准则

用参数 T 与 X 表示，如图中曲线 D 所示。

$$T=\left[\frac{(\mathrm{d}p/\mathrm{d}l)_l}{(\rho_l-\rho_{\mathrm{g}})g\cos\theta}\right]^{1/2} \tag{2-3}$$

综合 Mandhane 和 Taitel 流型划分法及其他研究者的成果，影响流型的因素可归结为气液相折算速度、管路倾角、气液相物性(密度、粘度、表面张力)等，其中以气液折算速度和管路倾角对流型的影响最大。

二、气液两相管流的工艺计算

气液两相流温降及压降计算理论基础是质量、动量、能量守恒方程和气体状态方程。在处理气液同管共流时，常作某些假设使问题简化。其处理方法大致可归纳为两类。

(一) 均相流模型和分相流模型

均相流模型是把气液混合物看成均匀介质，可把两相管路当作单相管路处理。该模型假设：1)管路内气、液相流速相同，即 $w_g = w_l$；2)管路任意截面上，流体压力是常数。

分相流模型把混合物流动看作是在各自所占流通面积内的单相流动，列出各相的动量方程并计入相间作用，最后将气液相方程加以合并。该模型假设：1)管路内气、液相流速不同，即 $w_g \neq w_l$；2)管路任意截面上气液相压力相同。

1. 压降计算

两相流动时的压降梯度由三部分组成，即摩阻压降、加速压降和重力压降梯度，以下式表示：

$$\frac{dp}{dl} = \frac{dp_f}{dl} + \frac{dp_a}{dl} + \frac{dp_g}{dl}$$

其中加速压降与摩阻压降、重力压降相比较小，在两相流管路压降计算时常可忽略。

在均相流和分相流模型的假设前提下，由稳态流动动量方程可求得上式等号右边各项的计算式。对均相流模型，压降计算式中气液混合物摩阻水力系数和混合物粘度只能依靠实验数据归纳出的经验式确定。对分相流模型，气液相在管路条件下各占流通截面的份额，即截面含气率和截面含液率，以及气液相沿管流动时的管壁剪切应力等参数理论上无法解决，只能借助实验所得的经验关系来确定。由于两相管路流型多，各种经验关系式难以完全反映两相管路流动的复杂性，因而理论计算与实测压降间常存在较大误差。加深对两相管路压降规律的认识，减小计算误差是各国学者面临的课题。

2. 温降计算

在两相和多相油气管路中的传热现象较水和蒸汽单工质两相流的传热复杂得多，既有气液混合物与环境的传热、流体沿管流动以及气液流速不同在界面产生的摩擦热、随管路压力降低伴随有气体温度下降，还有部分轻质原油汽化伴随的热效应、气液相间有传热、传质现象等，一般以与环境传热所占份额最大。因而，粗略计算时可采用由热平衡关系导出的苏霍夫温降公式，只把流体热容代以气液混合物热容。

(二) 两相流计算的经验相关式

油气两相管流压降梯度计算中常用的相关式有杜克勒(Dukler)法、贝格斯－布里尔(Beggs-Brill)法和弗莱尼根(Flanigan)法。

1. 杜克勒法　对水平气液两相管路的压降梯度相关式分Ⅰ法和Ⅱ法，前者按均相考虑，后者按分相模型考虑。

(1) Ⅰ法　管路摩阻压降梯度按达西公式计算

$$-\frac{\mathrm{d}p_f}{\mathrm{d}l}=\frac{\lambda_H w^2}{2d}\rho_H \tag{2-4}$$

$$\lambda_{\mathrm{H}}=0.0056+\frac{0.5}{Re^{0.32}}$$

$$Re=\frac{\mathrm{d}w\rho_{\mathrm{H}}}{\mu_{\mathrm{H}}}$$

$$\mu_{\mathrm{H}}=\beta\mu_{\mathrm{g}}+(1-\beta)\mu_l$$

式中　λ——水力摩阻系数；

w——混合物流速；

β——体积含气率，气相体积流量与混合物体积流量之比；

下标　H——均相混合物。

(2) Ⅱ法　计算式为

$$-\frac{\mathrm{d}p_f}{\mathrm{d}l}=\frac{\lambda w^2}{2d}\rho_m \tag{2-5}$$

$$\rho_m = \rho_g \frac{(1-R_L)^2}{1-H_L} + \rho_L \frac{R_L^2}{H_L}$$

$$Re = \frac{dw\rho_m}{\mu_H}$$

式中　R_L——体积含液率，$R_L = 1 - \beta$；

H_L——截面含液率，液体所占流通面积与混合物流通面积之比；

下标　m——混合物。

上式中 R_L 可由管路气液体积流量求得，而 H_L 与 R_L 间呈隐函数关系，杜克勒提供的 $R_L - H_L - Re$ 实验关系如图 2-11 所

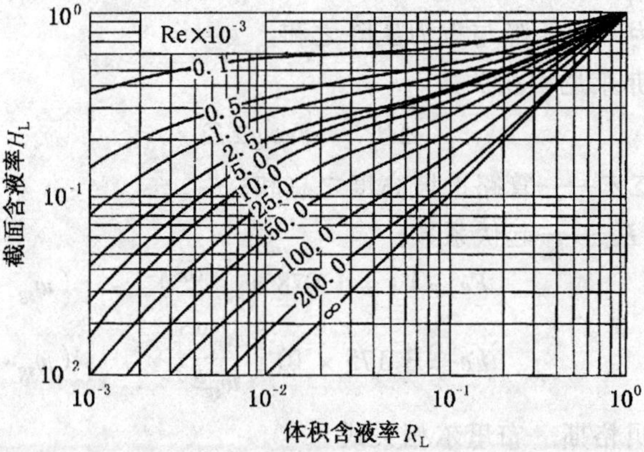

图 2-11　$R_L - H_L - Re$ 关系曲线图

示。一般先假设 H_L，求混合物密度 ρ_m，进而求得雷诺数 Re 后，由图 2-11 查 H_L。若假设的 H_L 值与图查得的值相差超过 5%，需重新假设 H_L 值重复上述步骤，直至两者误差小于 5% 为止。

相间有滑脱的水平两相管路的水力摩擦系数 λ 由下式计算。

$$\lambda = C\left(0.0056 + \frac{0.5}{\mathrm{Re}^{0.32}}\right)$$

$$C = 1 - \frac{\ln R_L}{S_0}$$

$$S_0 = 1.281 - 0.478(-\ln R_L) + 0.444(-\ln R_L)^2 - 0.094(-\ln R_L)^3 + 0.00843(-\ln R_L)^4$$

系数 C 可理解为气液相存在滑脱时其水力摩阻系数比均相管路增加的倍数。Ⅱ法适用范围：$H_L = 0.01 \sim 1.0$，$R_L = 0.001 \sim 1.0$，$d < 5.5$英寸，$Re = 600 \sim 2 \times 10^5$。

杜克勒Ⅰ、Ⅱ法只适合水平管路或倾斜管的摩阻压降计算。因管路高程变化引起的重力压降常用弗莱尼根相关式计算，管路总压降为摩阻压降与重力压降之和。

2. 弗莱尼根相关式

$$\Delta P_g = Fe\rho_l g \Sigma Z$$

式中 ΣZ ——管路上坡高度之总和；

Fe ——起伏系数；

$$Fe = [1 + 1.0785 w_{sg}{}^{1.006}]^{-1} \quad (w_{sg} < 15\mathrm{m/s})$$

$$Fe = 3.175 \times 10^{-5} \frac{G_l{}^{0.5}}{w_{sg}{}^{0.7}} \quad (w_{sg} > 15\mathrm{m/s})$$

3. 贝格斯—布里尔相关式

贝—布从能量守衡和气体状态方程推导出下列两相管路总压降梯度表达式：

$$-\frac{\mathrm{d}p}{\mathrm{d}l} = \frac{[H_l\rho_l + (1 - H_L)\rho_g]g\sin\theta + \lambda\dfrac{wG}{2d}}{1 - \dfrac{[H_l\rho_l + (1 - H_L)\rho_g]ww_{sg}}{P}} \tag{2-6}$$

上式中只有两个未知量，即两相混输水力摩阻系数 λ 和截

面含液率 H_L，需通过实验所得的相关式来确定。贝－布公式考虑了管路倾角对压降的影响，也考虑了下坡管路中压能的回收，是众多经验相关式中较好的一种，为我国油气集输设计规范所推荐。

（三）油气水多相混输管路

对油气水多相混输管路工艺计算的研究，目前更不成熟。工程上常把油水当作单一液相处理，当水以游离态形式存在时，常以油水的质量平均性质作为液相的物性；当油水以原油乳状液性质存在时，以乳状液性质作为液相物性，然后按两相管路计算。不难看出，上述处理方法较为粗糙，难免产生较大误差。

三、工艺计算的若干问题

油气多相管流的工艺计算仍是科技工作者面临的难题，管路工艺参数的计算值往往与实测值有较大偏差，这是由于多相管流的复杂性所致，其计算中的若干问题可归结如下。

（一）流型沿管长变化

同一条混输管路，由于管段倾角沿地形变化，管内会有不同的流型。此外，沿管长流体压力、温度变化，气液相间传质，气液相质量和体积流量沿管长变化，也会导致流型改变。

（二）相间传质

原油和天然气是两种互溶流体。随管路压力和温度沿管长变化，原油中较轻组分会部分汽化，使气相数量增多，气液相组成和物性沿管长而改变。常用黑油模型和组分模型两种方法计算气液相的传质和物性。黑油模型仅需给定管段压力、温度和标准条件下气液相流量、密度或相对密度，利用实验所得的相关式求出管段条件下气液相流量和物性。组分模型需给定管输流体的组成，利用状态方程（如 BWRS 方程）求管段条件下气液相流量和物性。黑油模型常用于原油和天然气混输管路或油气水混输管路，组分模型则用于湿天然气管路。

（三）分段计算

鉴于上述两方面原因，气液混输管路应分段计算。每一管段采用热力和水力耦合计算法，才能得到较为可靠的计算结果。

（四）流动不稳定

本节介绍的各种计算方法均以稳定流动为基础。实际上，混输管路经常处于不稳定流动状态。如管路起点气液输量变化时，各相所占管路体积比例也将发生相应变化，这就需要有较长时间才能达到新的“稳定”状态。例如，平湖—上海湿天然气管道以1/4设计输量投产运行，三个月内管路出口处未见凝析液，说明凝析液在管内逐渐积聚尚未达到“稳定”状态。此外混输管路运行时，沿管长任一截面的压力常有波动，也说明管路处于不稳定状态。

目前，世界各石油发达国家对石油多相管流正开展更深入的研究。一方面以各流型的几何特征为基础建立相应的数学模型和求解方法，并对理论上无法确定的参数加强实验、实测研究，另一方面正以计算流体力学为工具进行混输管路的非稳态模拟，如冲击流型中液塞的溃灭、增长和跟踪等。

第三节　原油和天然气的加工处理

一、油田产品质量指标

油田产品有：出矿原油、天然气、油气田液化石油气和稳定轻烃，其质量要求分别见SY7513－88、SY7514－88、GB9052.1－88、GB9053－88。其主要质量指标阐述如下。

（一）出矿原油

其技术要求见表2－2。

表 2-2　出矿原油技术要求

项　目	原　油　类　别		
	石蜡基 石蜡-混合基	混合基 混合-石蜡基 混合-环烷基	环烷基 环烷-混合基
水含量(质)/%不大于	0.5	1.0	2.0
盐含量/(mg/L)	实　测		
饱和蒸气压/kPa	在储存温度下低于油田当地大气压		

表中的原油类别是按常压沸点 250~275℃和 395~425℃两个关键组分的密度来确定，见表 2-3。

表 2-3　原油关键组分分类

组分分类	第一关键组分 20℃密度/(g/cm³)	第二关键组分 20℃密度/(g/cm³)
石蜡基	<0.8207	<0.8721
混合基	0.8560~0.8207	0.9302~0.8721
环烷基	>0.8560	>0.9302

原油按第一和第二关键组分的类别，可分为七类，即表 2-2 中所列的原油类别。

(二) 天然气

天然气的技术要求见下表 2-4。

表 2-4　天然气技术要求

项　目		质　量　指　标			
		Ⅰ	Ⅱ	Ⅲ	Ⅳ②
高位发热值/(MJ/m³①)	A 组	>31.4			
	B 组	14.65~31.4			
总硫(以硫计)含量/(mg/m³)		≤150	≤270	≤480	>480

续表

项目	质量指标			
	Ⅰ	Ⅱ	Ⅲ	Ⅳ②
硫化氢含量/(mg/m^3)	≤6	≤20		
			实测	实测
二氧化碳含量/%(体)	≤3			
水分	无游离水			

注：① m^3 为101.325kPa，20℃状态下的体积。

② Ⅳ类气的总硫含量>480mg/m^3，只能供给有处理手段的用户。

天然气作为燃料时，对总硫含量的要求由天然气中所含硫化物燃烧生成二氧化硫对环境与人体的危害程度确定。天然气作为原料时，由于加工目的不同所需净化程度各异，对总硫含量无统一要求。对硫化氢含量的要求，目的在于控制气体输配系统的腐蚀以及对人体的危害。湿天然气中，硫化氢含量对金属材料的腐蚀作用主要取决于其在气相中的分压，故有的国家已将此指标改为分压。Ⅰ、Ⅱ类气体主要作民用燃料，Ⅲ、Ⅳ类气体主要用作工业燃料。

（三）液化石油气

液化石油气可细分为：商品丙烷、商品丁烷和商品丙、丁烷混合物三类，其中商品丙、丁烷混合物又分为通用、冬用、夏用三种。其技术要求见表2-5。

表2-5 液化石油气质量指标

项目		质量指标				
		商品丙烷	商品丁烷	商品丙、丁烷混合物		
				通用	冬用	夏用
组分(mol)/%	C_2 及 C_2 以下　不高于	—	—	—	5.0	3.0
	C_4 及 C_4 以上　不高于	2.5	—	—	—	—
	C_5 及 C_5 以上	—	2.0	2.0	3.0	5.0

续表

项　　目	质　量　指　标				
	商品丙烷	商品丁烷	商品丙、丁烷混合物		
			通用	冬用	夏用
37.8℃时蒸气压(表压)/kPa　不高于	1430	480	1430	1360	
蒸发100ml的最大残留物量/ml	0.05	—	—		
铜片腐蚀等级　不高于	1	1	1		
硫含量/(mg/m³)　不高于			340		
游离水	—	无	无		

（四）稳定轻烃

稳定轻烃是从油气田气体中回收的凝液，经处理得到的以戊烷为主的液体轻烃。按蒸气压范围分为Ⅰ号和Ⅱ号两种牌号，Ⅰ号产品作石油化工原料，Ⅱ号产品可作车用汽油调合原料或石油化工原料。其技术要求见表2-6。

表2-6　稳定轻烃技术要求

项　　目		质　量　指　标	
		Ⅰ号	Ⅱ号
饱和蒸气压/kPa		74～200	夏<74　冬<88
馏程			
10%蒸发温度/℃	不低于		35
90%蒸发温度/℃	不高于	135	150
终馏点/℃	不高于	190	190
60℃蒸发率/%		实测	
铜片腐蚀，	不大于	一级	一级
硫含量/%	不大于	0.05	0.10
颜色/赛波特比色号	不小于	+25	
机械杂质及水分		无	无

二、油气分离

把在集油混输管线内自发形成并交错存在的汽液两相分离为单一相态的原油和天然气的过程通常在油气分离器中进行，它是油田用得最多、最重要的设备之一。

（一）分离器的类型和工作要求

1. 分离器类型

油田上常用卧式和立式两类重力式分离器，卧式分离器原理见图 2－12。立式分离器原理与卧式类似，只是容器垂直安装。流体由入口分流器进入分离器，油气的流向和流速突然改变，使油气得以初步分离。经初步分离后的原油在重力作用下流入分离器的集液部分。集液部分需要有一定的体积，使原油在分离器内有足够的停留时间，使被原油携带的气泡上升至液面并进入汽相。集液部分也提供缓冲容积，均衡进出分离器原油流量的波动。气液界面可设在分离器直径的一半处，使原油有最大的蒸发面积和较好的汽液分离效果，但也可按气、液处理量分配气液相在器内所占比例，减小容器尺寸，提高设备利用率。集液部分的原油最后经液位控制的出油阀流出分离器。

来自入口分流器的气体通过液面上方的重力沉降部分，被气流携带的油滴在此部分靠重力降至气液界面。未沉降至液面的、粒经更小的油滴随气体流经除雾器，在除雾器内聚结、合并成大油滴，在重力作用下流入集液部分。脱除油滴的气体经由分离器压力控制的调节阀流入集气管线。

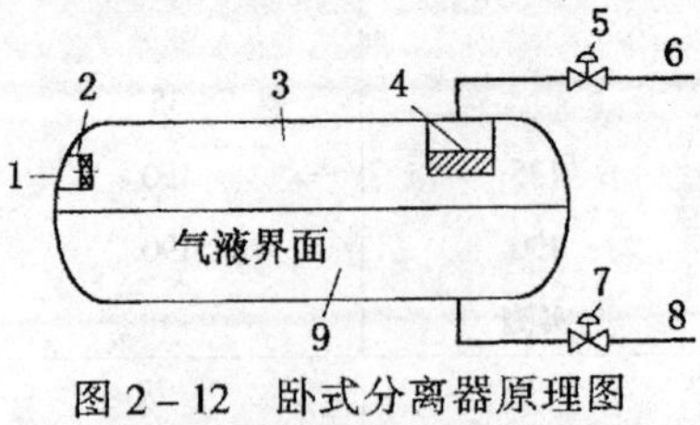

图 2－12　卧式分离器原理图

1—油气混合物入口；2—入口分流器；3—重力沉降部分；4—除雾器；5—压力控制阀；6—气体出口；7—出油阀；8—原油出口；9—集液部分

在立式分离器的重力沉降

部分，气体流动方向与液滴沉降方向相反；而在卧式分离器中两者相互垂直，液滴更易从气流中分出，因而卧式分离器适合处理气油比(指每立方米或每吨原油携带的气体体积数，以 m^3/m^3 或 m^3/t 为单位)较大的流体。

在卧式分离器中，气液界面较大，集液部分中所含气泡易于上升至气相空间，即分离后原油中含气量少。此外，卧式分离器还有单位处理量成本低，易于安装、检查、保养，易于制成橇装式装置等优点。

立式分离器适合于处理含固体杂质较多的油气混合物，易于从底部设置的排污口定期排放和清除固体杂质。卧式分离器处理含固体杂质较多的油气混合物时，由于固相杂质有45°~60°的静止角，故在分离器底部沿长度方向需设置几个排污口。

一般，对于普通油气分离，特别是可能存在乳状液、泡沫、或高气油比时，卧式分离器较经济。在气油比低或极高的场合(如涤气器)以及安装空间受制约的场合立式分离器较为有效。

2. 对分离器工作质量的要求

分离器应创造良好条件，使溶解于原油中的气体以及气体中的重组分在分离器控制的压力和温度下尽量析出和凝析，使油气混合物接近汽液相平衡状态(实际上只能达到60%左右的平衡状态)。这就要求分离器内气液界面大，气液在分离器内有必要的滞留时间。

分离器还必须具有良好的机械分离效果，即希望由分离器流出的气体中尽量少带液滴，原油中尽量少带气泡。此外还要求分离器在油气混合物性质、处理量和分离质量相同时，外形尺寸小，金属用量和制造成本低。

对分离器的研究、结构上的改进和设计分离器时，常从两方面着手，即从气体中分出油滴和从原油中分出气泡。

(二) 分离器的工艺计算原则

1. 从气体中分出油滴

油气混合物经分离器入口分流器获得初步分离后，携带大量油滴的气体进入重力沉降部分，在重力作用下油滴下沉。显然，油滴沉降至分离器集液部分所需的时间应小于气流把油滴带出分离器所需的时间。

油滴沉降速度 w 和油滴直径有关，直径愈小沉降速度愈慢。天然气中携带油滴的直径绝大多数在 10~270μm 之间，其中 100~150μm 直径油滴所占比例最多，若在重力沉降部分能分出大于 100μm 直径的油滴，10~100μm 的油滴由除雾器去捕捉，一般就能满足气体少带油滴的要求。

根据上述原则，就可以计算出分离器气体处理量和主要结构尺寸(直径、长度或高度)的关系。理论上可以导出，卧式分离器的气体处理能力为同直径立式分离器的 l_e/D 倍。l_e 为卧式分离器的有效长度。

2. 从原油中分出气泡

原油中所含气泡不被原油带出分离器的必要条件是：气泡在原油中的上升速度应大于分离器集液部分任一液面的平均下降速度。但不少原油所含的气泡上升至油面后并不很快破裂，许多气泡聚集在油面上形成泡沫，具有这种性质的原油称起泡原油。原油起泡对分离器液体处理能力的影响，很难从理论上解决，于是人们借助实验和经验，要求原油在分离器中停留一定时间。我国规定，一般原油在分离器中的停留时间为 1~3 分钟，起泡原油为 5~20 分钟。在所要求的时间内，进入分离器的原油量应和集液部分的体积相等。据此可求得立式、卧式分离器原油处理量与分离器直径的关系。

分离器的主要结构尺寸直径和长度应同时满足从气体中分出油滴和从原油中分出气泡的要求。对于卧式分离器，可根据气油比调节控制液面高度以同时满足上述要求。当油气处理量很大时，往往需有多台分离器并联工作。分离器内有不少内部构件，其目的是减小分散相颗粒的沉降或上浮距离、促进分散相颗粒聚结增大以及减小连续相粘度等，以强化气液分离，减小分离器外形尺寸、提高气液分离效果。

（三）油气水三相分离器

油井产物中常含有水。这类油气水混合物进入分离器后，在油气分离的同时，由于密度差，一部分水会从原油中沉降至分离器底部。因而处理这类含水原油的分离器常有油、气、水三个出口，称油气水三相分离器。图 2-13 为典型的三相分离器的原理图。进口分流器把油气水混合物大致分成气液两相，界面高度一般在 2/3~3/4 直径处。液相由导管引至油水界面以下进入集液部分，油水分层后，上层为原油和含有较小水滴的乳状油层。油和原油乳状液从挡油板溢流进入油池，油池中的油由油池液位控制的出油阀排出。水从油池下面通过，经挡水板流入水室，从由水室液面控制的出水阀排出。油池上下游构成连通器，油层厚度 h_1 由挡水板高度 h_3 调节。在油水界面处，油水交错存在，水中

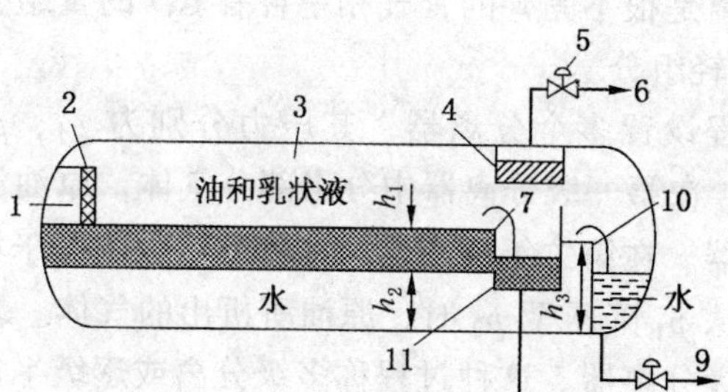

图 2-13　卧式三相分离器示意图

1—油气水混合物入口；2—进口分流器；3—重力沉降部分；
4—除雾器；5—压力控制阀；6—气出口；7—挡油板；
8—出油口；9—出水口；10—挡水板；11—油池

油滴上浮，油中水滴沉降。由于油的粘度远大于水的粘度，故从水中分出油滴要比从油中分出水珠容易得多。又因油水密度差远小于油气密度差，故要求液相在分离器内有较长的停留时间，一般为5~30分钟。

(四) 分离缓冲罐

分离器都有一定液体缓冲能力，对缓冲能力要求较高的分离器称分离缓冲罐，其出液口下游常接有液体增压泵。卧式分离缓冲罐的正常液位一般设在罐直径的一半处，它有最高和最低液位限制，两液位间的容积称缓冲容积(常为分离器容积的一半)，来液充满缓冲容积所需时间称缓冲时间，常为15~30分钟。当罐内液面上升时，泵的外输流量增大，常用罐内液位控制泵的出口阀或泵的回流阀，使罐内液面下降，直至设定液位。

(五)一次分离和多级分离

在油气分离器内，原油脱气时分离器内油气混合物的总组分固定不变，这种脱气过程称一次平衡汽化。轻组分汽化时，部分轻组分分子和重组分分子撞击，使前者失去能量留在液相而后者获得能量进入气相，这种现象称携带效应。因而一次平衡汽化时轻组分的分离是很不完善的，气相中含有C_5^+的重组分，液相中有C_1~C_4等轻组分。

若沿流程设置多个分离器，其压力分别为p_1、p_2……，且$p_1 > p_2$……。在第一级分离器中分出部分气体，原油沿管路进入第二级分离器。在第二级分离器内油气的组分不同于第一级分离器，它分出从p_1降压至p_2时，原油所析出的气体。之后，原油又流入第三级分离器。这种过程称多级分离或逐级平衡汽化。由于多级分离器每级分出的气量少，减少了携带效应，因而原油逐级平衡汽化所得气量总比一次平衡汽化少、气相密度小，所得原油密度也小、数量增多、蒸气压降低。由于多级分离能获得蒸气压较低的原油，有时也把它看作是获得稳定原油、减少蒸发损耗的一种方法。

三、原油净化

油井产物中，除原油和伴生天然气外，还含有水、盐和泥、砂等机械杂质，特别在油田开发后期油井出水量占产液量的90%以上，泥、砂等机械杂质也可多达1%~1.5%。原油中含水、盐和泥砂等杂质给原油的集输和炼制带来麻烦，主要是：(1)增大了液体量，降低了设备和管线的有效利用率；(2)增加了集输过程中的动力和热力消耗；(3)引起金属管线和设备的结垢与腐蚀，使寿命降低；(4)破坏炼制工作的正常进行。因而，原油净化是商品原油生产过程中的重要环节。由于原油中所含的盐类和机械杂质大都溶解或悬浮于水中，原油脱水过程实际上也是降低原油含盐量和机械杂质的过程。

原油中所含的水，有的在常温下用简单的沉降法短时间内就能从油中分离出来，这类水称为游离水；有的则很难用沉降法从油中分离，这类水称乳化水，它与原油的混合物称油水乳状液，或原油乳状液。

(一) 原油乳状液

原油和水是两种互不相溶的液体。原油乳状液主要有两种类型：一种是水以极微小颗粒分散于原油中，称为“油包水”型乳状液，用符号 W/O 表示，此时水是内相或称分散相，油是外相或称连续相；另一种是油以极小颗粒分散于水中，称为“水包油”型乳状液，用 O/W 表示，此时油是内相水是外相。此外，还有多重乳状液，即油包水包油型、水包油包水型等。

原油净化过程中，所遇到的原油乳状液多数属于油包水型乳状液，在普通显微镜下可观察到内相乳状液的水珠的存在。多数水珠粒径从几微米至数十微米。原油中含有天然乳化剂，如沥青质、胶质、环烷酸、脂肪酸、氮和硫的有机物、石蜡、粘土砂粒等。它们中的多数具有亲油憎水性质，因而一般生成稳定的油包水原油乳状液。

由于石油生产过程中油水的激烈混合，具备乳状液形成的必要条件，因此集输系统中的原油和水总是以乳状液形式存在，只是乳化的程度有所不同。

(二) 原油脱水方法

原油脱水包括脱除游离水和原油中的乳化水。乳化水的脱除比游离水困难得多，因而，始终把油包水型原油乳状液的脱水作为研究重点。

乳状液的破坏称破乳。破乳过程是由分散水滴相互接近、碰撞、水滴外围由乳化剂构成的界面膜的破裂、水滴合并、在油相中沉降分离等一系列环节组成，常称水滴的聚结和沉降。在上述环节中，关键是破坏油水界面膜，使小油珠能合并成大水珠，与原油分离。

原油脱水的基本方法有：注入化学破乳剂、重力沉降脱水、利用离心力脱水、利用亲水表面使乳化水粗粒化脱水、电脱水等。最常用的是破乳剂和电脱水。

值得注意的是：20 世纪 80 年代中期出现的液 – 液旋流分离器。它是靠流体压力驱动，利用离心力使油水分离的一种新设备，具有体积小、操作维护方便等优点。起初，这种新设备用于海洋采油平台处理含油污水，使处理后的净化水含油浓度低于 40mg/L，满足直接排入海洋的环保要求。之后，又用于高含水油田的油水分离，可脱出油井产液中 80% 以上的水量，使原油含水率降到 50% 左右，大大减少原油净化处理量，相应地降低了操作费用和能耗。近期国内外正研究将这种小型设备放于井筒，分出的含水原油提升至地面，污水直接增压回注地层。迄今已有 20 多口油井以这种方式生产，分布于加拿大、德国、挪威等地。有关液 – 液旋流分离器的介绍参见第六节。

（三）原油热化学脱水

原油热化学脱水是将含水原油加热到一定的温度，并在原油中加入适量的破乳剂(也称表面活性剂)。这种化学药剂能吸附在油水界面膜上，降低油水界面张力，改变乳状液类型，从而破坏乳状液的稳定性，以达到油水分离的目的。

1. 破乳剂分类和筛选

按分子结构可把破乳剂分为离子型和非离子型两大类。破乳剂溶于水时，凡能电离形成离子的称为离子型破乳剂；凡在水溶液中不能电离的，称非离子型破乳剂。

油田上广泛使用的非离子型破乳剂是以环氧乙烷、环氧丙烷等基本有机合成原料为基础，在具有活泼氢的起始剂的引发下，在有催化剂存在时按一定的程序聚合而成，分子量在1000～10000之间，如聚氧烷基醇(代号SP169、BP2420)、聚氧烷基多胺(代号AP221、AE121、9901、AE8051)等破乳剂，其脱水效果都较好。与离子型破乳剂相比，非离子型破乳剂具有用量少、不产生沉淀、脱出水中含油少、脱水成本低等优点。

根据非离子型破乳剂的溶解性能，又可分为水溶性、油溶性和部分溶于水、部分溶于油的混合溶性三类。

原油破乳剂的针对性很强，不同油田、不同区块、不同开采期，由于原油组成和乳状液性质不同、乳化程度不同等因素，用同一种破乳剂不会得到相同的脱水效果，因而在现场使用前必须在室内和现场对破乳剂进行筛选。同时，油田生产对原油破乳剂的要求很高，希望在原油乳状液内注入最少量破乳剂后油水迅速分层、净化原油的含水率低、油水界面清晰、脱出污水的含油率低、脱水温度低以节省燃料，还希望破乳剂成本低、对人体无毒无害、不易燃、不易爆、不结垢、对金属管路和设备不产生强烈腐蚀等，一种原油破乳剂要全面满足上述要求往往极为困难。为取长补短，可将两种或两种以上破乳剂以一定的比例混合构成一种新破乳剂，其脱水效果可能高于任何一种单独使用时的效果，这种现象称为破乳剂的协同效应或复配效应。

选择破乳剂加入地点时，既要考虑破乳剂与含水原油在进入脱水设备前应有充分的搅拌和混合使破乳剂发挥效能，又要考虑管理方便。在井口加入可充分发挥破乳剂的效能，但破乳剂的运输和管理较复杂。

2. 热化学脱水工艺流程

热化学脱水流程应根据原油乳状液性质和现场具体情况设计，但必须有加注破乳剂的地点和供原油乳状液破乳后油水分离的容器。若油水混合物温度过低，在脱除游离水后还需有加热炉提高乳状液温度，以便获得较好的油水分离效果。若经破乳剂处理并在容器内重力沉降分离后，原油含水达不到商品原油含水率指标，则应采用电化学二段脱水。图 2－14 即为热化学、电化学二段密闭脱水流程。

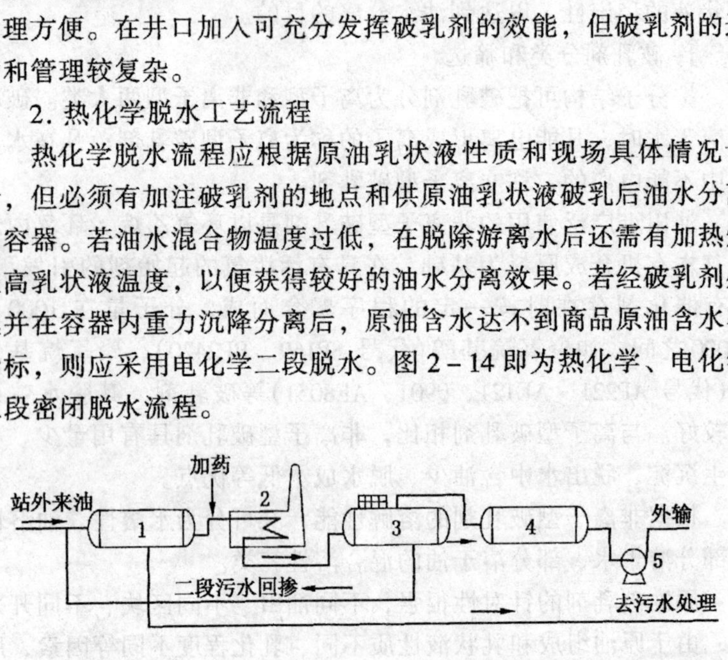

图 2－14 热－电化学二段脱水流程示意图

1—压力沉降罐；2—加热炉；3—电脱水器；4—缓冲罐；5—外输泵

(四) 原油电脱水

经加热和加入破乳剂后，“净化原油”的含水率仍达不到商品原油含水率指标时，可采用电脱水。电脱水常作为原油乳状液净化脱水工艺的最后环节，在油田获得广泛使用。

1. 电脱水机理

原油电脱水方法只适合处理含水率小于 30% 的油包水型原

油乳状液。将原油乳状液置于高压直流或交流电场中，由于电场对水滴的作用，削弱了水滴界面膜的强度，促进水滴的碰撞，使水滴聚结成粒径较大的水滴，在原油中沉降分离出来。水滴在电场中聚结的方式主要有三种，即电泳聚结、偶极聚结、振荡聚结。原油乳状液在交流电场中，水滴以偶极聚结和振荡聚结为主；在直流电场中水滴以电脉聚结为主、偶极聚结为辅。

2. 电脱水器

电脱水器的结构见图 2－15。原油乳状液由进油口进入容器后，在容器底部均匀布孔的管线内流出，经容器内水层的水洗后向上进入电场区，图中脱水器有四层间距不等的电极，极间电场强度由弱变强与向上流动的原油乳状液含水率的逐渐减小相适应。脱水后的净化原油从顶部布孔的管线流出脱水器，脱出的含油污水由容器底部的放水口流出。

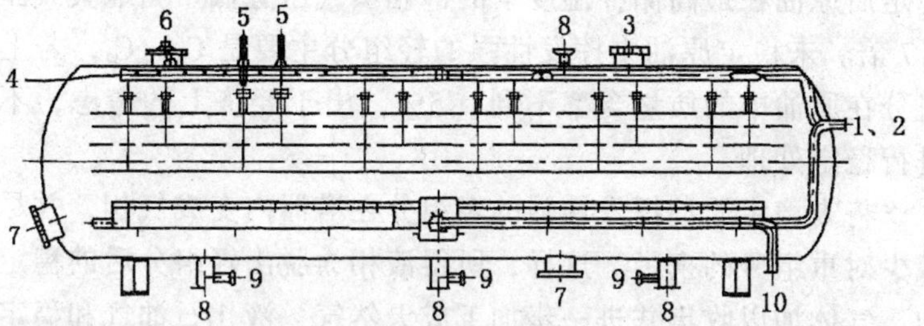

图 2－15 电脱水器结构示意图

1—进油口；2—出油口；3—透光孔；4—放气口；5—绝缘棒；
6—浮球液位控制器；7—人孔；8—排砂口；9—放水口；10—冲砂水进口

根据油田现场使用经验，经直流电脱水后的净化原油含水率低于交流电，但脱出水的含油率稍高。为取长补短，我国油田常采用交、直流双电场脱水，即下层电极与壳体间构成正负幅值不等的交流电场，而两电极间为直流脉冲电场。弱电场部分的电场强度一般为 0.3 ~ 0.5kV/cm，强电场部分的电场强度为 0.8 ~ 2.0kV/cm。

根据原油乳状液脱水的难易程度，确定原油乳状液在脱水器中的停留时间，一般为 40min ~ 60min。脱水器的操作温度应根据原油粘温特性确定，原油运动粘度低于 $50mm^2/s$ 为好。操作压力应比操作温度下的原油饱和和蒸气压高 0.15MPa 左右，以免有气体析出破坏电场的稳定性。

四、原油稳定

原油在集输过程中，特别在常压储罐内储存时，原油的蒸发将损失一部分轻组分。为降低原油蒸发损耗、合理利用油气资源、保护环境、提高原油储运过程的安全性，应将原油中挥发性强的轻组分脱出，降低原油蒸气压，这一工艺过程称原油稳定。稳定后原油在最高储存温度下的饱和蒸气压宜低于当地大气压的 0.7 倍。未稳定原油中挥发性强的轻组分主要是 C_1 ~ C_4，若上述组分在原油中的质量含率不到 0.5%，出于经济上的考虑，不必进行稳定处理。

将未稳定原油挥发性强的轻组分在塔器内变成气相，并尽量减少对重组分的携带。这样，所得液相为脱出轻组分后的稳定原油。气体加以收集并进一步加工成天然气、液化石油气和稳定轻烃。按所采用的稳定工艺，原油稳定方法主要有负压闪蒸、正压闪蒸、分馏等。

一般，负压闪蒸法适用于轻组分 C_1 ~ C_4 含率小于 2.5%(质)、密度较高的原油。对轻组分超过 2.5%(质)的原油，因塔内轻组分汽化量较大，压缩机功耗过高，而使处理成本上升。

用分馏法能较彻底地脱除未稳定原油中的 C_1 ~ C_4 组分，经稳定后的原油在储罐内的蒸发损失极小，达到不易测出的程度。但采用分馏法时，需把未稳定原油加热至较高温度，所需的换热设备多，热力和电力消耗均大于负压和正压闪蒸。

未经稳定处理的原油，储存于矿场常压固定顶储罐内时，油气蒸发损失由大呼吸和小呼吸损失组成。大呼吸指油罐进出油时造成的油气损耗。对稳定原油，从罐顶呼吸阀排出油气量与油罐进液量之比理论上应为1。未稳定原油排气量与进液量之比与原油组分、末级分离器压力等因素有关，因罐内发生闪蒸常远大于1，如乌克兰油田测得为1.2~18.9m^3/t(油)。油罐小呼吸损耗是由昼夜温度变化引起的。气温升高，罐内气体空间压力升高，超过油罐允许承受压力时，呼吸阀自动开启，将超压的油气排入大气。据1980年我国油气损耗调查，原油储罐因大小呼吸每排1m^3气体的含油量为65.5~643.6g。由油罐中排出油气的组成分析可知，气体中含有C_1~C_{11}组分，并以C_3、C_4、C_5占多。对不宜采用上述方法进行的原油稳定的场合，可采用油罐烃蒸气回收工艺，流程见图2-16。压缩机自油罐中抽出气体增压至0.2~0.3MPa，并经冷却、计量后输运至天然气凝液回收装置。

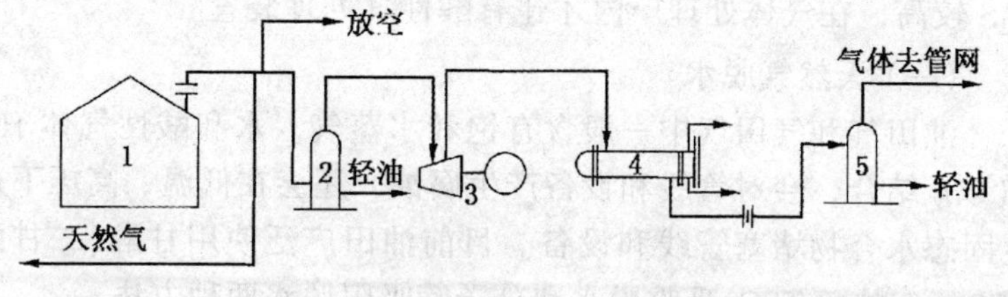

图2-16　油罐烃蒸汽回收流程图

1—油罐；2、5—分离器；3—压缩机；4—冷却器

常用固定顶立式油罐的承压能力一般为-500~+2500Pa，是一种微压容器。采用烃蒸气回收的关键是罐内压力控制。油罐工作压力的下限宜为150Pa，上限值应根据油罐的试验压力和使用年限等因素确定，一般不超过油罐试验压力的80%，即2000Pa。当油罐压力达到压力上限时，压缩机应能自动开启，从

油罐抽气使罐压下降；当罐压达到下限时压缩机自动停机。为确保罐压在允许工作压力范围内，储罐应有呼吸阀、液压安全阀和补气阀。

油罐烃蒸气回收，不仅可回收部分轻烃凝液，提高油田效益，而且可减少大气污染，改善环境。

五、油田气处理

来自油气分离器、原油稳定装置以及油罐烃蒸气回收系统的气体和轻烃液，最后汇集于气体处理厂进行加工处理，使之成为油田合格产品。油田气处理包括气体净化和加工两大部分。净化是把天然气中所含的水蒸气、硫化氢和二氧化碳等杂质控制在商品天然气质量指标之内；而加工是把含 $C_3 \sim C_6$ 较富的油田气加工成主要组分为 C_1 的天然气、主要组分为 C_3、C_4 的液化石油气以及主要组分为 $C_5{}^+$ 的稳定轻烃。我国油田气中含 H_2S 较少，油田气体处理厂也未建脱酸性气体的装置。四川所产天然气中含 H_2S 较高，在气体处理厂内才建有酸性气处理装置。

（一）天然气脱水

油田气和气田气中一般含有饱和水蒸气。水和酸性气体 H_2S 和 CO_2 结合，会对管线和设备产生腐蚀，还会在低温、高压下产生固态水合物堵塞管线和设备。目前油田广泛使用甘醇(二甘醇 DEG、三甘醇 TEG)吸收脱水和分子筛吸附脱水两种方法。

分子筛脱水的优点是：(1)气体中水含量可低于 1ppm，水露点可达 -70℃；(2)对气体温度、压力、流量变化不敏感，操作简单、占地面积小。缺点是：(1)设备投资大，分子筛一般使用 2～3 年就需更换，增加了脱水成本；(2)气体压降大、能耗高、操作费用高。三甘醇脱水的优缺点大致与分子筛相反，处理后气体的水露点只能达到 -30℃，只能满足对管输天然气和用浅冷法回收轻烃凝液的要求，不满足用深冷法回收轻烃凝液的要求。吸收水分后的三甘醇可以再生后循环使用，使用寿命长，脱水成本较低。选择脱水方法时，应根据脱水目的和要求、气体处理量等进行技术经济比较后确定，有时也可先用三甘醇脱水、再用分子筛脱水的组合方式。

(二)酸性气体脱除

脱除 H_2S 和 CO_2 的方法分干法和湿法两种。湿法按溶液的吸收和再生方式，又分为化学吸收法、物理吸收法和直接氧化法三种。常用的酸性气体处理方法如下：

- 湿法
  - 化学吸收法
    - 醇胺法
      - 一乙醇胺法(MEA 法)
      - 改良二乙醇胺法
      - 二甘醇胺法(DGA 法)
      - 二异丙醇胺法(ADIP 法)
    - 碱性盐溶液法
      - 改良热钾碱法
      - 氨基酸盐法
  - 物理吸收法
    - 多乙二醇醚法
    - 砜胺法(Sulfinol 法)
  - 直接氧化法
    - 蒽醌法
    - 改良砷碱法
- 干法
  - 分子筛法
  - 海绵铁法

化学吸收及物理吸收法已使用多年，工艺成熟，但投资和操作费用较高。近年来，薄膜渗透法受到重视，国外已用于对酸性气体和水蒸气的脱除，在国内尚处于起步阶段。

(三) 天然气凝液回收

从天然气中回收凝液的方法有油吸收法(常温或低温)、吸附法、冷凝法。前两种方法因投资高、能耗大、C_3^+ 收率低，故近20年来国内外已建成的凝液回收装置，大多采用冷凝法。冷凝分离是在低温下将天然气中的 C_3^+(或 C_2^+)组分冷凝成液体，与以 C_1 为主体的气体的分离过程。所得液体通过分馏法，变成商品乙、丙、丁烷及稳定轻烃。使天然气获得低温可用冷剂致冷、气体膨胀致冷、或者联合应用两种致冷方法制冷。

凝液回收的工艺基本按图 2－17 框图进行。

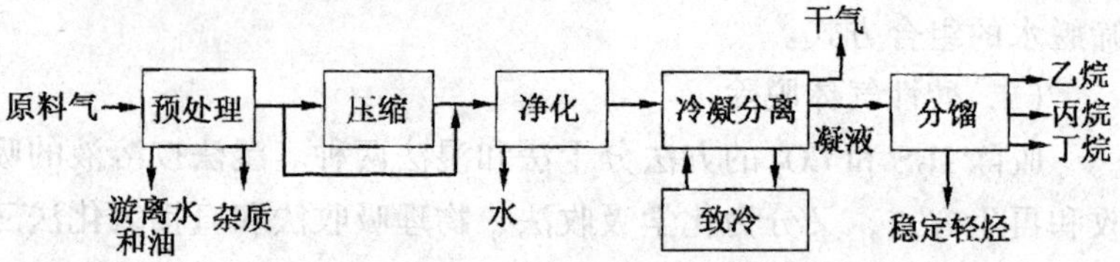

图 2－17 冷凝分离法烃凝液回收流程框图

按致冷温度不同，可分为浅冷和深冷两类，浅冷以回收 C_3 为主要目的，致冷温度一般为 －25～－40℃，深冷以回收 C_2 为目的，要求 C_3 回收率在 90%以上，致冷温度为 －90～－100℃左右。通过冷凝分离获得的凝液，实际上包含了从 C_1 到 C_7^+ 组分。这种混合烃液既不能满足使用要求，也不能安全可靠地储存和运输。为使凝液成为商品，首先应把其中的 C_1 和 C_2 脱出，以保证凝液的稳定。然后，按对商品的不同要求，把凝液中的 C_3、C_4 和 C_5^+ 切割分开。

第四节 矿场油气计量

油田生产过程中，从井口至油气外输分作三级计量，即井口计量、交接计量和外输计量。井口计量包括计量生产井产油量、产水量和产气量以及注水井(或注蒸气井)的注水量(或注蒸气量)。这些参数是油藏分析的重要技术数据。交接计量是接转站至联合站、联合站至油库之间的油气测量，为生产管理提供数据。外输计量是面向用户的，这一级计量精度要求最高。

在具备监控与数据采集(SCADA)系统的油田，井口计量和外输计量配有远程终端单元(RTU)。RTU完成现场数据采集、处理和相关设备的控制，并把处理数据传输至主站的控制中心。交接计量的各参数，一般纳入就地的RTU，和其它测控参数一起处理。

一、井口计量

(一) 生产井计量

从油井采出的石油是一种多组分碳氢化合物和非烃类的混合物，同时还含有水、砂、蜡、盐、硫化氢等杂质。井口计量属多相流量计量，其计量方法有分离法计量与多相流量计计量两类。

关于井口计量又分单井计量与多井计量。单井计量用于产量高的油井，专门为它配置一套计量装置。对于日产原油低于百吨的油井，采用多井计量。通常8～12口井配置一套计量装置，在计量站上定时选井轮流测量各油井日产油、气、水量。因此，计量站内除了计量装置外，还必须配备一套选井阀组。阀门采用电动或气动的三通阀、二通阀组合而成。

1. 分离法计量

利用油气分离器将油井采出物分离成气相和液相，或利用三相分离器将油井采出物分离成气体、油和水，而后分别对气体、液体(三相分离器出口的油和水)流量进行计量。

(1) 定体积法

如图2－18所示，井口来油通过选井阀组D_1—D_{12}，选其中一口油井产物进入立式二相分离器使气液分离。天然气以汽泡形式从原油中释放进入气相，经除雾器过滤后流出分离器；而液体在重力作用下沉降到分离器下部。

分离器连通一个单流管L_1，其上、下方各安装一个液位开关(1及2)。高低液位开关对应分离器内固定的体积，预先用清水严格标定。在计量过程中电动二通阀D_{13}是关闭的。计量中随着液量增多液位上升，通过单流管 L_1 下液位开关 1 时开始计时；液位升至上液位开关 2 时，停止计时，这样便可求得单位时间内的油井产液量。打开电动阀 D_{13}，在气压作用下，将分离器内液体通过含水分析仪、电动阀 D_{13}流至缓冲器与其它油井来油汇合，输送到集中处理站。含水分析仪指示液相内的含水率。

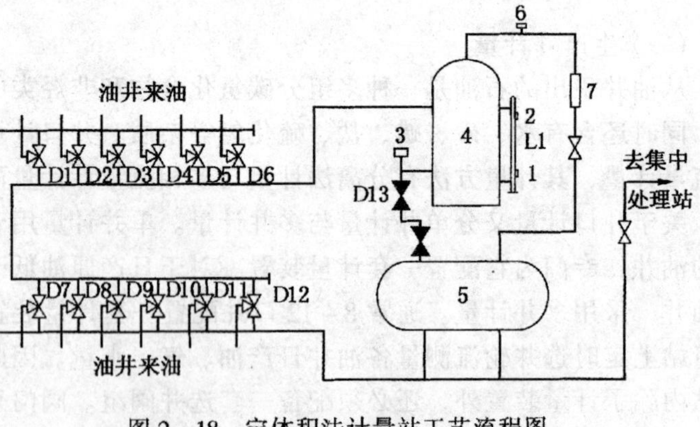

图 2-18 定体积法计量站工艺流程图

1—低液位开关；2—高液位开关；3—含水分析仪；4—两相计量分离器；5—缓冲罐；6—压力变压器；7—涡轮流量计

天然气计量选用仪表与各油井产气量变化范围有关。产气量变化范围较大时，采用涡轮或涡街流量变送器；变化范围较小时，采用孔板流量计。对于气体流量测量，都要进行压力、温度补偿。

测量原油含水率的方法目前有电容法、射频法和放射性测含水法。电容法是利用含水原油中油和水的介电常数有明显差别这一特性进行测量的，适用于中低含水率测量。当出现水包油或游离水呈连续相时，电容法不能正常测量。射频法也是利用含水油中油和水介电常数差异而呈现的射频阻抗特性不同测量含水的。根据原油含水量不同，出现的“油包水”或“水包油”原油乳状液的特点，这类含水分析仪的量程分成测低含水、中含水、高含水，以适应不同的液体类型。放射性含水分析仪是在放射性密度计基础上研制的，它基于油、水密度不同的原理测量含水率。

(2) 连续计量法

这种方法利用二相分离器或三相分离器，借助于压力及界面调节系统使其稳定工作，而后分别计量分离后的天然气、液体(或污水及含水油)流量。图 2－19 为利用二相分离器的测控系统原理图，它具有两个调节系统，天然气压力调节系统由压力变送器 PT、控制环节 PIC、电气转换器 I/P 和气动调节阀 PCV 组成，其作用是维持分离器内一定压力。天然气计量用流量变送器 FT (可以是孔板、涡轮或涡街)，并作压力与温度补偿。分离器内液气界面控制由液位变送器 LT、控制环节 LIC、电气转换器 I/P 和气动调节阀 LCV 实现。流量计量采用质量流量计 MFT(或孔板、涡轮)和含水分析仪 AT，以计算产水量和产油量。

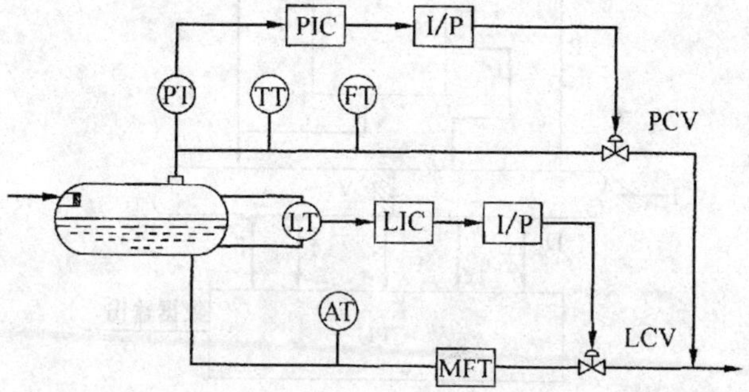

图 2－19　二相分离器测控系统

2. 多相流量计

采用分离法计量油井产油量、产水量和产气量存在的主要问题是：分离器的分离是初步分离，分离出的天然气中含有轻烃，分离出的液体中含有溶解气，因此难以计量；其次分离器容积较大，选井测量时过渡时间长；第三体积庞大，占地面积多。这些问题对海上油田开发显得尤为突出，因此多相流量计研究颇受关注。下面介绍两种经过现场实验应用的多相流量计。

（1）Euromatic 三相流量计

如图 2-20 所示，该三相流量计采用一个小型二相分离器，对井口来油进行取样分离。目的在于用放射性密度计 D_2 测出液相密度 ρ_2。在主管线上还用放射性密度计 D_1 测出油气水混合密度 ρ_1。装有涡轮传感器 V 测出混合流体的容积流量 V。此外，还有用于补偿计算的压力与温度传感器。五个参量送入以微处理器为基础的单元作运算处理。根据质量守恒定律，由这五个传感器测出的参数可以导出油井的产油量、产液量和产气量。

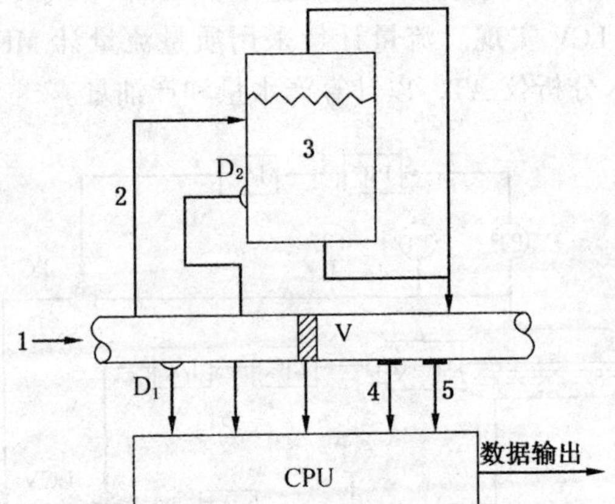

图 2-20 Euromatic 多相流量计原理示意图

1—多相流体；2—取样管；3—小型两相分离器；4—压力传感器；5—温度传感器；D_1—主管放射性密度计；D_2—液相放射性密度计；V—多相涡轮流量计

据称该多相流量计密度计量程为 0.8～1000kg/m^3，精度为 ±0.03%；总体精度对液相为 ±3.0%，对气相为 ±2.0%。

（2）AGAR 多相流量计

AGAR公司生产的多相流量计采用容积法测量油、气和水组成的流体总流量。流量计采用两个文丘利管构成动量仪。两个文丘利管具有不同的截面比，在一系列假设条件下经数据处理可以得到混合物的密度、质量含水率和总质量流速等参数。其采样周期为1~2秒，可以用数字、图形显示流量变化趋势、平均值等。

AGAR多相流量计还采用第二代含水分析仪OWM—201，它能在有气体存在情况下连续检测油水混合物中的含水率。它使用两个不同距离的天线接收信号。传感器工作频率为2.5兆赫。

经现场实验应用表明，该多相流量计能在含气率0~100%、含水率0~100%、气体流速为0.3~3.5m/s、液体流速为0.3~3.1m/s的范围内较准确地测油、气和水流量。对液体流量测量的相对误差不大于±10%，对气体流量测量的误差不大于±5.0%。

（二）注水井计量

注水系统由水源、水质处理(含污水处理)、注水站、配水间及注水井组成，各注水井的注水量是在配水间进行计量的，如图2-21所示。对每口注水井只需测量出注水压力与流量。流量计采用孔板流量计或涡街流量计。具备SCADA系统的油田，配水间配有RTU，实时采集各压力与流量信号，传送到主站控制中心。如果需要，各阀门用电动阀，以控制水井注水量。关于注蒸汽井，由于所注蒸汽是饱和蒸汽，属于两相流量计量，目前大多应用相关法，以经验公式计算。

二、外输计量

外输计量相对误差要求在±0.35%以内。油田一般在油库设置外输计量站专门从事外输计量。图2-22表示一种外输计量站的典型配置。该站共有八台外输泵，根据输油量要求以不同组合方式向外输油。主要组成有：

(1) 流量计：通常采用容积式流量计(腰轮)、涡轮或质量流量计，精度为±0.2%，目前也有应用精度为±0.1%的流量计；

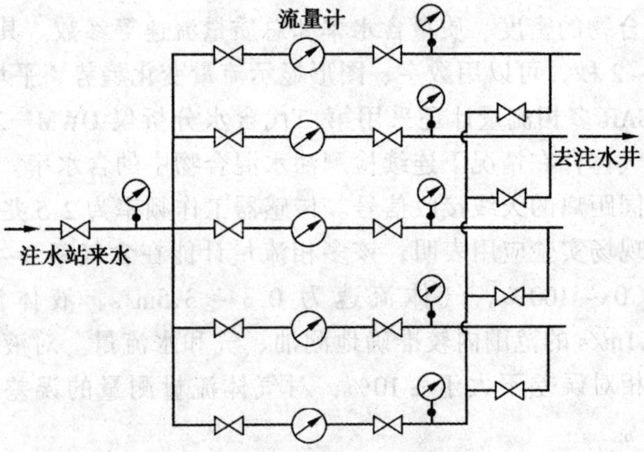

图 2-21 配水间原理流程图

(2) 必要的参数测量仪表：包括温度、压力变送器，用作修正计算；密度计用作求质量流量，低含水分析仪用作质量指标监测；

(3) 流量计标定装置：用作对各流量计定期标定，以保证计量精度。标定装置采用标准体积管。它分单向和双向两种，其上装有两个检测开关，两个检测开关之间的容积为标准容积，如LJG—37型标准体积管，口径400mm，标准容积为6m^3。此外在标准体积管入口或出口处装有温度及压力变送器，用作对标准容积修正计算，标准体积管校验精确度为±0.02%，复现性优于±0.02%；

(4) 辅助装置：为了保证准确计量，还必须配套辅助装置，包括消气器，用于除掉外输原油中气体，以免影响计量；过滤器用于去掉原油中杂质，保护流量计；流体整流器用于使流体流束

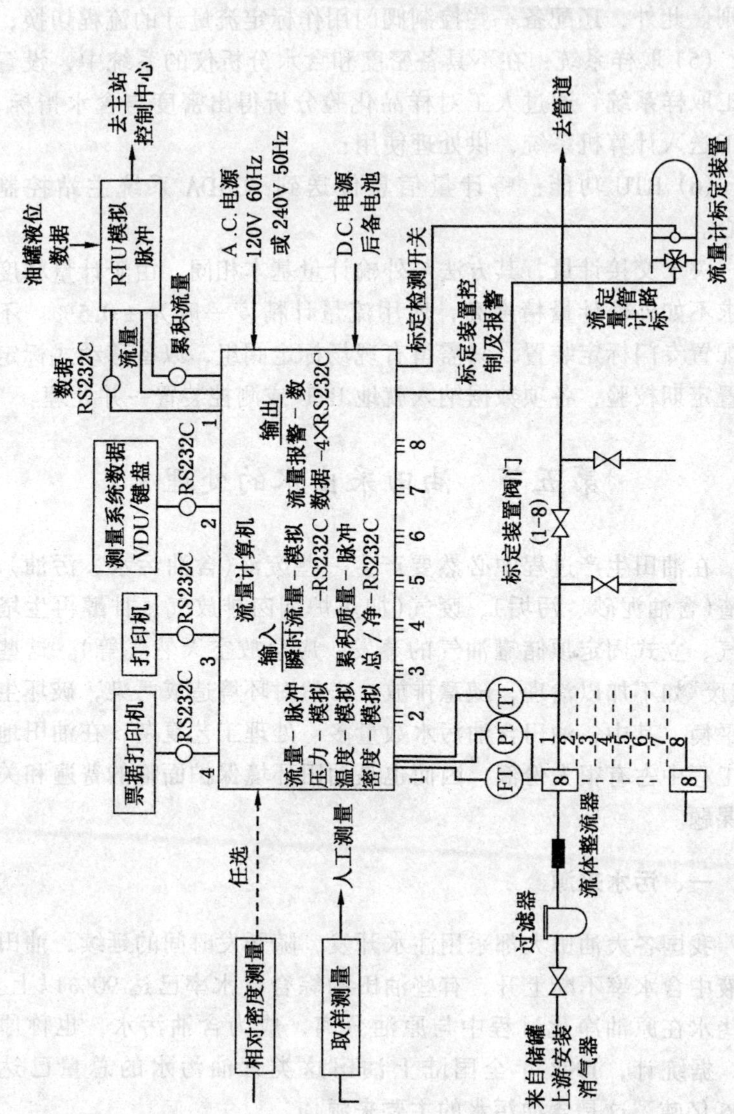

图2-22 外输计量站计算机系统原理系统图

规则。此外，还配备一些控制阀门用作标定流量计的流程切换；

(5) 取样系统：在不具备密度和含水分析仪的系统中，设置人工取样系统，通过人工对样品化验分析得出密度与含水指标，人工送入计算机系统，供处理使用；

(6) RTU 功能：将计量信息传送到 SCADA 系统主站控制中心。

关于交接计量，其方法与外输计量基本相同。由于计量精度要求不如外输计量精度高，所用流量计精度一般为 ±0.5%。不用配置专门标定装置，只需留有现场标定阀组，以备移动式标定装置定期校验，各项数据纳入就地 RTU 或测控装置一并处理。

第五节　油田采出水的处理

在油田生产过程中必然要产生一些废液(含油污水、污油)、废渣(含油泥砂、污垢)、废气(加热炉烟囱排放气、甘醇再生塔顶气、立式固定顶储罐油气的蒸发、应急放空天然气等)。这些“三废”如不加以治理，随意排放，必然对环境造成污染，破坏生态平衡。其中，油田含油污水数量多、处理工艺复杂，在油田地面工程中占有很大份额，因而也是油田环境保护面临的普遍和关键课题。

一、污水来源

我国各大油田大都采用注水开发，随开发时间的延续，油田产液中含水率不断上升，有些油田的综合含水率已达 90% 以上。这些水在原油净化过程中与原油分离，成为含油污水，也称原水。据统计，1998 年全国陆上油田这类含油污水的总量已达 3.96 亿吨，这是含油污水的主要来源。

另一类污水是洗井水。为防止注水井注入水中悬浮固体物堵塞地层，在注水管端头装有配水器滤网，由于滤网截留的悬浮固体随注水时间而增加，使管路压力增高，注水量下降。注水量低于计划注水量时，注水井要进行反冲洗，清除滤网上沉积的固体和生物膜，从而产生洗井污水。这类污水对环境的危害较小，多数油气田都将洗井水排入井场附近的污水坑，靠污水的自然蒸发和渗入地下进行处理。气田的采收率比油田高得多，无需注水补充气藏能量，因而污水量也比油田少得多。

二、净化采出水的回注和排放

(一) 净化采出水回注

油田开发一方面要向油藏注水保持油藏压力，另一方面油田地面又产生大量含油污水。把含油污水进行处理达到回注地层的水质标准后(也称净化采出水)回注地层，这是注水开发油田常采用的方法，其优点是：(1)净化采出水的矿化度和粘度较高，且含有表面活性剂，在油层岩石孔隙中有良好的洗油功能，与向油层注新鲜淡水相比油藏采收率可提高 5% ~ 8%；(2)含有泥土颗粒和粉砂的产油层与含盐净化采出水接触时，泥土颗粒和粉砂不膨胀，不降低油层的渗透性；(3)密度为 1.1 ~ 1.28g/cm^3 净化采出水在井底能形成较高的压力，使注水井有较好的吸收能力；(4)净化采出水有较高温度，对注水井吸收能力和在油层中的洗油过程都有利；(5)净化采出水回注地层可防止矿场地表污染。

为有利于油田持续开发，对回注油层的净化采出水有如下要求：(1)水的化学组分稳定，不生成固体悬浮物使油藏的渗透率降低；(2)为保持注水井的吸收能力，要求严格控制水中机械杂质和油(乳化油和硫化铁一类的固体离子结合能形成堵塞地层的乳化块)的含量；(3)有高洗油能力。活性净化采出水能将岩石缝隙内的原油驱替出来，以提高油藏采收率(即采出油量与可采储量之比)；(4)腐蚀性小；(5)在保证回注水质前提下尽量减少采出含油污水的治理费用。

按净化采出水是否与清水混合，回注方式分单注和混注两种。净化采出水不与清水混合，单独注入地层，称单注，而混注是将净化采出水和其它清水(地下水或地面水)混合后注入地层。混注前应进行两种水的兼容性试验。不兼容的两种水混合后易产生结垢和结膜，影响设备的正常运行。

(二) 净化采出水的水质

各油区根据油层渗透率和孔隙度都制定了严格的注水水质标准，推荐的水质控制指标见表 2－7。新建注水处理站应根据油层渗透率执行一级(A1、B1、C1)标准，旧站改造可执行二级或三级标准。

表 2－7　推荐水质主要控制指标

注入层平均空气渗透率/μm^2	$\mu<0.1$			$0.1\sim0.6$			$\mu>0.6$		
标准分级	A1	A2	A3	B1	B2	B3	C1	C2	C3
悬浮固体含量/(mg/L)	≤1.0	≤2.0	≤3.0	≤3.0	≤4.0	≤5.0	≤5.0	≤7.0	≤10.0
悬浮物颗粒直径中值/μm	≤1.0	≤1.5	≤2.0	≤2.0	≤2.5	≤3.0	≤3.0	≤3.5	≤4.0
含油量/(mg/L)	≤5.0	≤6.0	≤8.0	≤8.0	≤10.0	≤15.0	≤15.0	≤20	≤30
平均腐蚀率/(mm/a)	<0.076								
点腐蚀	A1、B1、C1 级：试片各面都无点腐蚀； A2、B2、C2 级：试片各面有轻微点腐蚀； A3、B3、C3 级：试片有明显点腐蚀。								
SRB 菌/(个/mL)	0	<10	<25	0	<10	<25	0	<10	<25
铁细菌/(个/mL)	$n\times10^2$			$n\times10^3$			$n\times10^4$		
腐生菌/(个/mL)	$n\times10^2$			$n\times10^3$			$n\times10^4$		

注：(1) $1<n<10$。

(2)清水水质指标中去掉含油量。

油田采出水经净化处理后回注地层，不仅在净化处理时能回收大量原油(据统计，全国陆上油田每年能从采出水中回收 40 万吨原油)，还节省了注水所需的水资源，保护了生态环境。因而，我国注水开发油田的采出水回收率一直保持在90%以上，但总还有一小部分水需就地排放，国家环保部门对外排的水质要求见参考文献[3]。

三、采出水治理方法

(一) 采出水污染物

采出水中的污染物大致可分为三类：

(1) 悬浮固体和胶体：悬浮固体的粒径为1~100μm，胶体粒径为1×10^{-3}~1μm。主要包括：泥砂、各种腐蚀产物和垢、硫酸盐还原菌、腐生菌(TGB)等细菌、胶质沥青质类和石蜡等有机物。进入采出水处理站的污水中含悬浮固体浓度一般小于100mg/L。

(2) 分散油、浮油和乳化油：随原油净化技术的提高，进入采出水处理站的污水含油一般在1000mg/L以下，其中90%左右为粒径等于10~100μm的分散油和大于100μm的浮油，其余为乳化油。

(3) 溶解物质：污水中的溶解物质包括以离子形式存在的无机盐类，如：Ca^{2+}、Mg^{2+}、K^{+}、Na^{+}、Fe^{2+}、Cl^{-}、HCO_3^{-}、CO_3^{2-}等，其粒径都在1×10^{-3}μm以下；还有环烷酸等有机溶解物；溶解的气体有O_2、CO_2、H_2S和烃类气体等。

(二) 采出水治理方法

1. 物理治理方法

物理治理方法的重点是除去水中大部分固体悬浮物、油类等。物理处理法包括过滤、浮选、重力分离、离心分离、蒸发和活性炭吸附等方法。

2. 化学治理方法

化学治理方法可去除污水中部分胶体和溶解性物质，它包括：混凝沉淀、化学氧化和还原、离子交换等。

3. 物理化学治理法

利用物理和化学综合法治理污水，包括加絮凝剂的浮选法、离子交换法、反渗透法和电渗析法等。

4. 生物治理法

利用微生物的生物化学作用，将复杂的有机物分解为简单物质，将有毒物质转化为无毒物质，使污水得以净化。生物治理法分为好氧治理法和厌氧治理法两种。好氧治理法是水中有溶解氧充分存在情况下，利用好氧微生物将污水和污泥中的有机物分解为二氧化碳、水、氨和硝酸。厌氧生物治理法是在缺氧情况下，利用厌氧微生物将有机物分解为甲烷、二氧化碳、硫化氢、氨和水。生物治理法具有效率高、操作费用低、污泥可作肥料等优点，在油田有广泛应用前景。活性污泥法、氧化塘法在土地宽阔、人口稀少地区被广泛使用。

四、采出水治理设施

各油田采出水治理设施种类很多，技术更新也很快。不同地区根据污水治理量多少、污水性质和所含污染物种类选择不同的治理设施。目前，油田上常用除油罐为一级污水处理设施，过滤罐为二级或三级污水处理设施。

(一) 立式除油罐

立式除油罐的结构示意见图 2-23。含油污水通过进水管配水室的配水支干管和喇叭型配水头流入除油罐。在罐内，污水自上而下缓慢流动，靠油水密度差进行分离，分离出的原油浮至液面并流入罐四周的集油槽，经出油管流入回收油罐。污水经集水头、集水支干管、中心柱管和出水管流出罐外。采出水在罐内的停留时间为2.5~3.5h，水的下沉流速0.5~0.8m/s，每个喇叭口的集(配)水层面积为2.5~7.5m^2。在油层部位和集油槽内设有加热盘管，防止原油温度过低而凝固。罐内还有倒 U 形溢流管，溢出沉降后的水，防止溢罐。溢流管和中心柱顶部均开有小孔，防止虹吸。在罐壁外加出水槽和可调堰板，调节堰板高度可控制油层厚度，一般油层厚度为 1.5～2.0m。

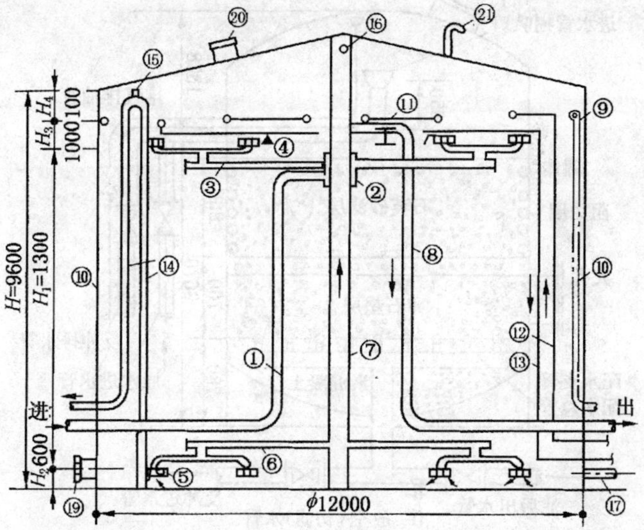

图 2－23　立式除油罐结构图

1—进水管；2—配水室；3—配水管；4—配水头；5—集水头；6—集水管；7—中心柱管；8—出水管；9—集油槽；10—出油管；11—盘管；12—蒸气管；13—回水管；14—溢流管；15—通气管；16—通气孔；17—排污；18—罐体；19—人孔；20—透光孔；21—通气孔

除油罐均为常压罐，有油气蒸发，污染环境。此外，随油田开发时间延伸，污水量增多，需不断扩建罐容，甚至因污水处理设备能力的制约而影响油田产量。

（二）过滤罐

含油污水经沉降处理后，还存在一定数量的乳化油和固体悬浮杂质，常用过滤罐进行二级污水处理。油田常用的过滤罐有压力滤罐、单阀滤罐和粗粒化除油罐等，其工作原理和设备结构大同小异。

压力式过滤罐的结构如图 2-24 所示。污水从喇叭口流入罐内，自上而下通过滤料层，悬浮物和乳化油吸附在滤料的表面或

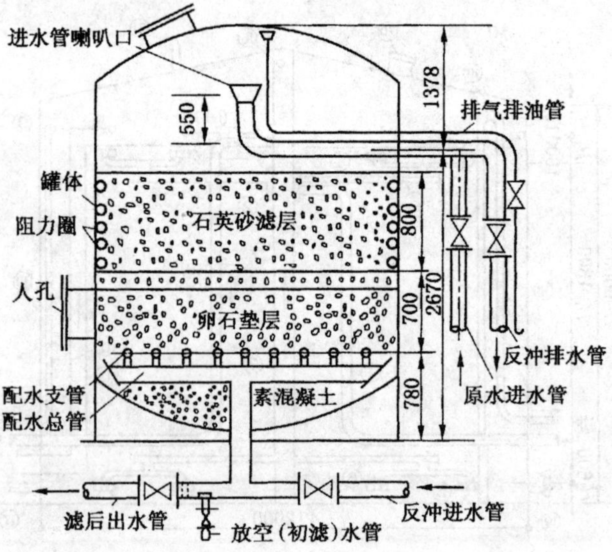

图 2-24 压力式过滤罐图

截留在滤料的孔隙中，滤后净化水流入集（配）水支管和总管后，流出罐外。当滤罐工作一定时间后，滤层因截留了悬浮杂质和乳化油而逐步失去过滤能力，此时滤后水达不到要求的水质或过滤罐的水头损失超过设计极限值时，需进行反冲洗恢复滤层的过滤能力。反冲洗过程与过滤过程相反，滤后水由反冲进水管流入，通过配水总管和支管沿滤罐截面由下而上冲洗滤料层，冲洗后的脏水由反冲排水管流至污水回收罐，并送回立式除油罐。

滤罐内的填充物分滤料和垫层。垫层由卵石或砾石组成，起

支撑滤料和使反冲水在罐内分布均匀的作用。沿滤罐高度方向，由上向下垫层石料粒径逐步增大。

过滤技术的发展方向是开发和选择合适的滤料，使在降低工程投资的基础上提高设备的效率。除常用滤料石英砂、无烟煤、钛铁矿砂、磁铁矿砂、金刚砂外，近期还开发了果核、核桃壳、聚苯乙烯球粒、聚氯乙烯球粒等。

(三) 油水旋流分离器

旋流分离器没有运动部件，具有体积小、重量轻、除油效率高、流程易于密闭、操作维护方便、能较好适应油田污水处理量波动等优点。其结构示意见图 2－25。它由入口圆筒段、大锥段、小锥段和尾管段四部分组成。

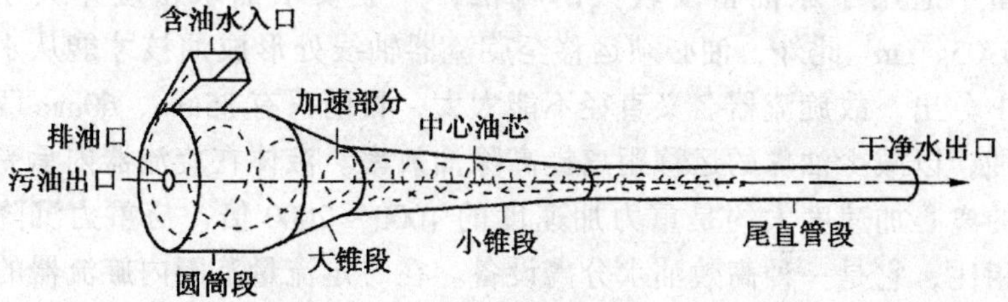

图 2－25　水力旋流器工作原理图

待分离的油水混合物在一定压力下切向进入旋流器的圆筒段，在器内形成强烈的旋转运动。在大锥段液体迅速加速，在其出口附近液体的角动量达到最大值，其直径被定义为旋流器的名义直径。进入小锥段高速旋转的液体，由于离心沉降作用，轻相(油)向旋流器中心处运动，形成向上的内旋流油核；重相(水)向器壁运动，形成向下的外旋流，该段是油水分离的主要区域。小锥段的锥角补偿流体和器壁的摩擦动量损失，保持液体旋转速度基本恒定。尾管段为液体提供更长的滞留时间，使油水进一部分离，油核在尾管段内终止。油水分离后，油和少量水从溢流口排出，净化水从底流口排出。

旋流器在油田应用中，有预分旋流器和除油旋流器之分。预分旋流器的处理对象为高含水油田的油井产出液(水为连续相)，目的是把原油富集，使原油中含水率降至50%左右，以减少含水原油后续处理的能耗和操作费用，同时使底流水中的含油浓度不能过高，一般在2000mg/L左右。除油旋流器处理对象为含油污水，进料流体的含油浓度常在2000mg/L以下，处理后水中含油常在30～40mg/L之内。近年来，石油发达国家大力开展以旋流器为核心的井下油水分离的研究工作，并已在某些油井上取得明显经济效益。

在旋流分离中，密度不同的油水依靠离心力分离，因而该设备不适用于原油密度较大的稠油，一般要求油水密度差大于0.05g/cm^3。此外，油必须运移至旋流器轴线处形成油核才能从水中分出，故旋流器名义直径不能太大，目前只有35mm、60mm两种，以减少油珠的运移距离提高除油效率。液体在旋流器内承受的离心加速度大约是重力加速度的1000～2000倍，与重力沉降相比，它是一种高效油水分离设备。在一定流量范围内旋流器的除油效率基本不变，如35mm旋流器的处理量约4.5～7m^3/h，若要求处理量大于单根旋离器(也称旋流管)处理量范围，可在外壳内并联安装多根旋流管以满足对处理量的要求，因而较适应油田不同开发时期含水率的变化。

影响旋流器分离效果的因素除油水密度差、污水中油珠粒径、连续相粘度和温度外，油水乳化程度也严重影响分离效率，对乳化程度较高的油水混合物，添加化学剂能改善油水分离效果。

五、采出水的防垢、缓蚀、杀菌和密闭

(一) 防垢

采出水治理系统以及净化污水与清水混注系统中形成垢的种

类很多，其中碳酸钙垢和硫酸钡垢的危害最大。常用的防垢剂有无机磷酸盐、有机膦酸及其盐类、聚丙烯酸聚合物及几种不同单剂的复配物等。

(二) 缓蚀

采出水有强烈腐蚀性，对钢管线和设施破坏很大。除选择抗腐性能较好的材料外，也常用缓蚀剂。主要缓蚀剂有铬酸盐、锌盐、聚磷酸物、水玻璃(硅酸钠)、有机膦酸盐及有机胺类等。

(三) 杀菌

污水中含有腐生菌、铁细菌、硫细菌、硫酸盐还原菌等大量微生物。前三类为好氧菌，会结膜堵塞注水系统和地层，硫酸盐还原菌在厌氧环境下易将水中无机硫酸盐还原成硫化氢，对管线和罐形成腐蚀。杀菌剂可分为无机和有机两类。无机杀菌剂如氯、臭氧、次氯酸钠等，有机杀菌剂如氯酚类、季铵盐、有机硫类氯胺类等。

(四) 密闭

氧是含油污水处理系统中重要腐蚀因素，特别当总矿化度大于5000mg/L且含有 H_2S 气体时，即使水中有微量的溶解氧也会造成严重腐蚀。因而，水质控制指标规定，采出水的溶解氧浓度不应超过0.1mg/L，混注清水的溶解氧应小于0.5mg/L，采出水的原始含氧量一般都很低，在处理过程中污水与空气接触是溶解氧含量增加的主要原因，因而在污水处理和储存的全过程应保持密闭，必要时还需加入适量除氧剂，才能达到注水水质要求。混注的地面清水由于长时间曝气，原始含氧量很高，一般应专门脱氧。

立式除油罐、单阀滤罐、气浮选机等非密闭设备应在罐液面上方空间充以天然气或其它惰性气体(氮、二氧化碳等)，使污水与空气隔离，并使罐在微正压下工作。

六、采出水处理站工艺流程举例

各油田应根据采出水污染物种类和数量、回注水质要求和各种水处理设备的性能确定采出水处理站工艺流程。常用的有：

1. 以混凝沉降为中心的重力除油流程

见图 2－26，来自脱水站的含油污水首先进入一次立式除油罐，除去部分原油和悬浮杂质。在管线内污水和净化剂、絮凝剂反应后进入二次混凝除油罐，出水经压力过滤罐过滤后进入回注站，由污水中回收的污油流入污油池。

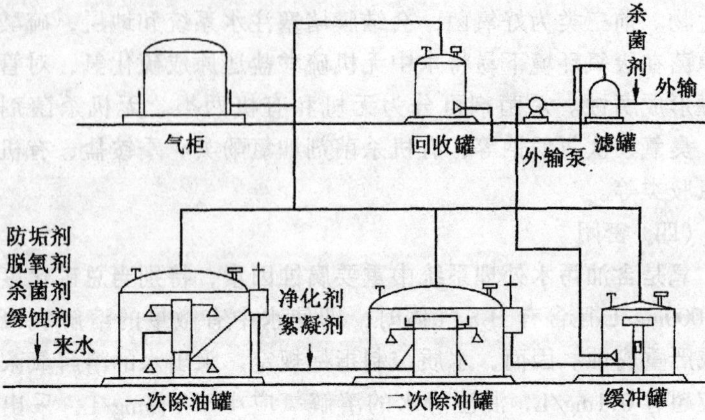

图 2－26 重力除油工艺流程图

2. 以旋流器为中心的采出液处理流程

见图 2－27，油井产物进入气液分离器分出气体后，油水混合物进入缓冲罐。缓冲罐出液经泵增压后进入预分旋流器，其底流再经除油旋流器二次分离后，水中含油可达 40mg/L 之内，再经核桃壳过滤器过滤后进入净化污水罐并送往回注站。旋流器的溢流进入污油回收罐并送往原油净化装置。

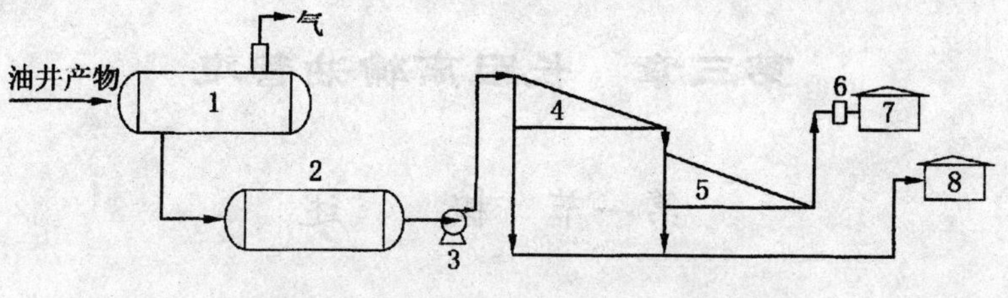

图 2-27　采出液旋流处理工艺流程

1—气液分离器；2—缓冲罐；3—离心泵；4—预分旋流器；5—除油旋流器；
6—核桃壳过滤器；7—净化污水罐；8—污油回收罐

第三章 长距离输油管道

第一节 概 述

一、输油管道的分类

按照长度和经营方式，输油管道可划分为两大类：一类是企业内部的输油管道，例如油田内部连接油井与计量站、联合站的集输管道，炼油厂及油库内部的管道等，其长度一般较短，不是独立的经营系统。另一类是长距离输油管道(简称长输管道)，例如将油田的原油输送至炼油厂、码头或铁路转运站的管道，其管径一般较大，有各种辅助配套工程，是独立经营的企业。这类输油管道也称干线输油管道。长距离输油管道长度可达数千公里，管道直径一般为200~1220mm。

按照所输送油品的种类，输油管道又可分为原油管道和成品油管道。长距离成品油管道一般采用多种油品在管道中“顺序输送”的方式运行。

按输送过程中油品是否需要加热，输油管道还可分为常温(等温)输送管道和加热输送管道。汽、煤、柴油等成品油及低凝点、低粘度轻质原油的输送一般不需加热，但凝点及粘度较高的原油(常称为“易凝高粘原油”)或重质燃料油常需加热输送。

二、长距离输油管道的组成

长距离输油管道由输油站与线路两大部分组成(见图3-1)。

输油站的主要功能是给油品加压、加热。管道起点的输油站称首站，其任务是接收来自油田、炼油厂或港口的油品并经计量后输向下一站。

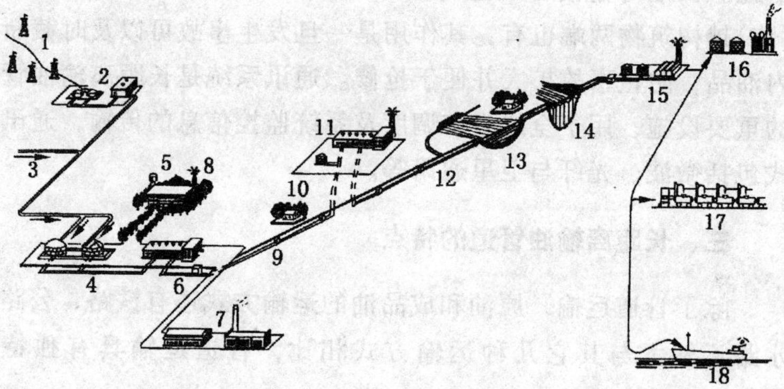

图 3-1　长距离原油管道概况

1—井场；2—转油站；3—来自油田的输油管；4—首站罐区和泵房；5—全线调度中心；6—清管器发放室；7—首站的锅炉房、机修厂等辅助设施；8—微波通讯塔；9—线路阀室；10—管道维修人员住所；11—中间输油站；12—穿越铁路；13—穿越河流的弯管；14—跨越工程；15—末站；16—炼厂；17—火车装油栈桥；18—油轮装油码头

输送过程中由于摩擦、地形高差等原因，油品压力不断下降，因此在长距离管道中途需要设置中间输油泵站，给油品增压。对于加热输送的管道，油品在输送过程中温度逐渐下降，需要有中间加热站给油品升温。输油泵站与加热站设在一起的称热泵站。

管道终点的输油站称末站，其任务是接收管道来油，向炼油厂或铁路、水路转运。末站设有较多的油罐，以及用于油品交接的较准确的计量系统。

长距离输油管道的线路部分包括管道本身，沿线阀室，通过河流、公路、山谷的穿(跨)越构筑物，阴极保护设施，通讯与自控线路等。

长距离输油管道由钢管焊接而成，一般采用埋地敷设。为防止土壤对钢管的腐蚀，管外都包有防腐绝缘层，并采用电法保护措施。长距离输油管道上每隔一定距离设有截断阀室，大型穿(跨)越构筑物两端也有，其作用是一旦发生事故可以及时截断管内油品，防止事故扩大并便于抢修。通讯系统是长距离输油管道的重要设施，用于全线生产调度及系统监控信息的传输，通讯方式包括微波、光纤与卫星通讯等。

三、长距离输油管道的特点

除了管道运输，原油和成品油的运输方式还有铁路、公路和水路运输。与其它几种运输方式相比，管道运输具有独特的优点：

(1) 运输量大。不同于车、船等其它运输方式，输油管道可以连续运行。表 3-1 提供了不同管径和压力时，管道输油量的参考数据。提高输送压力则输油量还可再增大。

(2) 运费低，能耗少。根据国内的统计资料，几种方式运输油品的燃料消耗和成本见表 3-2。

(3) 输油管道一般埋在地下，较安全可靠，且受气候环境影响小，对环境污染小。运输油品的损耗率较铁路、公路、水路运输都低。

(4) 建设投资小，占地面积少。管道埋在地下，投产后有 90% 的土地可以耕种，占地只有铁路的 1/9。

表 3-1 不同管径和压力下管道的输油量[1]

管径/mm	529	720	920	1020	1220
压力/MPa	5.4~6.5	5.0~6.0	4.6~5.6	4.6~5.6	4.4~5.4
输油量/(10^6t/a)	6~8	16~20	32~36	42~52	70~80

表 3-2 国内四种方式运输石油的燃料消耗、成本和损耗率[1]

项目＼输送方式	管道	铁路	水运①	公路
燃料消耗比	1	2	0.5	8.5
成本/(元/t·km)	0.008	0.010	0.007	0.156
损耗率/%	0.20~0.30	0.71	0.45	0.45

① 多为近海运输。

虽然管道运输有很多优点，但也有其局限性：

(1) 主要适用于大量、单向、定点运输，不如车、船运输灵活、多样。

(2) 在经济上，对一定直径的管道，有一经济合理的输送量范围。以直径 1020mm 的管道为例，其最佳输油量为 $42 \times 10^6 t/a$[1]，输量高于或低于此数值都使运输成本上升，输量变化超过一定范围甚至会影响到管道输送的经济合理性。本文关于管道运输成本低的结论都是基于合理输量而言的。因此，要求管道输量应尽可能接近设计输量。为此，在管道建设时须根据油田的储量和开发速度，准确地确定管道直径。中外均有对油田产量估计过高造成所建管道直径过大的例子，不仅增加了管道建设投资，而且由于管道利用率低、单位运输成本高，严重影响输油企业的经济效益。另一方面，每一个油田都存在开发初期、鼎盛时期和产量递减期，因此，即使对于建设规模合理的原油管道，也存在输量由小到大，持续一段时间后又下降的过程。此外，对于一定的输油量，还有经济合理的最远输送距离的制约[2]。

(3) 有极限输量的限制。对于已建成的管道，其最大输量受泵的性能、管子强度的限制。对于加热输送管道，还存在最小输量的限制——输量减小时，管内原油温降加快，当输量小到一定程度时，油品进入下一个加热站前温度将降至安全极限以下。

四、输油管道的发展历史

现代管道运输业始于19世纪中叶。1865年在美国宾夕法尼亚州建成第一条原油管道，直径50mm，长近10km。真正具有现代规模的长距离输油管道始于第二次世界大战。战后随着石油工业的发展，管道建设进入了一个新阶段。目前，现代化的管道均已采用计算机监控及数据采集(SCADA)系统，可以作到场站无人值守、全线集中控制。在一定输量下，提高工作压力可以延长输油站的间距，节省建设投资，因此输油管道的工作压力有不断提高的趋势。

目前世界上比较著名的大型输油管道系统有：

(1)前苏联的“友谊”输油管道。它是目前世界上距离最长、管径最大的原油管道，从前苏联的阿尔梅季耶夫斯克(第二巴库)到达莫济里后分为北、南两线，北线进入波兰和前民主德国，南线通过捷克和匈牙利。北、南线长度分别为4412km和5500km，管径分别为1220、1020、820、720、529、426mm，年输原油量超过1×10^8 t/a，管道工作压力4.9~6.28MPa。该管道分别建成于1964年(一期工程)，1973年(二期工程)。

(2)美国阿拉斯加原油管道。该管道纵贯阿拉斯加，是世界上第一条伸入北极圈的输油管道，其全长1287km，管径1220mm，工作压力8.23MPa，设计输油能力1×10^8t/a，总投资80多亿美元(相当于油田开发投资的两倍)，于1977年建成投产。

(3)沙特阿拉伯的东—西原油管道。该管道横贯沙特阿拉伯中部地区，管径1220mm，全长1202km，工作压力5.88MPa，输油能力$1.37\times10^8 m^3/a$。

(4)美国西—东原油管道。其管径762mm，全长2731km，输油能力47700m^3/d，是世界上最长的加热输送原油管道，1988年建成。

(5)美国科洛尼尔成品油管道系统。该管道系统干线管径为1020、920、820、750mm，总长4613km，干线与支线总长8413km，有10个供油点和281个出油点，主要输送汽油、柴油、燃料油等100多个品级和牌号的油品。全系统的输油能力为1.4×10^8t/a。

我国是世界上最早使用管子输送流体的国家，蜀汉时代已经用竹筒连接起来输送卤水及天然气，然而现代输油管道工业起步较晚。解放后，1958年建设了我国第一条长距离输油管道——克拉玛依—独山子管道，其全长147km，管径150mm。60年代后，随着大庆、胜利、华北、中原等油田的开发，兴建了贯穿东北、华北、华东地区的原油管道网。东北地区的大庆—铁岭(复线)、铁岭—大连、铁岭—秦皇岛4条干线管径均为720mm，总长2181km，形成了从大庆到秦皇岛和大庆到大连的两大输油动脉，年输油能力4×10^7t。截止1995年底，我国共有9272km的干线原油管道，年输送原油量约1.2×10^8t。

建于世界屋脊青藏高原上、穿过永久冻土带等地质条件极为复杂地区的格尔木—拉萨成品油管道全长1080km，管径150mm，输送汽油和柴油，是我国最长的一条顺序输送管道。

与国外先进水平相比，我国长距离输油管道在自动化水平、主要设施(如管材、机泵及加热系统的效率和可靠性)、阀门质量、施工机具及施工技术、管道防腐技术等方面有一定差距。我国所产原油大多为易凝高粘原油，主要采用加热输送工艺，管道运行能耗较高。改革开放以来，通过与国外的合作设计和技术引进，我国新建输油管道的技术水平有了显著提高。我国的输油管道设计和施工队伍已走出国门，参与管道建设的国际竞争。目前，在具有我国特色的含蜡原油改性输送技术方面已处于国际先进行列。

第二节 长距离输油管道的工艺设计

长距离输油管道投资巨大，常年不断运行，能耗巨大(大口径长输管道的单台输油泵的功率一般都在1000kW以上，长距离加热输送管道中用于加热的燃料油消耗可占输油量的0.5%甚至更多)，且所输介质易燃易爆，因此正确选择线路走向、合理确定建设规模、科学设计并采用新技术，对于节省投资和运行费用，安全环保都有重要意义。

本节主要介绍长距离输油管道的工艺设计。有关管道线路的勘察、管道的强度设计见第五章。

一、输油管道的水力特性及泵站布置

(一) 输油管道的压能损失

管道输送流体的过程就是压能的供给与消耗的过程。输油管道的压能消耗主要有两部分，一部分用于克服地形高差，这部分压能损失与输量无关；另一部分是与输量有关的摩擦损失，包括油流通过直管段时的摩擦损失(简称沿程摩阻)和油流通过各种阀件、管件时的摩擦损失(简称局部摩阻)。长输管道站间管路的摩擦损失主要是沿程摩阻，局部摩阻只占1%~2%，而站内管路的摩阻主要是局部摩阻。

对于牛顿流体，管路的沿程摩阻损失 h_l 可按列宾宗公式计算：

$$h_l = \beta \frac{Q^{2-m}\nu^m L}{d^{5-m}} \tag{3-1}$$

式中 Q 为油品的体积流量(m^3/s)；ν 为油品在输送温度下的运动粘度(m^2/s)；L 为管路长度(m)；d 为管内径(m)。β 和 m 是与流态有关的参数，对层流和紊流的水力光滑区，β 分别为4.15及

0.0246，m 分别为 1 和 0.25。其它流态下 β 和 m 的取值或计算方法可以在有关著作或手册中查到[3,4]。

在额定输量下运行的原油管道一般处于水力光滑区，低输量的粘稠原油管道可能进入层流区。式 3-1 说明了沿程摩阻与管道长度、输量及油品物性的关系。以紊流光滑区为例，沿程摩阻与管路长度、流量的 1.75 次方及粘度的 0.25 次方成正比，与管径的 4.75 次方成反比。因此，管道输量的的增大将导致摩阻压降明显增大，而加大管径对于降低摩阻有非常显著的作用。

对于管内径及长度一定的输油管道，其起点至终点的总压降为(以米液柱表示)：

$$H = h_l + h_m + (Z_z - Z_q) \tag{3-2}$$

式中，$Z_z - Z_q = \Delta Z$ 为管道终点与起点的高程差，h_m 为泵站的站内摩阻(对多个泵站的管道为各泵站的站内摩阻之和)。

(二) 管路的工作特性及泵站—管路系统的工作点

管路的工作特性表示输送一定油品时，管路能量消耗 H 随流量 Q 变化的关系，见图 3-2 的曲线 G (其中假设 $\Delta Z > 0$)。一条管道(d、L、ΔZ 一定)输送一种油品(ν 一定)时，有一特定的管路特性曲线。

长输管道一般使用离心泵。单台泵不能满足输量或压力要求时，泵站可以采用几台泵并联或串联工作的方式运行。泵站的特性是指泵站的扬程(即泵站的能量供应)与排量的关系。泵站特性曲线形如图 3-2 的曲线 B。

在长输管道中，泵站与管道组成了一个水力系统，管道所消耗的压能(包括终点所要求的剩余压力)必然等于泵站所提供的压能，即二者必然会保持能量供求的平衡关系。管道的流量就是泵排量，泵站的总扬程就是管道需要的总压能。泵站—管路系统的工作点是指在压力供需平衡的条件下，管道流量与泵站出站压力等参数之间的关系，通过泵站特性曲线与管道特性曲线的交点即可确定，见图 3-2。

(三) 泵站数的确定及泵站布置

根据任务输量和泵站的工作特性曲线，可以确定每个泵站所能提供的扬程 H_c。设全线各泵站的特性相同，则根据能量平衡关系，可确定全线所需的泵站数：

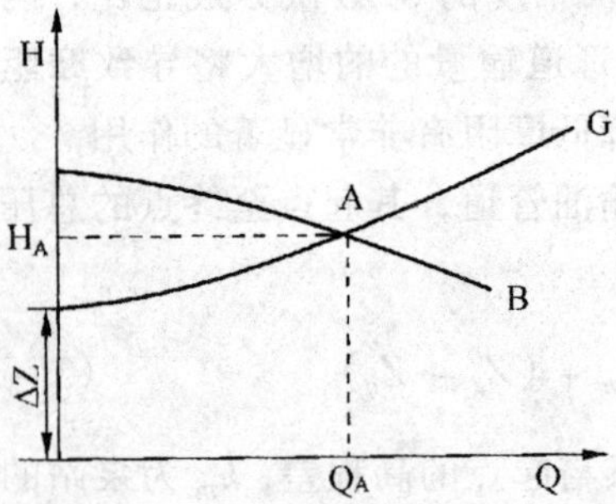

图 3-2 泵站与管路的工作点

$$N = \frac{H}{H_c - h_m} \quad (3-3)$$

由式 3-3 计算的 N 一般不是整数，需要取整。欲使管道系统的输量等于规定输量，在设计上需采取一定措施。

设计时一般先根据水力计算结果在纵断面图上布置泵站，然后到现场勘察，并与各有关方面协商后确定站址，再进行水力核算，必要时作适当调整。

管道纵断面图是在直角坐标上表示管道长度与沿线高程变化的图形。其横坐标表示管道的实际长度，常用比例为 1:10000 到 1:100000，纵坐标为线路的海拔高程，常用比例为 1:500 到 1:1000。

在纵断面图管道首站位置上往上作垂线，按纵坐标比例截取长度等于泵站出站压头的线段，从其顶端开始作水力坡降线(单位长度管路的摩阻损失称水力坡降)。水力坡降线与纵断面线的距离就是管内油流的动压力，两线相交说明此处管道的压力能已消耗完，必须给油流加压才能继续往前输送，即此处需要设置一个中间泵站。如此类推可以确定全线各泵站的位置，见图 3-3。

在纵断面图上布置泵站后，还要对泵站及管道的工作参数

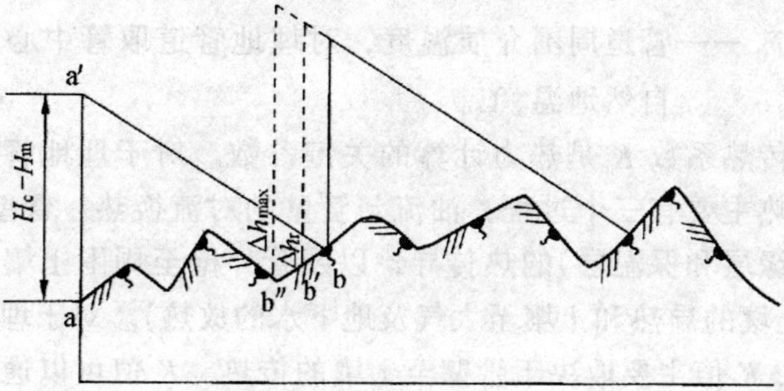

图 3－3　输油管道泵站的布置

进行校核，具体方法可参考有关著作。

二、输油管道热力特性及加热站的布置

对于易凝高粘的原油或重质燃料油，常需采用加热输送，以降低油品粘度从而降低输送阻力，或保持油温在油品凝点以上，防止油品在管内凝结。输送过程中油品因与环境换热而温度下降，因而输送一定距离后需要再次加热。

油流在管道中的温降与输量、环境条件、管道散热条件、油温等因素有关。忽略摩擦生热，近似按稳态传热处理，则根据能量平衡关系可得苏霍夫公式[3]：

$$T_l = T_0 + (T_R - T_0)\exp(-\frac{K\pi D}{Gc}l) \qquad (3-4)$$

式中 G——油品的质量流量，kg/s；

c——油品的比热容，J/(kg·℃)；

D——管道外直径，m；

l——管道加热输送的距离，m；

K——管道的总传热系数，W/(m²·℃)；

T_R——管道起点油温，℃；

T_l——距起点 l 米处油温,℃;

T_0——管道周围介质温度，对埋地管道取管中心埋深处自然地温,℃。

总传热系数 K 是热力计算的关键参数。对于埋地管道，油流的传热主要有三个过程：油流与管壁的对流换热、管壁(包括沥青绝缘层和保温层)的热传导，以及管外壁至周围土壤的传热(包括土壤的导热和土壤至大气及地下水的放热)。对于埋地不保温管道，K 值主要取决于管壁至土壤的传热。K 值可以通过理论或经验公式计算，但由于土壤导热系数的影响因素很多，一般难以得到准确的计算结果。设计时一般按经验方法取 K 值。

加热站出站油温的确定需要考虑油品的粘度－温度关系、油品蒸汽压、管道热应力和防腐层的耐热能力等，而进站温度的确定还要考虑油品的凝点(我国现行输油管道运行规范要求进站温度需高于油品凝点 3℃)。确定了加热站间的起、终点温度 T_R、T_l 后，按冬季地温，使用式 3－4 可计算加热站间距，进而根据管道总长可以算出加热站数；为了便于管理，应尽可能使加热站与泵站合并。因此在布站时，加热站与泵站的位置要相互调整。

实际上，输油管道的水力、热力特性是相互影响的。管道输量变化时，油品的温降规律也要发生变化，而温度条件的变化反过来又影响管道的压降规律。加热输送管道工艺设计过程是首先进行热力计算，得出全线所需加热站数；按加热站间管道进行水力计算，根据全线所需压头计算所需泵站数；在线路纵断面图上布置加热站、泵站并进行调整；根据布站结果再核算水力和热力状况。

三、输油管道的优化设计

显然，管道线路的走向和管道的设计方案对其投资和运行成本有很大影响，因此，管道设计参数需要优选。例如，在一定任务输量下，提高管道运行压力将可以减少中间泵站、节省泵站建设的投资，但这要求管子有更高的强度(需提高管子用钢的等级和/或增大管子壁厚等)，以及需要更高扬程的泵，还涉及设备技术指标的约束(管子耐压和泵扬程的提高有一定限度)，因而存在最优工作压力。再如，对于加热输送管道，在一定任务输量下，提高加热温度可使油品粘度下降，从而减小输油泵的电能消耗，其代价是燃料油消耗上升；反之，降低输送温度可节省燃料油消耗，但导致耗电量增加。类似地，油温上限还受管道热应力、防腐层耐热性能等因素的约束，油温下限则受油品物性的约束。因而存在最优的运行温度和压力。图3－4为对具体管道，当流量、地温、总传热系数及运行的加热站数和泵站数一定时，输油泵的动力费用 S_P 、加热的燃料费用 S_R 及总能耗费用(动力费用与燃料费用之和) S 随加热站出站温度 T_R 变化的曲线。总能耗费用最低的出站温度就是最优的出站温度。

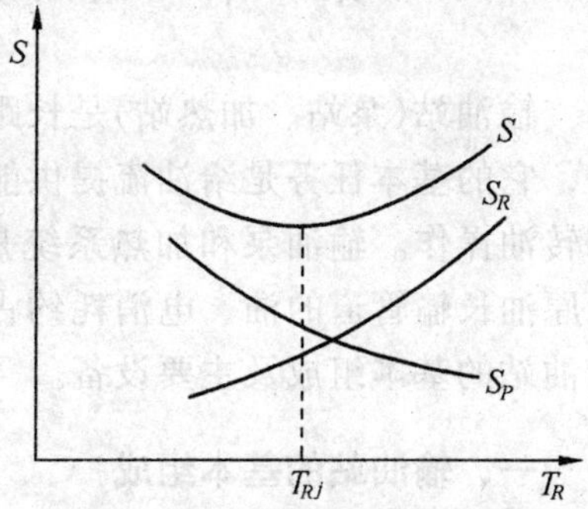

图3－4　加热站出站油温 T_R 与能耗费用 S 的关系

一般地，在等温输油管道的设计中，若把线路走向、管径、管材、管壁厚度、泵机组型号、运行参数等都作变量考虑，可能的设计方案数目非常多。对于加热输送管道，还涉及进出站温度、加热方式与设备、管道埋深的确定及管道保温的选择等。为了确定输油管道的最优设计参数，必须采用最优化的数学方法、借助计算机求取数值解。这是一个涉及非线性规划、动态规划、整数规划等的多目标综合性规划问题，有关的变量有连续变量、离散变量、整型变量，约束条件有等式及不等式、以及线性及非线性方程，衡量方案好坏的标准除了要求投资及经营费用低外，还要求施工期短、运行可靠性好、对环境的污染及危险小等。目前国内外已有一些输油管道优化设计的软件。设计中，一般用优化方法计算出每一方案中的最优参数，再进一步用比选法确定最终采用的优化设计方案。

第三节　输油泵站与加热站

输油站(泵站、加热站)是长距离输油管道的两大组成部分之一，它的基本任务是给油流提供能量(压能及热能)，或进行收油和转油操作。输油泵和加热系统是输油管道的主要耗能设备(我国原油长输管道的油、电消耗约占输油成本的50%)。本节介绍输油站的基本组成及主要设备。

一、输油站的基本组成

输油站包括生产区和生活区两部分。生产区内又分为主要作业区与辅助作业区。

输油站的主要作业区包括：

(1) 输油泵房　它是全站的核心，设有若干泵－原动机组及其辅助装置。

(2) 加热系统　用于加热管输油品。为了站内输油管道伴热的需要，还有热水或蒸汽伴热系统。

(3) 油罐区　输油管道的首、末站及中间站都需设置油罐。首、末站的油罐分别用于调节来油、收油(或转运)与管道输量的不均衡，所需的罐容量较大。以“旁接油罐”方式运行的管道，其中间站设置旁接油罐，以平衡进出站的输量差。密闭输送管道的中间站设置供水击泄放用的小容量油罐。

(4) 阀组间　由管汇和阀门组成，用于改变输油站的流程。

输油管道上常用的阀门有截断阀、单向阀、泄压阀、减压阀、调节阀与安全阀等。阀门的的驱动方式有手动、电动、气动、液动、电－液及气－液联动。

(5) 清管器收发装置　由清管器发放、接收筒及相应的控制系统组成。清管器用于清除施工过程中遗留在管内的机械杂质等堆积物，以及清除输油过程中沉积在管内壁上的石蜡、油砂等沉积物。检测管子变形和腐蚀状况的内检测器也通过清管器收发装置发送及接收。

(6) 计量间　用于管输油品的交接计量。计量系统由流量计、过滤器、温度及压力测量仪表、标定装置和通向污油系统的排污管等组成。输油管道上常用的是容积式流量计，例如原油管道上一般用腰轮流量计、刮板流量计，对粘度较小的油品多用涡轮流量计。

(7) 站控室　输油站的监控中心，是站控系统与中央控制室联系的枢纽。自控系统的远程终端、可编程序控制器等主要控制设备都设于此。

(8) 油品预处理设施　多设于首站，包括原油热处理、添加化学剂等。

辅助作业区包括：供电系统、输油管道的自控与生产调度及日常运行管理等所需的通信系统、供热系统、供/排水系统、消防系统、机修间、油品化验室、办公室等。

二、输油泵与原动机

输油泵是输油泵站的核心设备。由于输油管道的特点，输油泵应满足以下条件：排量大、扬程高、效率高、可长时间连续运行、便于检修和自控。离心泵具有排量大、运行平稳、易于维修等优点，因而在长输管道上得到广泛应用，但离心泵在输送高粘油品时效率较低，因此在一些输送高粘油品的管道上采用了螺杆泵。输油泵的原动机主要有电动机，其次为柴油机和燃气轮机。

(一) 离心泵

输油管道用的离心泵按用途可分为给油泵与输油泵。给油泵是由罐区向输油泵供油，以满足其正压进泵的要求，故给油泵扬程不高。在单台输油泵不能满足管道扬程或输量要求时，可采用几台输油泵串联或并联运行。离心泵的运行方式及泵机组数根据工艺计算确定。

串联用离心泵的排量大、扬程低、效率较高。密闭输送管道在站间高差不大，泵的扬程主要用来克服沿程摩阻损失时，采用串联泵较多。在多泵站密闭输送的管道上，泵机组串联工作时的调节灵活性较大。每个泵站上选用扬程不同的串联泵，开泵方案变化后，泵站扬程变化，全线可供选择的开泵方案很多，便于优化运行。但站间高差很大、泵的压头主要用于克服高差时，离心泵宜并联运行。并联运行的离心泵站不一定采用型号相同的输油泵，以提高调节的灵活性。关于输油管道的运行方式(密闭输送及旁接油罐运行)，见本章第四节。

由于长输管道上的输油泵功率大，常年运行，因此，其效率高低对于管道的运行能耗影响很大。国外长输管道用输油泵效率可达85%。我国某些新试制的输油泵的性能参数见表3-3。总体上讲，我国长输管道用输油泵的技术水平与国外差距较大，八十年代以来，为几条管道技术改造或新建管道引进了国外的输油泵。

(二) 原动机

输油泵的原动机主要有电动机、柴油机和燃气轮机。使用何种原动机需根据泵的性能参数、原动机的特点、能源供应情况、管道自控及调节方式等因素确定。

1. 电动机

电动机在输油管道上应用最多。它比柴油机价廉、轻便、体积小、维护管理方便、工作平稳、便于自控、防爆安全性好，但它依赖于庞大的输配电系统。一个大型输油泵站的电功率可达10000kW或更大。电驱动的另一个缺点是输油的可靠性受供电可靠性的影响，一旦停电会造成一站或多站停输，甚至全线输油中断。

表3-3　我国新试制的串联、并联用离心泵的性能参数

型　号	口径/mm		流量/	扬程/	转速/	效率/	汽蚀余量NPSH/	叶轮直径/
	吸入口	排出口	m^3/h	m	r/min	%	m	m
DZ 250×340×4	250	250	900	600	2980	84	20	340
DZ 250×340×4	250	250	850	500	2980	84	18	327
DZS 350×470×2	350	350	1960	564	2980	86	20	457
DZS 350×470×2	350	350	1955	531	2980	86	20	450
DZS 350×470×2	350	350	1645	545	2980	86	18	439
ZS 350×520	350	250	1450	280	2980	86	18	478
ZS 350×420	350	250	1450	230	2980	88	20	419
ZS 350×380	300	300	1440	180	2980	90	18	379

驱动输油泵可采用同步或异步电动机。国外现代化输油管道的泵机组大多露天设置，我国输油管道上的泵机组一般都安装在室内。露天设置的电动机有两种类型：开式的气候防护型与全封闭型。泵机组在室内安装时必须采取防爆措施，一种是设隔爆墙，将输油泵与电动机隔开，另一种是不设隔爆墙，采用防爆型或全封闭强制通风型电动机。

2. 柴油机

在供电不能满足要求的地区，可采用柴油机驱动离心泵。与电动机相比，它的不足之处是体积大、噪音大、运行管理不方便、易损件多、维修工作量大、需解决燃料供应问题等。近年来柴油机燃用原油的技术发展较快，国外已有多条管道采用以原油为燃料的柴油机。但由于不同原油物性差异很大，用作柴油机燃料时需作一定的处理。

当功率较大时，柴油机的体积、重量很大，故其主要适用于缺乏电源而机组功率不大的中、小型管道。缺乏电源时，大型管道上一般选用燃气轮机。

3. 燃气轮机

燃气轮机单位功率的重量和体积都比柴油机小得多，可以用多种油品与天然气作燃料，运行安全可靠，便于自控，故在输油管道上的应用日益增多。其主要缺点是效率低，功率为2200kW的燃气轮机的效率为25%左右。

目前管道上使用的燃气轮机有航机改型及工业型两种。美国阿拉斯加原油管道及1980年建成的沙特阿拉伯东－西原油管道采用航机改型燃气轮机，功率分别为9920kW和16900kW。其它一些国家的输油管道上采用轻型工业燃气轮机，功率在2200～5880kW。

三、加热系统

加热系统是加热输送管道的关键设备，也是主要的耗能设备。对输油管道加热炉的要求是热效率高、流动阻力小、能适应管道输量变化、可长期安全运行。

按油流是否通过加热炉炉管，长输管道上的加热系统分为直接加热与间接加热两种。前者在加热炉中直接加热油流，后者是使热媒通过加热炉升温后，进入换热器中加热原油。

（一）直接加热式加热炉

这种加热炉设备简单、投资省，应用很普遍。但油品在炉管内直接加热，存在结焦的可能。一旦断流或偏流，容易因炉管过热使原油结焦，甚至烧穿炉管造成事故。

我国输油管道使用的加热炉主要有方箱型、圆筒型和卧式圆筒型加热炉。方箱型加热炉是 70 年代设计建造的。由于其热效率低(约 75%)、占地多、投资大、施工周期长、自动化程度低，在新建的加热炉中已很少采用。圆筒型加热炉构造简单、占地面积小、热效率高(近 90%)，建造、维护和操作方便，是炼油厂最常用的炉型，也用于长输管道。卧式圆筒式加热炉吸收了炼油厂加热炉和引进的热媒炉的优点，其辐射室为卧式圆筒型，对流室为直立方型，底盘为撬座结构，其间用短节加紧固件连接。全炉可拆卸为辐射室、对流室、烟囱和附件四大部分，见图 3－5。这种炉型便于工厂预制、现场组装。

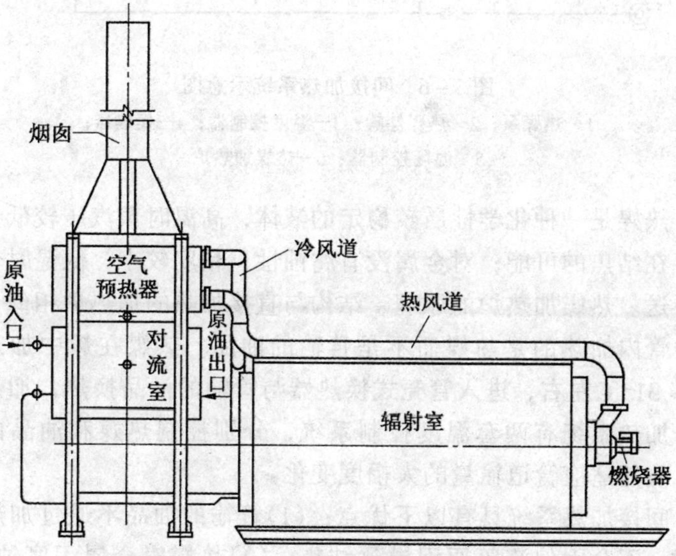

图 3－5 卧式圆筒型加热炉示意图

(二) 间接加热系统

间接加热系统如图 3－6 所示，由热媒加热炉、换热器、热媒罐、热媒泵、检测及控制仪表组成。

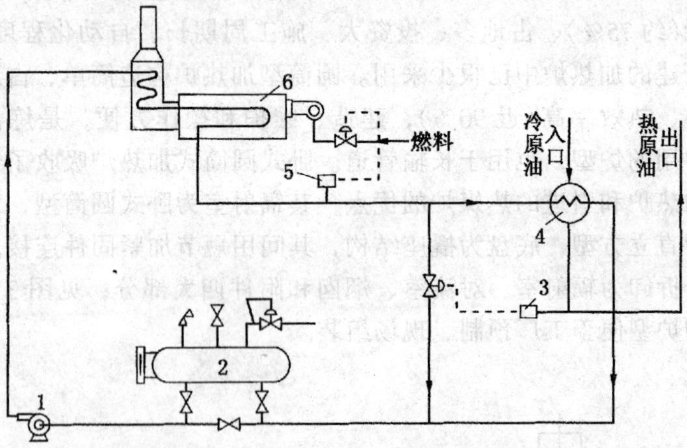

图 3－6 间接加热系统示意图

1—热媒泵；2—热媒储罐；3—温度控制器；4—换热器；5—温度控制器；6—热媒加热炉

热媒是一种化学性质较稳定的液体，高温时蒸汽压较低，也不存在结焦的可能；对金属没有腐蚀性；粘度较小，低温时也可以泵送。热媒加热炉的原理、结构与直接加热的加热炉相似，只是炉管内加热的是热媒而不是管输的油品。热媒在炉中加热至 260～315℃左右，进入管壳式换热器与管输的油品换热，加热油品。加热系统有两套温度控制系统，分别控制热媒和油品的温度，故能适应管道输量的大幅度变化。

间接加热系统具有以下优点：(1)管输的油品不通过加热炉炉管，不会因偏流等原因导致结焦；(2)热媒对金属无腐蚀性，其蒸汽压低，加热炉可在低压下运行，故炉子的寿命长；(3)适用于加热多种油品，能适应输量的大幅度变化；(4)热媒炉热效率高(可达92%)，原油通过换热器的压降小(不大于0.05MPa)。其主要缺点是系统复杂、占地面积大、造价较高(比直接加热炉高3~4倍)、耗电量较大。直接加热方式的优缺点与此相反。1969年投产的美国科林加—阿文原油管道采用间接加热方式，1987年建成的加利福尼亚原油管道及1988年建成的全美原油管道则采用直接加热方式。前苏联的加热输送管道多采用直接加热，我国的输油管道也大多采用直接加热，1984年开始引进美国的间接加热系统。

第四节　输油管道的运行及控制

一、输油泵站的连接方式

长距离管道中各输油泵站相互连接的方式(也称为管道的输送方式)主要有两种形式："旁接油罐"输送方式和密闭输送方式。

(一)"旁接油罐"输送方式

上一站来的输油干线与下一站输油泵的吸入管道相连，同时在吸入管道上并联着与大气相通的旁接油罐，见图3-7(a)。旁接油罐起到调节两站间输量差额的作用，由于它的存在，长输管道被分成若干个独立的水力系统，即每一个泵站与由其供应能量的站间管道构成一个水力系统。因此，以这种方式运行的管道便于人工控制，对管道的自动化水平要求不高，但不利于能量的充

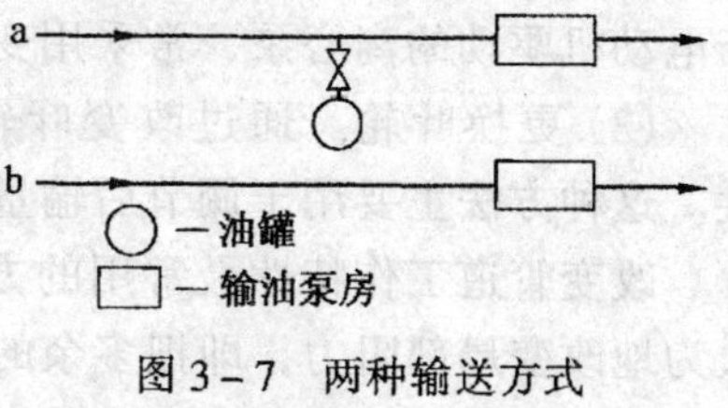

图3-7　两种输送方式
(a)旁接油罐；(b)密闭输送

分利用，存在罐内油品的挥发损耗。

(二) 密闭输送方式

密闭输送也叫“从泵到泵”输送。它是上一站来的输油干线与下一站输油泵的吸入管道相连，正常工作时没有起调节作用的旁接油罐，见图 3－7(b)。它的特点是各站的输量必然相等，各站的进出站压力相互直接影响，全线构成一个统一的水力系统。这种输油方式便于全线统一管理，但需要有可靠的自动控制和安全保护措施。现代化的输油管道均采用密闭输送方式。

二、输油管道工况的调节

泵站—管道系统的工作点由系统的能量供需关系决定。当管道的输量由于某种原因需要改变时，泵站—管道系统的能量供需关系发生变化。输量减小时，离心泵的扬程增加，而管道的摩阻损失反到减小；输量增大，变化趋势相反。为了维持管道的稳定运行，就需要对系统进行调节。输油管道的调节就是通过改变管道的能量供应(改变泵站特性)或改变管道的能量消耗(改变管路特性)，使之在给定的输量下达到新的能量供需平衡，保持管道系统不间断、经济地输油。

改变泵站特性的方法有：

(1) 改变运行的泵站数或泵机组数。这种方法适用于输量变化范围较大的情况。

(2) 调节泵机组转速。这种方法一般用于小范围的调节。对于电动机驱动的离心泵，常采用变频调速的方法。

(3) 更换叶轮。通过改变叶轮直径，可以改变离心泵的特性。这种方法主要用于调节后输量稳定时间较长的情况。

改变管道工作特性最常用的方法是改变出站调节阀的开度，人为地改变局部阻力，即把多余的能量消耗在节流上。这种方法操作简单，但能源浪费大。当泵机组不能调速时，输量的小范围调节常用这种方法。

三、输油管道的水击及其控制

输油管道正常运行时，油品的流动基本上属于稳态流动，但由于开泵和停泵、阀门的开启和关闭、泵机组转速调节、流程切换、管道中途卸油或注入油品等正常操作，以及因停电或机械故障保护而导致泵机组停运、阀门的误关闭、管道泄漏等事故，都会使流速产生突然变化，进入瞬变流动状态。由于液流的惯性作用，流速的突然变化将引起管内压力的突然上升或下降，即产生“水击”。管道中液流骤然停止引起的压力上升速率较大时可达1MPa/s，压力上升幅度较大时可达3MPa，随流速的变化速率而不同。水击的压力波在输油管道内以1000～1200m/s的速度传播。水击压力的大小和传播过程与管道条件、引起流速变化的原因及过程、油品物性、管道正常运行时的参数(例如流量及压力)等有关。可以通过计算机程序模拟水击情况下管道压力的变化及压力波的传播过程。

水击对输油管道的直接危害是导致管道超压，包括两种情况：一是水击的增压波(高于正常运行压力的压力波)有可能使管道压力超过允许的最大工作压力，引起强度破坏(管道破裂)；二是减压波(低于正常运行压力的压力波)有可能使稳态运行时压力较低的管段压力降至液体的饱和蒸汽压，引起液柱分离(在管路高点形成气泡区，液体在气泡下面流过)，甚至使管道失稳变形。对于建有中间泵站的长距离管道，减压波还可能造成下游泵站进站压力过低，影响下游泵机组的正常吸入。因此，在设计过程中，对管道要采取一定的保护措施。

管道水击保护的措施主要有泄放保护及超前保护。泄放保护是在管道一定地点安装专用的泄压阀，当水击增压波导致管内压力达到一定极限时，通过阀门泄放出一定量的油品，从而削弱增压波，防止水击造成危害。超前保护是在产生水击时，由管道控制中心迅速向有关泵站发出指令，各泵站采取相应的保护动作，以避免水击造成危害。例如，当中间泵站突然停泵时，泵站进口将产生一个增压波向上游传播，这个压力与管道中原有的压力叠加，就可能在管道中某处造成超压而导致管道破裂。此时若上游泵站借助调压阀节流或通过停泵产生相应的减压波向下游传播，则当减压波与增压波相遇时压力互相抵消，从而起到保护作用。显然，超前保护必须依赖于高度自动化的管道控制系统。

四、输油管道的控制

现代输油管道通过计算机监控与数据采集系统(SCADA)实现全线的集中控制。SCADA 系统的构成如图 3-8 所示。该系统主要由控制中心计算机系统、远程终端装置(RTU)、数据传输及网络系统及应用软件组成。控制中心的计算机通过数据传输系统对

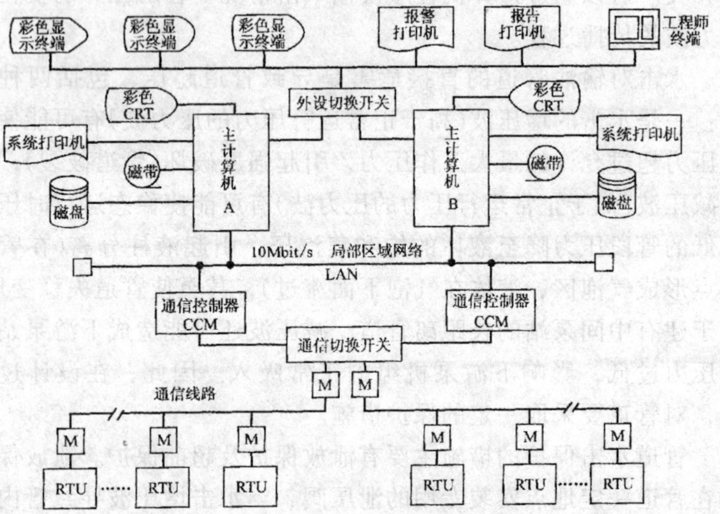

图 3-8 SCADA 系统结构示意图

设在泵站、计量站或远控阀室的 RTU 定期进行查询，连续采集各站的操作数据和状态信息，并向 RTU 发出操作和调整设定值的指令，从而实现对整条管道的统一监视、控制和调度管理。

控制中心的主计算机是 SCADA 系统的核心。为了保证系统高度可靠，主计算机系统采用双机热备用运行方式，一台在线监控，另一台处于热备用状态。正常时，主机定时把数据送入备用计算机的内存储器中。一旦检测到主机或相关设备出现故障，主机自动脱离在线控制，由备用机取代，外围设备也自动切换到备用机上。主计算机具有以下功能：(1)监视各站的工作状态及设备运行情况，采集各站数据和状态信息，发现异常时发出报警信息；(2)根据操作人员或控制软件的要求向 RTU 发出操作指令，对各站的设备进行遥控；(3)提供有关管道系统运行状态的图形显示及历史资料的比较及趋势显示；(4)记录及打印各站的主要运行参数及运行状态报告；(5)记录管道系统所发生的重大事件的报警、操作指令等；(6)运行有关的应用软件。

站控系统的核心是 RTU 或可编程序控制器(PLC)。现代 SCADA 系统采用以微处理机为基础的智能 RTU，它具有以下特点：能在现场处理数据，即使与控制中心通信中断，仍能保持监控功能，自动对控制进行决策，独立完成操作。站控系统的 RTU 或 PLC 大多也采用双机热备用方式运行。它们与现场传感器、变送器和执行器或泵机组、加热炉的工业控制计算机连接，主要功能有：(1)过程变量巡回检测和数据处理；(2)向控制中心报告经选择的数据和报警；(3)提供运行状态、工艺流程、动态数据的画面、图像显示、报警、存储、记录、打印；(4)除执行控制中心的命令外，还可独立进行工作，实现 PID 及其它控制；(5)实现流程切换；(6)进行自诊断，并把结果报告控制中心；(7)给操作人员提供操作记录和运行报告。

数据传输及网络系统包括控制中心主计算机网络、主计算机对 RTU 网络(数据传输系统)及就地 RTU 网络。数据传输系统一般采用微波、光纤和卫星通信。

SCADA 系统的软件主要有三部分:计算机操作系统软件、SCADA 系统软件和应用软件。应用软件主要包括动态模拟软件、泄漏检测和定位软件、水击动态分析软件、优化运行控制软件、清管器跟踪软件、批量/组分跟踪软件、培训模拟软件等。

80 年代以前,我国长输管道基本上是常规仪表检测,就地控制。80 年代中以来,在铁岭—大连管道、东营—黄岛管道复线上安装了国外引进的 SCADA 系统。此后新建的长距离输油管道大多采用了我国自行研制的或引进的 SCADA 系统,并对铁岭—秦皇岛、大庆—铁岭等老管道进行技术改造,配备了 SCADA 系统。对于今后新建的长输管道,SCADA 系统将成为必不可少的组成部分。

第五节 顺序输送

在同一管道内,按一定顺序连续地输送几种油品,这种输送方式称为顺序输送。输送成品油的长距离管道一般都采用这种输送方式。用同一条管道输送几种不同品质的原油时,为了避免不同原油的掺混导致优质原油“降级”,或为了保证某些石油炼制产品的质量,也会采用顺序输送。国外有些管道还实现原油与成品油及化工产品的顺序输送。

在发达国家,管道顺序输送是成品油的主要运输方式。我国的管道顺序输送技术相对较落后,成品油主要靠铁路、公路运输,目前只有三条成品油顺序输送管道,它们是:格尔木—拉萨成品油管道,全长 1080km,管径 159mm,输送四个品种、五种规格的油品,1977 年建成;抚顺—营口鲅鱼圈成品油管道,全长 236km,管径 355/377mm,输送两个品种、四种牌号的油品,

设计年输量 240×10^4t/a，1995 年建成；克拉玛依至乌鲁木齐管道，全长 285km，管径 250mm，一期工程设计输送 70 号、90 号汽油和 0 号、－10 号柴油，输油能力 96×10^4t/a。随着我国国民经济的发展和人民生活水平的提高，成品油用量将继续增大，成品油管道将有大的发展。目前，兰州至成都等几个成品油管道系统正在规划或设计中。

一、顺序输送的特点

与输送单一油品的管道相比，多种油品的顺序输送有以下特点：

(1) 由于经常周期性地变换输油品种，所以与输送单一油品的管道相比，顺序输送管道在起终点要建造较多的油罐，以调节供油、输油与用油之间的不平衡。因此，对于短距离管道采用顺序输送在经济上不一定合理。

(2) 两种油品交替时，在接触界面处将产生一段混油。生产实践表明，在紊流状态下输送时，混油量一般为管道总体积的 0.5%～1%。因此，顺序输送管道需要有一套混油控制、跟踪、检测、切割、处理的措施和设备。

(3) 大型的油品顺序输送系统往往是面向多个炼厂和多个用户，管网多点输入和输出油品，油品品种多，批量大小不一。显然，各种油品输入/输出的量和时间将对管道的运行工况产生显著影响。此外，虽然每种油品的批量越大，相对的混油损失越小，但此时首、末站或中间分输点所需建造的油罐也越多，此外，面向市场的管道系统还应尽量满足客户的要求。因此，多种油品的顺序输送系统对输油计划和调度的要求比输送单一油品的管道复杂得多。

(4) 由于油品的物理性质(粘度、密度等)存在差异，当两种油品在管内交替时，随着油品在管内运行距离的变化，管道的运行参数处于缓慢的变化中。而当混油通过泵站时，泵站的特性(例如出站压力)将在较短时间内发生变化，从而导致泵站—管道系统工作点的变化。再加上油品的多点输入输出，使得管道的运行参数处于不断的变化中。要保证管道系统安全、高效、经济地运行，必须借助计算机系统进行仿真与监控。

二、顺序输送中的混油及其控制与处理

(一) 混油及其影响因素

两种油品在管内交替时，产生混油的原因主要有两个：一是管道横截面上流速分布不均，使后行油品呈楔形进入前行油品中；二是管内流体沿管道径向、轴向的紊流扩散作用。图3-9是混油段中两种油品浓度分布的测试结果。一般混油段的尾部拖得较长。

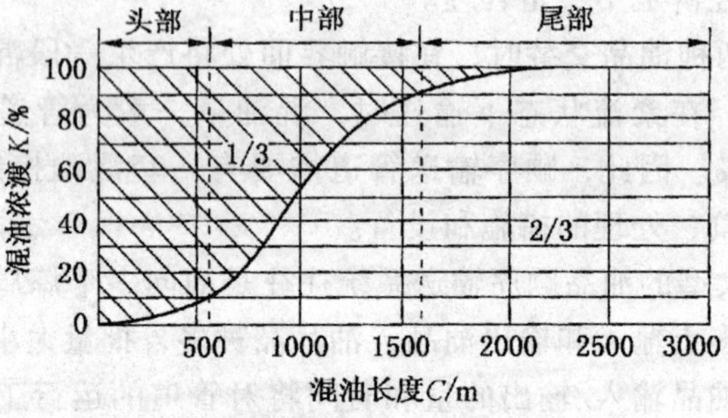

图3-9 混油段油品浓度分布曲线

层流流动时，管中心流速比平均流速大一倍，故后行油品会进入前行油品，形成楔形油头。在浓度差的作用下，两种油品的分子相互扩散，形成混油。这种混油量可达管道总容积的若干倍。因此，顺序输送管道不应在层流下运行。管内紊流的速度分布较层流均匀。造成混油的主要原因是紊流扩散作用。实验表

明，随着雷诺数增加，相对混油量(混油量与管道总容积之比)开始很快下降，当雷诺数大于50000时，相对混油量随雷诺数变化很小。图3-10是根据实验和生产数据得到的雷诺数与混油段长

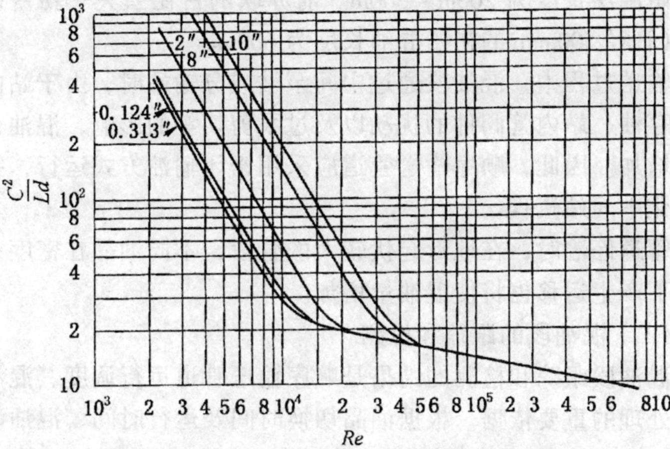

图3-10　雷诺数与无因次量 C^2/Ld 的关系曲线

度 C 的经验关系。可见对于某一特定的管道(管径 d、长度 L 为定值)，雷诺数对于混油长度 C 的影响大致有两个不同的区域：在某一雷诺数以下曲线较陡(陡斜区)，雷诺数大于该值时曲线较平(平坦区)。显然，为了减少混油量，顺序输送管道应在平坦区运行。对于一定的管道和确定的几种油品(粘度范围一定)，控制流态主要通过流速的控制来实现，而对于新管道的设计，正确选定管径是非常重要的。

油品的输送次序对混油量有影响。一般的规律是：油品交替时，若粘度小的油品顶替粘度大的油品，其混油量要大于粘度大的油品顶替粘度小的油品。有数据表明，这一差值可达10%~15%。这是由于粘度大的油品流动时的粘性底层较厚，同时其与管壁的粘滞力也较大，这两个因素都导致混油量加大。

在输油首站或中间输入点，两种油品交替时的流程切换将产生一定量的混油(称初始混油)。初始混油量的大小取决于切换油罐的速度、泵吸入管道的布置和泵站排量。我国某 159mm 管道的初始混油长度为 200m～300m。前苏联的古比雪夫—勃良斯克管道(管径 500mm)的初始混油长度为 600m。

输送过程中，混油段通过中间泵站或分输站时，由于站内管道的存油、站内管阀件的扰动以及过泵剪切等的影响，混油长度也会增加。因此，顺序输送管道应采用密闭输油方式运行，并尽量简化中间站流程。

管道停输时，在地形起伏较大的管段，不同油品在密度差的作用下产生运移也将使混油量增加。

(二) 混油段的跟踪和检测

混油段跟踪和检测的结果是顺序输送管道运行调度、混油切割和处理的重要依据。根据油品切换时间及运行时间、混油浓度分布公式、管道运行参数等，可以建立混油界面跟踪的数学模型，并进行计算机仿真，但混油段中两种油品的浓度一般需通过检测仪器才能确定。

混油浓度检测的方法有两大类：物性指标检测与外加标记物检测。

混油的密度与两种油品的密度及它们的浓度间存在线性加和关系。因此，采用在线密度计，连续检测管道中油品的密度，即可推断混油的浓度及其变化。声波在液体中传播的速度与液体的密度等性质有关，例如，在常温条件下，柴油中的声速为 1375～1390m/s，煤油中为 1320～1335m/s，汽油中为 1175～1190m/s。因此，基于声学原理的仪器广泛应用于顺序输送中混油浓度的测量。

添加标记物的方法是在油品切换时，在油品的接触区把少量记号物质(荧光燃料、化学惰性气体等)添加到油流中。记号物质与油流一起流动并随混油段扩散。通过检测这些物质的浓度分布，便可确定混油段及混油界面。

在不同原油顺序输送或原油—成品油顺序输送时，还可通过在线检测原油中的某些特殊组分的含量(例如高硫原油与低硫原油顺序输送时可检测含硫量)，实现混油界面检测。

(三) 减少混油量的措施

可以采取一些专门措施减少混油量，例如使用机械隔离器或液体隔离塞。

常用的机械隔离器有橡胶隔离球，以及皮碗型机械隔离器。隔离器(球)的直径一般比管内径大 1% ~ 2%，以便在隔离器与管壁间产生一定的密封作用。实际上，由于隔离器两端存在压差、管道变形等原因，隔离器前后油品的相互泄漏是不可避免的。对于一条具体的管道，影响隔离效果的因素有：球(皮碗)的过盈度及耐磨性、隔离器的数量及间距、油品种类、流速等。关于使用隔离器的效果，不同文献的数据并不一致，有文献认为，使用隔离球减少的混油量不超过 30% ~ 40%。

液体隔离塞是在交替的两种油品间注入缓冲液，包括与这两种油品性质接近的第三种油品、这两种油品的混油、凝胶体等。例如汽油与柴油交替时，可在两者之间放入一段煤油或汽油与柴油的混合油，由于汽油和柴油中允许混入煤油的浓度比汽油中允许混入柴油或柴油中允许混入汽油的浓度大若干倍，从而使需处理的混油量减少。

(四) 混油的接收及处理

顺序输送管道一般在管道终点接收混油。混油处理的方法包括重新加工，降级使用，或者按一定比例回掺到纯净油品中。某一种油品中允许混入另一种油品的比例与这两种油品物理化学性质的差异，以及油品的质量潜力有关。性质越接近，质量潜力越大，则允许混入另一种油品的比例也越大。为了减少混油处理量，顺序输送管道中油品的排序有一定要求。例如，当美国科洛尼尔管道输送不同品质的汽油、柴油、煤油、燃料油时，其一个输送周期中油品的排序为：高级汽油－普通汽油－煤油－燃料油－柴油－普通汽油－高级汽油。

如果前后两种油品的性质比较接近，且两种油品的储罐容量都较大时，有可能将整个混油段分割为两部分，前一部分进前行油品的油罐，后一部分进后行油品的油罐。这种处理方式操作最简单。当两种油品的性质差异较大，或质量潜力有限等原因不能采取这种处理方法时，就要设置混油罐。混油段中前行油品含量较高的一部分混油进前行油品的油罐，后行油品含量较高的一部分进后行油品的油罐，而混油段中间的那部分进混油罐。具体的切割方案要根据每种油品允许混入另一种油品的量确定。混油罐中的混油可运回炼厂重新加工，或者就地建设小型常压分馏装置。

三、原油—成品油顺序输送

在运输流向相同时，如果能够实现原油和成品油的顺序输送，则可更充分地利用管道的运力，节省建设投资(例如我国东北和西北地区均是原油和成品油的输出地)。国外已有原油和成品油顺序输送的成功例子：加拿大贯山管道(TransMountain Pipe Line)[5]，加拿大省际管道(Interprovincial Pipe Line)[6]，法国的勒阿弗尔(Le Havre)－巴黎管道[7]。

加拿大贯山管道从埃得蒙顿到温哥华，始建于1953年，全长约1260km，途径洛矶山脉和海岸山脉(Coastal Mountain)，有数百英里的管段处于大高差多起伏地带。该管道系统从1993年开始实现原油和成品油的顺序输送。所输油品包括：航煤、汽油(无铅汽油及优质无铅汽油)、柴油(常规含硫、低硫及低温柴油)、甲基叔丁基醚(MTBE)及原油(轻质低硫原油、轻质含硫原油与重质原油)。由不同成品油段组成的“列车”可长达350km。原油被置于成品油“列车”之间。

加拿大省际管道系统将加拿大西部产油区所产石油输送至加拿大东部和美国中西部地区的炼油中心和市场。该管道系统从埃得蒙顿到萨尼亚(Sarnia)的管段实行了原油－成品油及天然气凝析液(NGL)的顺序输送。

由Trapil公司设计、施工与运营的勒阿弗尔－巴黎管道长1200km，有26个泵站，34个分输点。其输送的油品包括原油、发动机燃料油、车用燃料油、柴油、民用燃料油、航煤和石脑油。

原油与成品油的顺序输送除了具有成品油顺序输送的特点和存在问题外，还有一些特殊的问题与难点，例如：原油中胶质、沥青质、蜡和机械杂质在输送过程中会粘附或沉积在管壁上，在成品油段到来之前，如何有效地清除这些污染物是必须解决的问题。再如，易凝高粘原油通常采用加热输送，而对成品油的加热不仅浪费能源，还会对管道运行造成不利影响，因此易凝高粘原油与成品油顺序输送的难度更大。

第六节　油品的减阻、节能、安全输送工艺

油品的减阻、节能、安全输送工艺包括易凝高粘原油的改性(降凝降粘)输送，以及高输量成品油及原油管道的紊流减阻输送两大类。

一、易凝高粘原油及其改性输送的必要性

我国各油田所产原油按其流动性质可分为两大类：第一大类是轻质原油，例如塔里木油田的塔中原油；第二大类是易凝高粘原油，包括含蜡量较高的易凝原油(含蜡原油)，例如大庆原油、

胜利原油、中原原油、华北原油等，以及胶质沥青质含量较高的高粘重质原油(稠油)，例如辽河油田的高升原油、胜利油田的单家寺原油、渤海油田的埕北原油等。轻质原油在我国原油产量中只占很小的份额，我国大部分原油为含蜡原油和稠油。表3-4为我国部分原油的物性。

表3-4 我国部分原油的物性

<table>
<tr><th>原油
物性</th><th>大庆
混合油</th><th>胜利
混合油</th><th>中原
混合油</th><th>辽河
高升油</th><th>渤海
埕北油</th><th>塔里木
塔中油</th></tr>
<tr><td>20℃密度/(kg/m³)</td><td>861.4</td><td>882.9</td><td>849.0</td><td>944.3</td><td>952.0</td><td>842.0</td></tr>
<tr><td>50℃粘度/(mm²/s)</td><td>23.5</td><td>42.8</td><td>12.6</td><td>2435</td><td>614.8</td><td>7.33</td></tr>
<tr><td>凝点/℃</td><td>33</td><td>28</td><td>32.5</td><td>13</td><td>0</td><td>-25</td></tr>
<tr><td>蜡含量/%</td><td>25.6</td><td>15.8</td><td>24.7</td><td>6.6</td><td>6.3</td><td>1.38</td></tr>
<tr><td>胶质含量/%</td><td>15.7</td><td>23.0</td><td rowspan="2">6.81</td><td rowspan="2">47.6</td><td>25.0</td><td rowspan="2">4.40</td></tr>
<tr><td>沥青质含量/%</td><td>0</td><td>0.4</td><td>0</td></tr>
</table>

在一定条件下原油失去流动性的最高温度称凝点。它是衡量原油流动性的一个重要指标，在我国和前苏联应用较普遍。国外通用的类似指标是倾点，它是一定条件下原油保持流动性的最高温度。

含蜡原油流动性的特点是凝点高，在远高于凝点的温度下，原油为牛顿流体，粘度一般不高；但当油温降至原油凝点以上5~15℃时，含蜡原油将转变为非牛顿流体，粘度随温度降低而增长的速率加快；再继续降温原油将凝结，失去流动性。重质原油流动性的特点是在较高温度下也具有相当高的粘度，对于含蜡量不高的重质原油，其凝点较低。上述关于原油种类的划分是粗略的，某些原油很可能同时具有含蜡原油和重质原油的特征。

升高温度可以改善易凝高粘原油的流动性，因此传统上常采用加热的方法输送这类原油。这种方法虽行之有效，但也存在若干弊端：首先是能耗大，我国东北地区的 φ720mm 管道在接近满负荷运行时，年平均每千公里用于加热的燃料油消耗接近输油量的 0.4%，每吨公里总能耗约为 410KJ。在低于设计输量的工况下运行时油耗更大；管径愈小，相对油耗愈大。美国相近规模的轻质原油等温输送管道每千公里的总能耗约为所输原油的 0.4%，每吨公里的总能耗约为 161KJ[8]。第二，就某一具体管道而言，允许的输量变动范围窄，难以适应投产初期和末期的低输量。加热输送管道随输量减小，沿线温降增大。为了使下一个加热站进站油温不低于某一数值，保证管道安全运行，有一个最低输量的限制。根据我国加热输送管道的运行实践，允许的最低输量一般为额定输量的 50～60%。当输量降低至允许的最低输量以下时，需要增加加热设备，或采取正返输交替运行，能源浪费巨大。第三，热油管道一旦停输后，为防止原油在管内凝结，必须在短时间内再启动。正常运行的进站油温愈低，允许停输的时间愈短。第四，设置加热站增加了管道建设的投资和运行管理的难度及费用。

多年来，人们一直针对易凝高粘原油研究安全、节能的输送工艺，并且取得了不少进展。

二、含蜡原油添加降凝剂输送

(一) 原理

在较低温度下含蜡原油流动性差，是因为其中的蜡结晶析出，并相互联结形成海绵状的蜡晶结构。因此，改善蜡晶结构就可以改善含蜡原油的低温流动性。

降凝剂是高分子聚合物，其分子由极性部分和非极性的烷基链组成。可以用作含蜡原油降凝剂的化学剂有多种，但目前大多数降凝剂都是以乙烯—醋酸乙烯酯共聚物(EVA)为主复配而成的。一般认为，降凝剂是通过共晶和吸附作用，改变蜡晶的形态和结构，从而改善原油流动性(即降凝和降粘)。共晶是指降凝剂分子中的烷基链与原油中的蜡分子共同结晶，吸附则是降凝剂分子吸附在已析出蜡晶的表面。图 3-11 是降凝剂处理前后某新疆混合原油的蜡晶照片。可见添加降凝剂前，原油中的蜡晶细小、均匀分布于原油中；添加降凝剂处理后，蜡晶颗粒变得较粗大并趋于聚集，原油中存在大片未被蜡晶占据的区域。

降凝剂处理前 2℃(凝点 9℃)　　降凝剂处理后 2℃(凝点 -6℃)

图 3-11　原油加降凝剂处理前后的蜡晶照片

(二) 添加降凝剂输送技术的应用

添加降凝剂处理是目前最成功的含蜡原油改性输送技术。该技术 60 年代末开始应用于原油的管道输送。我国 70 年代末开始进行原油降凝剂及其管输应用的研究，近 10 年来发展较快，据不完全统计，目前已在 10 多条长输管道应用(部分管道情况见表 3-5)。这项技术对于低输量含蜡原油管道的安全运行、节能降耗发挥了很大作用，例如，临邑—仪征管道(鲁宁线)在添加降凝剂输送的第一年就取得了 1000 万元的经济效益[9]。目前我国在这一技术领域处于国际先进水平。

表 3-5　我国部分输油管道应用原油降凝剂的概况

管道名称	管道长度/km	管径/mm	所输原油	原油凝点/℃	加剂量/g/t	加剂处理温度/℃	处理后原油凝点/℃	管道末端原油凝点/℃
鲁宁线	655	720	胜利中原混合油	22	50	60	5~6	21~22
马惠宁线	270	377/325	马岭	16	50	70	-4	6
中洛线	282	426	中原	32	50	65	12~13	21~22
濮临线	242	377	中原	32	50	70	16	20
魏荆线	221	426	南阳	36	50	70	23~25	29~31
库鄯线	481	610	塔里木	0	8	55	-10	-10

国外曾经应用降凝剂的最著名的管道是1106km的澳大利亚杰克逊—布里斯班管道[10]。我国参与设计与建设的苏丹输油管道是目前世界上采用这项技术的最长的输油管道(1540km)。该技术还在印度、欧洲北海等地的海底管道上广泛应用。

对于含蜡量较高、或蜡的碳数较高的原油，以及原油中含有较多不利于降凝剂发挥作用的物质时，现有降凝剂的改性效果及其稳定性还不能满足要求，因此，目前还不能对所有的含蜡原油输送管道推广使用降凝剂技术。

(三) 降凝剂改性效果的影响因素

1. 原油及降凝剂的组成

原油的含蜡量及蜡分子的碳数分布、胶质沥青质的含量及化学组成对降凝剂改性效果有重要的影响。含蜡量越高，要取得相同降凝降粘效果就越困难。原油中的高碳数蜡对降凝剂处理的感受性和处理效果稳定性都有相当不利的影响[11]。胶质的化学组成对降凝剂的感受性有很大影响[12,13]，例如大庆原油中的胶质含有不利于降凝剂发挥作用的组分，故其改性难度较大。降凝剂与原油间存在“配伍”规律，对于每一种原油都有特定的最适用的降凝剂配方。

2. 工艺条件

(1) 降凝剂添加量　对一定的原油，有一降凝剂的最优添加量，超过这一添加量后原油改性效果并不会有大的提高。目前我国大部分加剂输送管道的降凝剂添加量为 50 克降凝剂/吨原油。

(2) 加剂处理温度　添加降凝剂处理时，原油必须加热到某一较高的温度，使大部分蜡晶溶解。我国目前主要加剂输送管道的处理温度为 55～70℃，详见表 3－5。

(3) 剪切作用　在原油析蜡高峰区的温度范围内，过泵剪切甚至管流剪切都可能影响加剂处理对蜡晶形态和结构的改善效果(一般不破坏降凝剂的分子结构)，从而对加剂原油的低温流动性产生不利影响。具体影响程度与原油的组成、剪切的温度及强度以及时间等因素有关[14,15]。对于长距离常温输送管道，剪切的累计影响不可忽视。图 3－12 是临邑—仪征输油管道加剂输送时在沿线各站进、出站处取样测得的凝点。该原油加剂处理前的凝点为 22℃。

(4) 重复升温　由于加剂改性效果等的限制，某些情况下原油在输送过程中需重新加热。若重复升温至首次处理的温度，一般可以获得相同的处理效果。否则，若加热温度低于首次处理

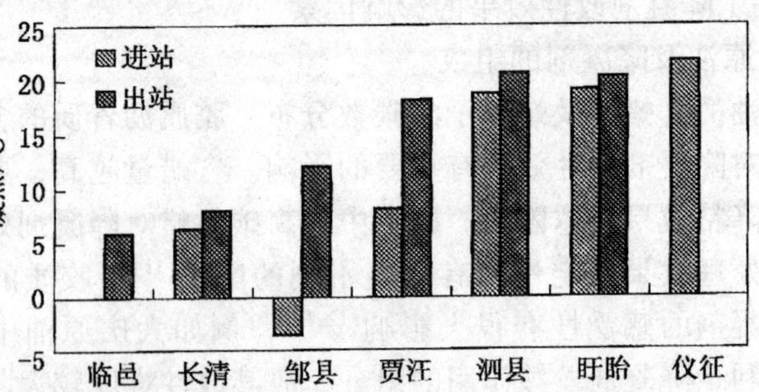

图 3－12　加剂输送时鲁宁线沿线各站的凝点

温度，改性效果会恶化。

三、主要的重质原油降粘减阻输送工艺

由于常规石油资源的减少，高粘重质原油(稠油)从80年代初开始引起国际石油界的关注。输送重质原油的主要困难来自于它的高粘度，例如，胜利油田单家寺原油在50℃的粘度接近10000mPa·s(比大庆原油高近500倍)，80℃的粘度仍高达750 mPa·s。为了降低重质原油输送的燃料和动力消耗，曾研究过一系列降粘减阻输送工艺。

(一) 重质原油的稀释输送

其作用原理是在重质原油中掺入低粘油品。这是传统的重质原油输送方法，因其工艺简单，效果可靠(降粘效果在管输过程中较稳定)，在国内外得到广泛应用。用作稀释剂的低粘油可以是轻质原油、原油的馏分油或天然气凝析液。我国重质原油油田的集输中一般使用含蜡原油降粘，例如，在粘度21127mPa·s的单家寺含水原油中掺入粘度为28.7mPa·s的滨南含蜡原油，当稀释比(稀释油在混合油中的比例)为20%时，混合油粘度降至1545 mPa·s，降粘率93%。加拿大、委内瑞拉等重质原油生产大国主要使用天然气凝析液作稀释剂，例如加拿大阿尔伯达重质原油输送时一般把2/3的重质原油与1/3的凝析油混合输送[16]。稀释降粘的幅度与低粘油品的掺入量、重质原油和低粘油品的粘度有关。重质原油粘度越高，低粘油品的粘度越小，降粘效果越好。一般地，除非稀释油掺入量较大，否则重质原油稀释后仍需加热输送，只是加热温度可以大大降低。

如果重质原油油田附近有低粘油油田，采用这种方法是很方便的，但如果掺入原油的馏分油，则须进行经济核算。从销售和炼制的角度看，把轻质油掺入重质原油中将造成轻质油“贬值”。此外，含蜡量很少的重质原油可用于生产优质道路沥青，创造更

高的产值，但是，如果为了降粘掺入了大量含蜡原油，将严重影响沥青产品的质量。

随着重质原油产量上升，稀释剂相对匮乏，另外考虑到经济或炼制加工方面的因素，国内外都在研究稀释输送的替代技术，其中水包油乳化降粘输送技术在委内瑞拉等国已较成熟。

(二) 重质原油的乳化降粘输送

乳化降粘输送是使原油以很小的液滴(几微米至几十微米)分散于表面活性剂水溶液中，形成油为分散相、水为连续相的水包油乳状液，从而大大降低输送时的摩阻(例如，用单家寺重质原油制备的含水30%的水包油乳状液，其50℃时的粘度为54 mPa·s，而原油粘度为9260mPa·s)。用于输送的乳状液的油水比一般为7:3左右。乳状液或直接用作燃料，或输送到终点后再破乳脱水后销售。这项技术的关键是制备出稳定性好，能够经受管输过程中各种剪切和热力作用而不被破坏的乳状液。若在管道终点要将油水分离，则还要求便于破乳的配套技术。

与加热输送相比，乳化输送可节省加热的燃料和动力消耗，但要增加乳状液制备(包括乳化剂)、取水、输水、水处理的费用，不过所增费用的主要部分受输送距离影响较小，因此，当输送距离较长时，乳化输送在经济上将是合理的。

重质原油乳化技术的成功例子是1988年委内瑞拉国家石油公司与英国石油公司合作开发的奥里乳化油技术。它在委内瑞拉奥里诺科重质原油中加入30%的水，所制备出的水包油乳状液50℃粘度300~500mPa·s（相同温度下原油粘度为6000~40000 mPa·s)，可以稳定保存一年以上，其物性介于100#与200#燃料油之间[17]。我国在重质原油集输中也尝试过掺入表面活性剂水溶液减阻，但与国外的技术路线不尽相同，不追求乳化效果，因而稳定性不好。80年代我们曾进行过重质原油乳化长距离输送的室内试验，并在油田集输管道进行过现场试验，但没有推广应用。

四、易凝高粘原油的其它特殊输送工艺

(一) 含蜡原油的热处理输送

含蜡原油的热处理，是将原油加热至某一温度(通常远高于加热输送时原油的加热温度)，使原油中的蜡晶完全溶解。在原油降温过程中，通过控制降温速率和剪切条件，可改变蜡晶的形态和结构，从而改善原油的流动性。这是一种物理改性的方法。使用这项技术最著名的例子是 1160km 的印度那霍卡蒂亚—巴绕尼管道[18]：倾点 29～34℃的原油在首站加热至 90～95℃，然后通过换热器急冷至 65℃，再进入专门设计的冷却塔降温至 18℃后，进入管道在地温条件下等温输送。我国克拉玛依—独山子管道(克独线)、克拉玛依—乌鲁木齐管道(克乌线)、濮阳—临邑管道(濮临线)、马岭—惠安堡—中宁管道(马惠宁线)也相继采用过热处理输送，其中后两条管道主要是解决低输量运行的问题。濮临线一年节省燃料油 4000t，节电 180×10^4kW·h；马惠宁线年节油 15000t，节电 300×10^4kW·h[19]。

由于取得良好改性效果所需的热处理温度较添加降凝剂所需的处理温度高(例如濮临线、马惠宁线原油均需热处理至 85～90℃)，其改性效果及稳定性也不如添加降凝剂处理好，故近年来这种工艺已很少单独采用。但是，如果结合油田原油的脱水升温，或者通过适当调整加热输送的加热温度便可取得良好热处理效果时，这种工艺仍有一定的应用价值。

(二) 高含蜡原油的水悬浮输送

水悬浮输送是将高凝点的原油分散于常温的水中，形成凝油粒的水悬浮液，大大降低输送的摩阻。这项技术的关键是悬浮液的稳定性。水温相对于原油凝点越低，悬浮液越稳定；输送时离心泵的剧烈剪切不利于悬浮液的稳定；流速过低也会导致悬浮液

分层。1962年投产的印度尼西亚丹绒油田至巴厘巴板的长238km、管径500mm的管道是应用这项技术的一个典型例子[20]。其所输原油凝点40.6℃，含蜡33%，形成油水比70/30的悬浮液，在28℃的地温下输送，在终点站加破乳剂并加热脱水。我国也进行过水悬浮输送的研究，但未在生产上应用。

（三）重质原油的低粘液环输送

在管壁附近形成稳定的液环，把重质原油与管壁隔开，从而起到减阻作用。液环的液体一般是聚合物水溶液，具有粘弹性。室内试验表明[21]，水量占管输量的8%～12%时较好（88%～92%为原油），其输送摩阻约为同等输量输水时的1.5倍，减阻效果很好。其技术关键是如何保证液环的稳定性，在水中加入聚合物就是出于这一考虑。显然，油、水的密度越接近，液环越容易稳定。长距离输送过泵时如何不破坏液环是一个难题。因此，这一技术主要适用于输送距离不长的重质原油，例如壳牌石油公司在中途岛的一条长40km、直径150mm的管道上用这种方式输送相对密度0.993的重质原油[22]。80年代，委内瑞拉也建成一条40km的液环输送管道。该技术目前未大规模推广应用。我国曾进行过研究，包括在小直径的集输管线进行现场试验，但未用于生产。

（四）气饱和输送

气饱和输送是油田在较高压力下进行油气分离，使一部分天然气溶解于原油中，从而降低原油粘度，减小管输摩阻。这种工艺在前苏联研究和应用较多，用于高粘原油较为有效，因为溶进少量天然气，就可使高粘原油的粘度显著下降。输送时输油管道、设备的工作压力不能小于油气分离压力，否则天然气会从原油中逸出。

（五）改质输送

通过脱蜡、脱沥青、热裂解、分子筛裂解、加氢裂解等方法改变原油的化学成分及结构，可以改善其流动性，从而有利于管道输送。上述有些方法(如裂解)在技术上是成熟的，经济上是否合理是决定其能否应用的主要因素。

五、高输量管道的紊流减阻

输油管道内油品的流动大多处于紊流流态。紊流流场中的漩涡消耗了大量能量，因此紊流的摩阻压降大于层流。例如，层流时管道沿程摩阻压降与流量成正比，在紊流光滑区则与流量的1.75次方成正比。使用聚合物减阻剂可以抑制紊流的漩涡，从而减小管道输送的能量消耗。

紊流减阻剂是一种长链结构的高分子烃类聚合物，分子量为10^6～10^7，甚至更高。早年的输油管道减阻剂一般是油溶性的，其10%浓度的煤油溶液在常温下具有类似于冷蜂蜜的粘度，近年国外开发出新型水基减阻剂，产品粘度小得多(200mPa·s)，减阻率可达70%[23]。流体的紊流程度越高(雷诺数越高)，减阻剂效果越好。过泵和阀门节流以及通过管件的剪切均可使减阻剂分子链断裂，故减阻剂必须在泵站出站处注入。如需多个站间减阻，则需逐站注入减阻剂。

减阻剂一般用于已建管道减阻，提高输量，特别适用于输量临时增加的情况。当输量一定时，也可通过减阻剂减阻，以便停开某些中间泵站。1979年美国阿拉斯加原油管道在四个泵站的出口以5～25mg/L的比例注入减阻剂，将输量提高了15%。我国多条原油管道也进行过添加减阻剂输送的试验，例如，秦皇岛－北京输油管道(秦皇岛—昌黎段)注入20mg/L美国贝克公司FLO XL减阻剂，减阻率达40%[24]。我国一些研究机构也进行过输油管道减阻剂的研究，但目前还没有批量生产的产品。

第四章　长距离输气管道及城市输配气工程

长距离输气管道及城市输配气工程是油气储运工程的重要组成部分，其所处理的介质是以天然气为代表的各类燃气。近几十年来，随着社会公众的环保意识日益增强，天然气这种清洁燃料在世界一次能源消费中的比例持续增长。据统计，1990 年这个比例为 22.5%，而 1995 年为 23.2%，1997 年为 24%[1]；1994 年，全球天然气消费量为 21730 亿标准立方米，预计到 2010 年将达到 31000 亿标准立方米。在某些天然气资源丰富的国家这个比例更高，例如独联体国家 1993 年的天然气消费量占其一次能源总消费量的 45%。天然气消费量的增长促进了全球范围内长距离输气管道及城市输配气管道的发展，目前全世界仅长距离输气管道的总长度就已超过 140 万公里，远远超过长距离输油管道(包括原油管道与成品油管道)的总长度。预计在 21 世纪我国及全世界的天然气长输管道还将有较大的发展。

第一节　天然气的储运销一体化系统

一、天然气的组成与用途

工业与民用燃气的种类很多，常用的主要有天然气、人工煤气、液化石油气和沼气等。在全世界目前使用的各种类型的燃气中，天然气所占的比例远远超过其它类型的燃气。

天然气具有热值高、不含灰份、容易燃烧完全、综合热效率高、燃烧后对环境污染小、运输方便、价格较低廉等优点，是一种理想的工业与民用燃料。普通气田所产天然气的发热值通常为33000千焦/标准立方米左右，比人工煤气高一倍以上，石油伴生气和凝析气田所产天然气的发热值更高。从世界范围看，火力发电厂是天然气的主要用户。据统计，1993年西欧国家用于发电的天然气占这些国家当年天然气总消费量的13%。天然气作为发电燃料具有明显的优势，天然气发电厂的投资可以比燃煤电厂低20%左右，而且环境污染小、控制与管理方便、易于实现自动化。在民用方面，天然气灶具的热效率远远高于燃煤灶具，一般煤炉的热效率不高于40%，而结构良好的天然气灶具的热效率可达60%以上。此外，天然气作为汽车燃料是近年来国内外的一种发展趋势，因为它可以大大减少汽车尾气中污染物的含量。目前，汽车上所用的天然气基本上是储存于高压气瓶中的压缩天然气(CNG)，气瓶的充气压力为20MPa左右。

根据天然气的来源可将其分为四种类型：从气井中开采出来的气田气、从油井中与原油一起采出的石油伴生气、含有液态轻烃的凝析气田气、从地下煤层中采出的煤层气。

天然气的主要成分是可燃的烃类气体，一般包括甲烷、乙烷、丙烷、丁烷等，其中甲烷的比例远远高于其它烃类气体(相对于甲烷来说，其它烃类气体可称为重烃气体)。在标准状态下(温度为0℃，压力为101325Pa)，甲烷至丁烷为气态，而戊烷以上为液态。一般来说，气田气和煤层气中重烃组分的含量比石油伴生气和凝析气田气低，因而气田气和煤层气的发热值一般要低于石油伴生气和凝析气田气。我国四川气田所产天然气的甲烷含量一般不低于90%，发热值一般在34300~36000千焦/标准立方米的范围内。我国大港油田所产的石油伴生气的甲烷含量为80%左右，乙烷、丙烷、丁烷等烃类气体的总含量约为15%，发热值约为41900千焦/标准立方米。除了可燃的烃类气体外，天然气中还可能含有少量的二氧化碳、硫化氢、氮气、水蒸气以及微量的氦、氖、氩等气体。在天然气工业中，通常把显著含有硫化氢和二氧化碳等酸性气体的天然气称为酸性天然气，而把酸性气体含量甚微的天然气称为纯净天然气。关于酸性天然气与纯净天然气的划分目前还没有一个统一的标准。由于酸性天然气具有腐蚀性并会造成大气污染，特别是硫化氢对人体具有很大的毒性，故必须经过净化处理后才能达到商品天然气的气质要求。

除了可以作燃料外，天然气还是一种重要的化工原料。甲烷可直接用于生产氢氰酸、碳黑等；甲烷裂解后可得到乙炔，进而可以生产塑料、化纤、合成橡胶及许多有机合成产品的中间产品；甲烷经转化可生成一氧化碳和氢气，在此基础上可生产甲醇、合成氨和尿素。乙烷、丙烷、丁烷裂解后可得到乙烯、丙烯和丁烯，在此基础上也可生产合成橡胶、合成纤维、塑料等一系列产品。天然气中的某些不可燃气体也有其各自的特殊用途。例如硫化氢可用于生产硫磺、硫酸和硫氨，二氧化碳可制造干冰，氦气更是国防和原子能工业需要的产品。

二、天然气储运与销售中涉及的某些基本概念

（一）标准状态与标准体积

天然气在通常的温度、压力条件下为气态，具有很强的压缩性，因而只有在指明温度与压力的前提下才能以体积来计量天然气。在天然气工业中，通常用天然气在某种特定状态下的体积作为计量单位，并称这样的状态为标准状态或基准状态，而天然气在标准状态下的体积称为标准体积。目前世界各国对天然气标准状态的规定还没有达成一致。在我国的石油行业标准 SYL 04－83《天然气流量的标准孔板计量方法》中，天然气计量的标准状态为：20℃、1 标准大气压（101325Pa）。我国城市燃气行业采用的标准状态为：0℃、1 标准大气压。美国天然气行业采用的标准

状态为：60℉(约15.6℃)、1标准大气压。

(二) 天然气组成的表示方法

天然气的组成通常有三种表示方法：体积分数、摩尔分数和质量分数，它们通常以百分比的形式出现。这三种表示方法可以相互换算。

天然气的体积分数是指其各种组分的分体积在天然气的总体积中所占的比例。值得指出的是：由于天然气在偏离标准状态的条件下不是理想气体，故对于同一种天然气，其中各组分的体积分数会随气体温度、压力的变化而有微小的变化。

天然气的摩尔分数是指其各种组分的摩尔数在天然气的总摩尔数中所占的比例。摩尔是物质的一种质量单位，1摩尔某种纯物质的质量在数量上等于该物质的分子量，而质量的单位为克。对于理想气体的混合体系，其各种组分的摩尔分数刚好等于其体积分数。虽然天然气在其储运过程中与理想气体有明显的偏差，但在工程上有时近似地将天然气的体积分数等同于摩尔分数。

天然气的质量分数是指其各种组分的质量在天然气的总质量中所占的比例。由质量守恒定律可知，同一种天然气中各种组分的质量分数是确定的，不会随天然气的状态而变化。

目前，世界上普遍采用气相色谱法分析天然气的组成。此外还可采用质谱法和质谱－色谱联用法测定天然气的组成，但目前应用得还不广泛。

(三) 天然气的密度与相对密度

天然气的密度是指单位体积天然气的质量。显然，同一种天然气的密度取决于其温度与压力。在0℃、1个物理大气压(101325Pa)条件(此条件通常称为物理标准状态)下，天然气可以被近似看成理想气体，故1摩尔天然气占有的体积约为22.4升，由此可按下式计算天然气在物理标准状态下的密度：

$$\rho = Mg/22.4$$

式中，ρ 为天然气在物理标准状态下的密度，克/升；Mg 为天然气的视分子量，可以按天然气中各组分的体积百分比对各组分的分子量作加权平均求得。甲烷的分子量为 16，按上式可求得其在物理标准状态下的密度为 0.7143 克/升。

相对密度是天然气行业中常用的一个概念。在相同的温度、压力条件下，天然气的密度与干空气的密度之比称为天然气的相对密度。由于天然气和空气在温度较低、压力较高的状态下都不是理想气体，故同一种天然气的相对密度在一定程度上取决于其所处的温度和压力。通常所说的某种天然气的相对密度是指其在标准状态下的相对密度。

对于不可燃气体含量很低的天然气，其相对密度的大小反映了其中重烃气体组分的含量。显然，相对密度越大，天然气中的重烃组分越多。在工程上通常就以相对密度作为计算天然气物性的一个参考依据。在标准状态下，气田天然气的相对密度一般在 0.58～0.62 的范围内，石油伴生气的相对密度一般在 0.7～0.85 的范围内。

(四) 天然气的粘度

粘度是输配气管道流动过程计算的重要基础数据。气体粘性的产生机理与液体不完全相同。当两层气体之间有相对运动时，气体分子间不仅因两层气体相对滑动而产生内摩擦，而且由于气体分子的无序热运动，两层气体之间的分子交换也会产生与内摩擦相同的效果。后一种内摩擦的物理机理可解释为：当流速较快的气层中的分子跑到流速较慢的气层中时，这些具有较大动能的气体分子将对流速较慢的气层产生加速作用；反之，当流速较慢的气层中的分子跑到流速较快的气层中时，这些具有较低动能的气体分子将对流速较快的气层产生减速作用。可见，这种气体层之间的分子交换现象的后果等同于两个气体层之间的内摩擦。对于气体而言，因分子交换而产生的内摩擦对气体粘度的影响可能超过因气体层之间的相对滑动而产生的内摩擦。正因为如此，故气体粘度通常会表现出一些不同于液体粘度的性质。众所周知，大多数液体的粘度随温度升高而降低，而在气体压力不太高的情况下，气体粘度随温度升高而增大。出现这种情况的原因是：温度升高，气体分子的无序热运动增强，因而因气体分子交换产生的内摩擦加剧。随着压力升高，气体的性质逐渐接近液体，而温度对气体粘度的影响也逐渐接近液体。当压力升高到一定限度时，温度升高将导致气体粘度降低。对于甲烷，这个界限压力大约为 10MPa。压力对天然气的粘度也有影响。在相同温度下，压力越高，天然气的粘度越大。

（五）天然气的压缩因子

对于理想气体，其绝对温度 T、绝对压力 P 和比容 v 的关系可以用如下的状态方程(也称为 PVT 方程)来描述：

$$Pv = R_m T/M$$

式中 M 为气体的分子量，R_m 为通用气体常数。R_m 的数值只取决于上式中各物理量的单位，而与气体的化学组成无关。

实际气体只有在压力足够低、温度足够高，即气体的密度足够小的情况下，其 PVT 关系才可以用理想气体状态方程描述。例如在常温低压下，甲烷的 PVT 关系就比较接近理想气体。然而，干线输气管道中的气体压力可高达几兆帕甚至几十兆帕，此时天然气的 PVT 关系与理想气体有显著差别。在工程上通常用天然气的压缩因子 Z 来反映真实气体与理想气体的这种差别。对真实气体引入压缩因子 Z 后，其状态方程具有如下形式：

$$Pv = ZR_m T/M \qquad (4-1)$$

实际上，Z 表示在分子量、温度与压力均相同的条件下，真实气体与理想气体的比容之比。显然，Z 值的大小反映了真实气体偏离理想气体的程度。气体的 Z 值越接近 1，表示这种气体越接近于理想气体，反之则越偏离理想气体。

真实气体的 Z 值不但取决于其化学组成，还取决于其温度与压力。对于只含有微量非烃类气体的纯净天然气，只要知道其中各组分的比例，就可以利用 Standing-Katz 通用压缩因子图计算出其在不同温度与压力下的压缩因子。而对于酸性天然气，可以根据一定的法则对 Standing-Katz 通用压缩因子图的计算结果进行修正。此外，在天然气行业中还采用一些经验公式计算压缩因子。

除了可以采用上述压缩因子形式的状态方程来描述真实气体的 PVT 性质外，还可以采用其它形式的真实气体状态方程更精确地描述真实气体的 PVT 性质，例如范得华方程、R－K 方程、S－R－K 方程、B－W－R 方程、B－W－R－S 方程等。经验表明：B－W－R－S 方程是目前用于描述天然气的 PVT 性质的最精确的状态方程之一。利用这些状态方程，可以根据真实气体的温度和压力求出其比容，进而可进一步求出相应的压缩因子。与通用压缩因子图相比，利用这些状态方程求压缩因子的方法更容易在计算机上实现。

（六）天然气的节流效应

对于真实气体，当节流前的温度不是太高时，节流不但导致其压力下降，而且通常也导致温度下降，这种现象称为正节流效应。然而，当气体节流前的温度超过某个温度界限(此温度界限称为节流效应的转变温度，它与气体的组成有关)时，节流后压力下降将导致温度升高，这种现象称为负节流效应。节流引起的温度变化值与压力下降值之比称为节流效应系数。节流效应又叫做焦耳－汤姆逊效应，相应地节流效应系数称为焦耳－汤姆逊效应系数。显然，节流效应系数的物理意义是气体的单位压降所引起的温度变化值。对于正节流效应，节流效应系数为正；对于负节流效应，节流效应系数为负。可以根据热力学关系式及真实气体的状态方程计算气体的节流效应系数。

气体的节流效应在工程上有广泛的用途，利用正节流效应获得低温是一种很普遍的方法。例如，通过节流阀对气体节流或通过膨胀机使气体降压都是工程上常用的气体降温方法。

值得一提的是：理想气体不存在上述节流效应，或者说其节流效应系数等于0。

（七）天然气的含水量与露点

1. 湿天然气

在工程上，通常将含有水蒸气的天然气称为湿天然气。天然气中的水分可能给其储运和利用过程带来以下几方面的危害：

(1) 析出的液态水与天然气中的某些成分形成固态水合物，从而堵塞管道或设备；

(2) 析出的液态水会加剧管内壁的腐蚀，尤其是当天然气中含有硫化氢和二氧化碳时更为严重；

(3) 如果析出的液态水太多，管道中可能会出现气液两相段塞流，这种情况在干线输气管道上是不允许出现的；

(4) 水蒸气将使湿天然气的热值降低。

因此，天然气在进入干线输气管道之前都要经过脱水。

2. 天然气的含水量

表示天然气含水量多少的指标主要有：含水量、绝对湿度、相对湿度、水露点。

在湿天然气中，标准单位体积(如1标准立方米)干气所含的水蒸气质量称为含水量，单位为 kg/Nm^3 或 g/Nm^3。一般来说，从气田中采出的天然气的含水量大约为 $6 \sim 8g/Nm^3$，而要求进入干线输气管道的天然气的含水量不应超过 $96 \sim 128mg/Nm^3$。

天然气的绝对湿度是指单位体积湿天然气中所含有的水蒸气质量，单位为 kg/m^3 或 g/m^3。天然气的相对湿度是指其实际绝对湿度与同温度下其达到水蒸气饱和时的绝对湿度之比。对于给定温度的湿天然气，其水蒸气饱和状态是指这样一种状态：天然气中的水蒸气分压刚好等于水在这一温度下的饱和蒸气压。显然，只有在达到水蒸气饱和状态时湿天然气的相对湿度为1，在其它情况下相对湿度总是小于1。

3. 天然气的露点

天然气的露点是控制天然气储运过程中不产生液态物质的重要指标，它包括水露点与烃露点。在任一给定的压力下，湿天然气中的水蒸气分压等于某一温度下水的饱和蒸气压时，这一温度就称为湿天然气在给定压力下的水露点。水露点是指天然气在一定压力下析出液态水时的最高温度，而烃露点是指天然气在一定压力下析出液态烃时的最高温度。水露点反映了天然气中的水蒸气含量，而烃露点则反映了天然气中重烃组分的含量。天然气中水蒸气的含量越高，则在相同压力下其水露点就越高；天然气中的重烃组分的含量越高，则在相同压力下其烃露点就越高。值得注意的是：水露点与烃露点是随天然气的压力变化的，所以在提到天然气的水露点与烃露点时，一定要指明是相对于什么压力而言的。对于水蒸气含量和重烃组分含量一定的同一种天然气，压力越高，其水露点和烃露点也越高。

工程上通常采用控制水露点与烃露点的办法防止在天然气储运和利用过程中析出液态水或液态烃。我国的国家标准《输气管道工程设计规范》(GB 50251－94)明确规定：管输天然气在最高输送压力下的水露点至少应该比管道周围的最低环境温度低5℃，而烃露点不得高于最低环境温度。

(八) 天然气的发热值与爆炸极限

单位数量的天然气完全燃烧发出的热量称为天然气的燃烧热值，它分为高热值(总热值)与低热值(净热值)两种。高热值是指单位数量天然气的燃烧反应热与燃烧产物中的水蒸气的凝结潜热之和，而低热值等于单位数量天然气的燃烧反应热。在工程上，如果没有声明所提到的发热值是高热值还是低热值，则一般是指低热值。

在可燃性气体与空气的混合物中，当可燃性气体的浓度在一定范围内时，如遇明火就会发生爆炸，这一浓度范围的上下两个界限就称为可燃气体在空气中的爆炸极限。爆炸下限是指空气与可燃气体的混合物可发生爆炸时可燃气体的最低浓度，而爆炸上限是指可发生爆炸时可燃气体的最高浓度。天然气在空气中的爆炸极限可以根据其组成计算，一般天然气的爆炸下限为4%左右，爆炸上限为15%左右。

为了确保安全生产，在天然气储运销过程中要尽可能使空气中的天然气浓度远离两个爆炸极限之间的范围，并尽可能杜绝天然气泄漏。

（九）管输天然气的气质要求

管输天然气是指进入干线输气管道的天然气，也可称为商品天然气。为了保证输气管道线路、设备以及天然气用户的用气设施安全、可靠、高效地运行，同时使天然气的燃烧产物满足环保要求，对进入干线输气管道的天然气的气质应该有较高的要求。虽然目前还没有管输天然气气质的国际标准，但一般都要求水蒸气、重烃组分、硫化氢、有机硫、总硫、二氧化碳的含量尽可能低，并且尽可能将固体和液体杂质清除干净。

我国的国家标准《城镇燃气设计规范》(GB50028－93)规定：天然气中固体颗粒的含量小于10毫克/标准立方米，硫化氢的含量小于20毫克/标准立方米。我国的石油行业标准SY 7514－88将商品天然气分为四类，其中Ⅰ、Ⅱ类可作为民用燃料，Ⅲ、Ⅳ类主要用作工业燃料。进入干线输气管道的天然气应符合Ⅰ、Ⅱ类气的标准。该标准规定Ⅰ类天然气的硫化氢含量和总硫含量分别不超过6毫克/标准立方米和150毫克/标准立方米，Ⅱ类天然气的硫化氢含量和总硫含量分别不超过20毫克/标准立方米和270毫克/标准立方米，而Ⅰ、Ⅱ类天然气的二氧化碳含量(体积分数)不超过3%。

世界上许多国家或天然气公司对管输天然气的气质要求比我国更严格。如美国要求硫化氢含量不高于5.7毫克/标准立方米，德国、英国、荷兰要求不高于5毫克/标准立方米，法国要求不高于7毫克/标准立方米。

为了确保进入干线输气管道的天然气的气质满足规定的要求，国外大型输气管道的进气点大都安装了在线气相色谱仪，它可以跟踪分析进入管道的天然气的组成，一旦发现气质不满足要求，位于干线输气管道进气口的截断阀可以自动关闭以停止进气。我国新建的陕西至北京输气管道也在靖边首站安装了这样的气质控制装置。

三、天然气供气系统的组成及特点

(一) 天然气的一体化供气系统

据统计，1993年全世界的天然气总消费量为21583亿标准立方米，其中有20700亿标准立方米是由管道运输的。从气田的井口装置开始，经矿场集气系统、气体净化系统、干线输气管道，再通过配气管网到用户，天然气所经过的所有这些环节构成了一个统一的、一体化的储运销系统，同时它也是一个连续的、密闭的水力学系统，可以统称为天然气供气系统。

天然气的勘探开发、储运和销售利用三者构成了上、中、下游一体化的天然气工业，其中任何一个环节出现问题都将影响一个国家或地区的天然气供气系统甚至天然气工业的正常运行和发展。因此，在建立一个国家或地区的天然气供气系统时，必须将上游的气源建设、下游的用气市场开发及中游的长距离干线输气管道建设统筹起来考虑，否则就很可能造成巨大的经济损失，甚至会产生不良的社会影响。例如，如果在气源没有充分保障的情况下就急于建设长距离干线输气管道及城市输配气系统，则难以保证干线输气管道和城市输配气系统在整个设计寿命期内都能获得充足的气源，因而供气系统的经营者也就不能获得预期的经济收益，而用户也不能正常用气。如果在对当前和未来的天然气市场缺乏了解的情况下就匆匆进行气田和长距离输气管道的建设，则很可能在气田和长输管道建成后的相当长时间内，气田的产量和长输管道的输量都达不到其设计能力，也会在不同程度上影响供气系统的经济效益。天然气供气系统的一体化特征也体现在其运行的安全性与可靠性方面。例如，如果干线输气管道上某处发生断裂事故，则其上游的气田要关井停产，而下游的城市供气也将受到影响，其影响程度的大小取决于管道断裂的位置、抢修能力及是否设有地下储气库或其它补充气源。为了提高供气的可靠性并适应用气量随时间的波动，现代天然气供气系统一般都设有储气库或其它设施作为应急与调峰手段。总之，一个供气系统的规划、建设及运行管理是一项巨大的系统工程，必须对其上、中、下游的各个环节统筹兼顾、统一规划、统一调度、统一管理才能获得良好的经济效益与社会效益。

虽然除了管道运输方式外，还可以用专用轮船或槽车运输液化天然气(LNG)，也可以用车辆运输瓶装的压缩天然气(CNG)，但这两种运输方式具有相当大的局限性，只有在特定的条件下才具有经济性。

(二) 天然气供气系统的组成

一个完整的天然气供气系统通常由油气田矿场集输管网、天然气净化处理厂、长距离干线输气管道或管网、城市输配气管网、储气库(地下储气库或地面储罐)等几个子系统构成，这些子系统既各有分工又相互连接成一个统一的一体化系统。整个供气系统的总目标是保证按质、按量、按时地向用户供气，同时做到安全、可靠、高效、经济地运行，以获得最佳的经济与社会效益。

根据油气田的构造规模和形状，天然气矿场集输管网可布置成直线型、环型与放射型，它所输送的介质是未经净化处理的原料气，甚至有可能是直接从油井中产出的油、气、水的多相混合物。天然气矿场集输管线(包括油气水混输管线)具有输送距离短、管径小、在运行寿命期内压力变化大等特点。关于天然气矿场集输管网的详细情况可参看本书第二章。

长距离干线输气管道的任务是把经脱硫净化处理的天然气输送到城市门站(即干线输气管道与城市输配气管网的连接点)或大型工业用户。这类管线是天然气远距离运输的主要工具，其主要特点是距离长(一般从几百公里到几千公里)、管径大(一般在400mm以上)、输送压力高(一般高于4MPa)、输量大、单根管线的投资大。干线输气管道一般设有一个或多个压气站。有些干线输气管道在投产初期不设压气站，这是因为干线输气管道是与其上游的气田同步建设的，而气田投产初期的井口压力较高，单靠井口压力就可以将天然气输送到目的地；另一方面，由于下游的天然气消费市场往往是逐渐发展起来的，干线输气管道投产初期的实际输量可能低于其最终的设计输量，在这种情况下，可能在投产初期不必设压气站，但随着天然气消费市场的发展，需要逐渐在干线管道上增设压气站。我国的陕西至北京输气管道的一期工程就没有建压气站，随着北京市及周边地区用气量的增加，其二期工程建设了一个压气站，紧接着三期工程又将增加两个压气站。

天然气城市输配管网的任务是将来自干线输气管道或其它气源的天然气输送、分配到每个用户。由于一个大城市的天然气用户很多，因而其输配气管网的规模可能相当大，以至于该管网的建设工程量和投资可能会超过为它供气的干线输气管道的投资，认识到这一点对于落实天然气的消费市场、合理规划为该城市输配气管网供气的气田和长输管道工程具有重要意义。城市输配气管道的运行压力较低，即使是高压配气干线，其运行压力一般也不超过 1.6MPa。这类管道的管径范围很大，入户配气管线的管径小到 20mm，而配气干线的管径可达 1 米以上。

四、天然气供气系统的发展概况

(一) 国内概况

我国是世界上最早生产和应用天然气的国家，早在公元前便有"火井"的文字记载。我国也是最早使用管道输送天然气的国家，在公元 221～263 年的蜀汉时期，四川、重庆地区就已开始采用楠竹管道输送天然气。到公元 1600 年左右，楠竹输气管道在这些地区已发展得相当完善。但在二十世纪五十年代以前，我国还没有一条真正现代意义上的输气管道。

新中国成立后，我国的天然气工业首先在四川、重庆地区获得了较大的发展。1963 年，我国建成了第一条天然气长输管线——巴渝线(从重庆巴县石油沟气田巴 9 井至重庆孙家湾)。从 20 世纪 60 年代中后期到八十年代末，四川、重庆地区的输气管道建设经历了一个较快的发展阶段。此期间以 1966 年底威成线(威远至成都)的建成及 1989 年北干线投产为标志，在四川、重庆地区建成了一批较大口径的输气干线及连接城市和大型化工厂的输气支线，并形成了以卧龙河和渠县脱硫净化厂为起点、成都为终点的南、北两大干线，这两大干线构成了四川、重庆地区的环形干线输气管道，整个环的总长度达到 1400 多公里。南干线和北干线上目前都没有设压气站，因而输气工艺比较简单。目前四川、重庆境内的干线输气管道总长度已接近 3000 公里，每年的总输气量达 60 多亿标准立方米。这些管线的直径为 325～720mm 不等，最大允许操作压力为 2.5～6.4MPa

不等。

从20世纪80年代开始，除四川、重庆外，我国其它一些地区也相继建成了一些长输天然气管线，主要有：华北至北京输气管线(两条)、大港至天津输气管线、中沧线(濮阳至沧州)、中开线(濮阳至开封)、天沧线(天津至沧州)、陕京线(靖边至北京)、靖西线(靖边至西安)、靖银线(靖边至银川)、轮库线(轮南至库尔勒)、吐乌线(吐鲁番至乌鲁木奇)等。此外，我国在二十世纪九十年代还建成了两条长距离海底输气管道。一条是南海崖13－1气田至香港输气管线，它由美国Arco公司负责设计和建造，设计压力为8MPa，管径为28英寸，长度为797多公里，年输量为34亿标准立方米。这条管线已于1996年初顺利投产，其长度在世界上现有的海底输气管道中排名第二，仅次于丹麦在北海铺设的Zeepipe海底输气管道。我国的另一条海底输气管道是1999年投产的东海平湖凝析气田至上海的湿天然气管线，其长度为380多公里。

近年来，随着国内许多大中城市的天然气需求量逐年增加，我国显著加大了天然气工业的发展力度，除了要加速国内天然气资源的勘探开发外，还正在考虑从前苏联引进天然气。预计在二十一世纪初的一个相当长的时期内，我国输气管道建设将经历一个高潮期。目前，国家有关部门已经初步拟定了我国干线输气管网的总体规划方案，并明确了“西气东输”的战略构想。按照这一规划，即将开始建设或正在抓紧时间进行前期工作的输气管线包括：涩北至兰州、忠县至武汉、塔里木至上海、俄罗斯的伊尔库茨克至中国东部地区的输气管线等。待这个规划实现后，我国将形成一个全国性的、与国外输气管线相连通的大规模干线输气管网。

(二) 国外概况

1886年，美国建成了世界上第一条工业规模的长距离输气管线，该管线从宾西法尼亚州的凯恩到纽约州的布法罗，全长为140公里，管径为200mm。但是直到二十世纪三十年代，天然气主要还是作为原油生产过程中的一种无用的副产品被开采出来的，只有一小部分被用管道输送到工业区作为工业用气，而大部分被排放到大气中或者以点火炬的形式烧掉。输气管道工业的真正发展始于四十年代末，田纳西天然气公司建造了一条从美国西南部到东海岸的输气管道，该管道全长2035公里，管径为609mm；前苏联建设了古鲁斯兰至古比雪夫、耶尔尚卡至萨拉托夫两条输气管道。

近几十年来，世界范围内的天然气管道建设发展迅速。在北美、独联体国家及欧洲，天然气管道已连接成地区性、全国性乃至跨国性的大型供气系统。目前，全球干线输气管道的总长度已超过140万公里，约占全球油气干线管道总长度的70%，其中美国占40多万公里，居世界第一位；独联体国家占20多万公里，居第二位。二十世纪七、八十年代是全球输气管道建设的高峰期，世界上几个最大规模、最著名的输气管道工程几乎都是在这一时期建成的，如横穿地中海的阿尔及利亚至意大利输气管道、自西西伯利亚的乌连戈依特大型气田至前苏联中央地区的大型输气管道系统(由6条管径为1420mm的管线构成，总长度约2万公里，总输气能力可达每年2000亿标准立方米)、美国和加拿大合建的阿拉斯加公路输气系统一期工程等。据二十世纪九十年代初统计，世界各国在八十年代建成的输气管道总长度约占当时世界天然气管道总长度的三分之一，而前苏联在这一时期建成的输气管道长度约占其当时输气管道总长度的三分之二。1950年，前苏联只有输气管道2080公里，到1990年其输气管道总长度已达21.13万公里。除英国的输气管网基本上自成一体外，欧洲的输气管道已经形成了一个庞大的跨国输气管网，其中大部分管道也是在二十世纪七、八十年代建成的。

第二节 长距离输气管道的组成及勘察设计

一、长距离输气管道的组成

图4-1是一般长距离输气管道的总体结构与流程示意图。由图中可以看出，一条长距离输气管道一般由干线输气管段、首站、压气站(也叫压缩机站)、中间气体接收站、中间气体分输站、末站、清管站、干线截断阀室、线路上各种障碍(水域、铁路、地质障碍等)的穿跨越段等部分组成。实际上，一条输气管道的结构和流程取决于这条管道的具体情况，它不一定包括所有这些部分。首站、末站、中间气体接收站及中间气体分输站一般都具有气体计量与调压功能，国外通常将这样的输气站统称为计量调压站(简称M+R站)。

通信系统与仪表自动化系统是构成管道运行SCADA系统的基础，其功能是对管道的运行过程进行实时监测、控制和远动操作，从而保证管道安全、可靠、高效、经济地运行。

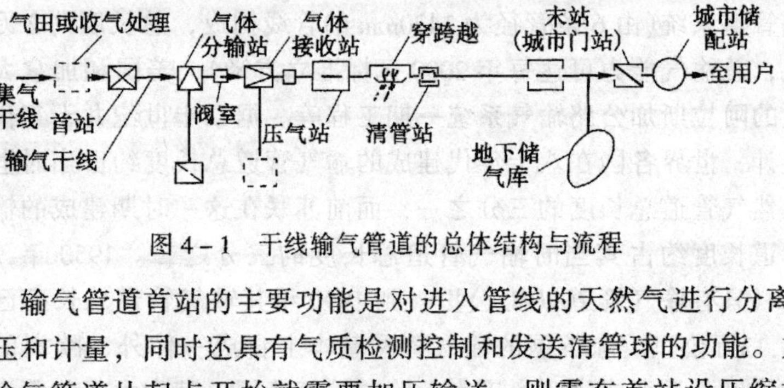

图4-1 干线输气管道的总体结构与流程

输气管道首站的主要功能是对进入管线的天然气进行分离、调压和计量，同时还具有气质检测控制和发送清管球的功能。如果输气管道从起点开始就需要加压输送，则需在首站设压缩机组，此时首站也是一个压气站。在某些特殊情况下，一条输气管道上的第一个压气站可能不是首站，例如陕京线的第一个压气站(榆林站)就设在离管线起点100km处。

中间进气站的主要功能是收集管道沿线的支线或气源的来气，而中间分输站的主要功能是向管道沿线的支线或用户供气。一般在中间接收站或分输站均设有天然气调压和计量装置，某些接收站或分输站同时也是压气站。

压气站的主要功能是给气体增压，从而维持所要求的输气流量。压气站的输气设备及工艺流程比较复杂，将在本章第三节中予以专门介绍。

清管站的主要功能是发送、接收清管器。因为清管作业是间歇进行的，故为了便于清管站的操作与管理，通常将其与其它站场合建在一起，例如压气站一般都设有清管装置，但有时也有单独建清管站的情况。清管的目的是定期清除管道中的杂物，如水、液态烃、机械杂质和铁锈等，以维持管道安全、高效运行。由于一次清管作业时间和清管器推进速度的限制，两个清管站之间的距离不能太长，一般在100~150公里左右。除了有清管器收发功能外，清管站还设有分离器及排污装置。

如果输气管道末站直接向城市输配气管网供气，则也可以称之为城市门站。末站具有分离、调压、计量的功能，有时还兼有为城市供气系统配气的功能。

为了使干线输气管道能够适应城市配气系统用气量随时间的波动，输气干线有时与地下储气库或地面储配站相连。地下储气库通常都设有配套的压气站，当用气低谷时利用该压气站将干线中多余的天然气注入地下储气空间，而当用气高峰时利用压气站抽出库内的天然气并将其注入输气干线中。由于地下储气空间可能会使储存的天然气受到污染，必须对从地下抽出的天然气进行净化处理后才能将其注入输气干线。有关地下储气库的介绍可参见本章第七节。

干线截断阀室是为了及时进行事故抢修、防止事故扩大而设置的。我国的国家标准《输气管道工程设计规范》(GB 50251-94)对干线截断阀室的间距有明确的规定：在任何情况下，其最大间距不得超过32公里。对于管道的穿跨越段，还应在其两端设置干线截断阀。截断阀可采用自动或手动阀门，并且应该与干管同径。

二、输气管段的稳态水力计算

输气管道工艺设计主要包括管段的水力与热力计算、管段设计压力与压气站压比的确定、压气站的布站、压缩机组的配置、各种工艺站场的流程设计等方面的内容。这里先介绍输气管段的稳态水力计算。

根据输气管道的运行参数(流量、压力、温度等)是否随时间变化，可以将输气管道的工况分为稳态工况与非稳态工况(也叫瞬态工况)。严格地讲，输气管道的工况在大多数情况下都是非稳态的，但在工程设计中通常先按稳态工况对输气管道进行水力和热力计算，然后再按非稳态工况进行校核。

输气管道稳态水力计算的基本任务是确定管道流量与沿线压力分布的关系。具体来说，就是在已知管段两端压力的前提下计算其流量，或者在已知管段流量及管段某一端压力的前提下计算该管段的沿线压力分布。此外，在管道的流量和沿线各点(起点和终点除外)的压力均为未知、但管道沿线的压气站运行方案已知的情况下，通过沿线各管段与全线各压气站的匹配计算可以确定这些管段与压气站的流量与压力。

(一) 基本流量公式

对于长距离输气管道的每一个管段，其稳态水力计算的基础就是所谓的输气管段基本流量公式。基本流量公式的应用对象是中间没有进气点和分气点的、管径一致的连续管段，在稳态工况条件下整个管段的质量流量是一致的。

1. 水平输气管段与非水平输气管段

由于输气管段中的气体受到重力的作用，故一个输气管段的压力分布将在一定程度上受到该管段沿线的高程变化的影响。另一方面，由于气体的密度低，当输气管段的高程变化不是很大时，其对该管段的压力分布的影响在工程上可以忽略不计。因此，工程上通常规定：当一个输气管段上出现的最大位差不超过200米时，则将该管段视为水平输气管段；否则就视为非水平输气管段。显然，这里所定义的水平管段在几何意义上不一定是水平的。

2. 水平输气管段的基本流量公式

对于水平输气管段，其稳态水力计算的基本公式通常表示为求管段流量的表达式，即基本流量公式：

$$Q = C_0\sqrt{\frac{(p_1{}^2 - p_2{}^2)d^5}{\lambda Z\Delta_* TL}} \tag{4-2}$$

式中　Q——管段的标准体积流量，Nm^3/s；

p_1——管段的起点压力，Pa；

p_2——管段的终点压力，Pa；

d——管段的内直径，m；

L——管段长度，m；

T——管段中气体的平均温度，K；

Z——对应于管段中气体平均温度与平均压力的气体压缩因子，无量纲；

Δ_*——输气管段中的气体在标准状态下的相对密度；

λ——管段中气体流动的摩阻系数，无量纲；

C_0——与气体的标准状态、通用气体常数及干空气的平均分子量有关的综合常数，其数值和单位取决于

公式中其它物理量的单位。若采用以上列出的各物理量的单位，则

$$C = 0.03848(m^2 \cdot s \cdot K^{0.5} \cdot /kg)。$$

从基本流量公式中可以看出：

(1) 输气管段的流量取决于其两端压力的平方差，而不是取决于管段两端的压差(管段压降)。这一点与输油管道及其它液体管道是有显著区别的。

(2) 在影响输气管段流量的所有诸因素中，输气管段的管径对其流量的影响最大，这意味着提高输气管段流量的最有效途径是增大管径。例如，在其他条件不变的前提下，管段直径增大一倍将使其流量增大到原来的5.66倍。

(3) 在其它条件一定的前提下，输气管段中气体的平均温度越高，则管段的标准体积流量(或质量流量)越小。例如，在其他条件不变的前提下，当输气管段的平均温度由15℃升高到25℃时，其流量将降低到原来的98.3%。这一现象可以从物理上解释为：在其它条件相同的前提下，温度越高，相同质量流量对应的气体体积流量越大，相应地管段中的气体流速越高，因而管段中气体流动的摩阻损失也越大。

(4) 在整个输气管段的压降(即管段的起点压力与终点压力之差)及其它条件一定的前提下，管段起点的压力越高，则管段通过的流量越大。这个结论同样可以从气体密度的变化上去考虑。

结论(3)和(4)对输气管道的工艺设计和运行管理具有这样的指导意义：从提高输气能力或降低能耗的角度考虑，输气管道应该采取高压、低温的输送方式。当然，输气管道的输送压力与温度实际上要受到其它一些技术、经济因素的制约。

3. 非水平输气管段的基本流量公式

当一个输气管段上的最大位差超过200米时，位差对输气管

段流量的影响就不能忽略不计了。值得一提的是：输气管段的流量不但取决于其两端的位差，而且取决于管段沿线的起伏情况。

非水平输气管段的基本流量公式为：

$$Q = C_0 \sqrt{\frac{[p_1{}^2 - p_2{}^2(1 - as_n)]d^5}{\lambda Z\Delta_* TL[1 - \frac{a}{2L}\sum_{i=1}^{n}(s_{i-1} + s_i)l_i]}} \qquad (4-3)$$

式中：s_i——管段上第 i 个地理特征点的相对高程（规定管段起点的相对高程为0），m；

s_0——管段起点的相对高程，m；

s_n——管段终点的相对高程，m；

l_i——管段上第 $i-1$ 个地理特征点到第 i 个地理特征点之间的距离，m；

a——综合系数，$a = 2gM/ZR_mT$；

g——重力加速度，m/s^2；

M——管段中所输气体的摩尔质量，它在数值上等于气体的平均分子量，单位为 kg/kmol；

R_m——通用气体常数，$R_m = 8314.3$J/kmol·K。

其它物理量及综合系数 C 的意义和单位与水平输气管段的基本流量公式相同。

公式中$(1 - as_n)$这一项反映了管段两端的高差对流量的影响，而

$$\frac{a}{2L}\sum_{i=1}^{n}(s_{i-1} + s_i)l_i$$

这一项反映了管段沿线的高程变化对流量的影响。令

$$F = \frac{1}{2}\sum_{i=1}^{n}(s_{i-1} + s_i)l_i$$

则由积分的定义可知 F 刚好就是管段的纵断面曲线与基准线（即过管段起点的水平直线）以及过管段终点的铅直线所围成的封闭

区域的面积代数和(图 4－2)。在计算这个代数和时，面积的符号是这样规定的：位于基准线以上的封闭区域的面积为正，而位于基准线以下的封闭区域的面积为负。由以上流量公式可以看出：对于一个非水平输气管段，在维持其它条件不变的前提下，若 $F>0$，则其流量小于水平输气管段的流量；若 $F<0$，则其流量大于水平输气管段的流量；若 $F=0$，则其流量刚好等于水平输气管段的流量。

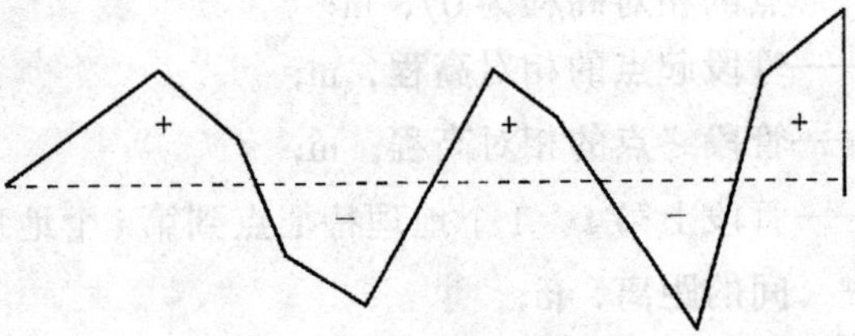

图 4－2 输气管段的纵断面图

(二) 输气管段的水力摩阻系数

在以上介绍的水平输气管段与非水平输气管段的基本流量公式中均包含管段的水力摩阻系数 λ。与液体管道类似，输气管道的水力摩阻系数也取决于管内气体的流态。

1. 输气管段的流态

从流体力学可知，可以根据雷诺数划分流体管道的流态。对于输气管段，其雷诺数 Re 可定义为：

$$Re = 1.536 \frac{Q\Delta_*}{d\mu} \tag{4-4}$$

式中 Q ——管段的标准体积流量，Nm^3/s；

d ——管段的内直径，m；

Δ_* ——输气管段中的气体在标准状态下的相对密度；

μ ——输气管段中气体的动力粘度，$N\cdot s/m^2$。

输气管道的雷诺数常常高达 $10^6 \sim 10^7$ 数量级，比一般输油管道的雷诺数高 10～100 倍，因此，输气管道的流态在大多数情况下为紊流。根据经验，干线输气管道的流态一般为水力粗糙区或混合摩擦区，而城市输配气管道的流态一般为水力光滑区。

用于紊流分区的两个临界雷诺数是：

$$Re_1 = 59.7\left[\frac{2K_e}{d}\right]^{-\frac{8}{7}} \tag{4-5}$$

$$Re_2 = 11\left[\frac{2K_e}{d}\right]^{-1.5} \tag{4-6}$$

式中　K_e——管内壁的当量粗糙度，mm；

d——输气管段的内直径，mm。

设输气管段的雷诺数为 Re，则可以根据两个临界雷诺数将紊流划分为三个区：$Re < Re_1$ 为水力光滑区，$Re_1 < Re < Re_2$ 为混合摩擦区，$Re > Re_2$ 为阻力平方区。

2. 管壁粗糙度

管壁粗糙度是指输气管道内壁凹凸不平的程度，它不仅会影响输气管段的流态，而且对输气管段在各种流态下的水力摩阻系数会有不同程度的影响。从理论上讲，在紊流光滑区，管壁粗糙度对输气管段的摩阻系数没有影响；而在混合摩擦区和阻力平方区则有影响，而且在阻力平方区影响最大。

由于管内壁的凹凸不平程度是不均匀的，因而很难精确地测量和描述管内壁粗糙度。为了从宏观上定量描述管内壁粗糙度，人们引入了绝对粗糙度的概念，它是指管内壁粗糙凸起部分的平均高度，显然它是一个具有统计意义的物理量。根据工程经验及目前国际上的制管水平，输气管道的绝对粗糙度可以按以下建议选取：新钢管：0.013～0.019mm，露天放置 6 个月的钢管：0.025～0.032mm，露天放置 12 个月的钢管：0.039mm，露天放置 24 个月的钢管：0.044～0.051mm。

考虑到管道变形，在输气管段水力计算中通常以当量粗糙度代替绝对粗糙度，它一般比绝对粗糙度大2%~11%。

降低管内壁粗糙度的一种有效措施是管内壁涂层。目前北美与欧洲有相当数量的干线输气管道有内涂层，所采用的涂料基本上都是环氧树脂类材料。为了满足输气管道建设的需要，国外有些制管厂可以直接制造出带有涂层的钢管。据统计，由于内涂层降低了管内壁粗糙度，在其它条件不变的前提下，干线输气管道的输量可以提高5%~8%，有的甚至达到10%以上，而内涂层的费用一般只占钢管费用的2%~3%，因此采用内涂层在经济上一般是合算的。此外，管内壁涂层还可以改善清管效果、减少清管器的机械磨损。根据西方国家的经验，当管道直径大于500mm时通常采用内涂层管，而当管道直径大于400mm时可以考虑采用内涂层管。

3. 摩阻系数公式

由于输气管道的流态在绝大多数情况下为紊流，故这里只介绍紊流的摩阻系数公式。对于输气管道紊流，一个最常用的摩阻系数公式是Colebrook公式：

$$\frac{1}{\sqrt{\lambda}} = -2\lg\left[\frac{K_e}{3.7d} + \frac{2.51}{Re\sqrt{\lambda}}\right] \quad (4-7)$$

这个公式的优点是具有很强的通用性，对紊流的三个区都具有较高的精度。但由于公式两边都含有λ，在求λ时需要进行迭代，故在手工计算时应用起来不太方便。为此，有人提出了一个显式形式的摩阻系数公式：

$$\frac{1}{\sqrt{\lambda}} = 1.14 - 2\lg\left[\frac{K_e}{d} + \frac{21.25}{\mathrm{Re}^{0.9}}\right] \quad (4-8)$$

当管内壁的相对粗糙度（即管壁当量粗糙度与管道直径之比）在10^{-6}到10^{-2}之间、雷诺数在5×10^3到10^8之间时，式4-8与Colebrook公式的偏差在±1%以内。

在输气管道的水力计算中，除了考虑管段的沿程摩阻外，还应该考虑由于焊缝、闸门、弯头、三通、流量计量孔板等引起的局部摩阻。考虑局部摩阻的通常做法是让输气管段的摩阻系数值增大5%。

(三) 工程上常用的输气管段流量公式

将式4－8代入式4－2就可以得到实用的流量计算公式。除了Colebrook公式外，在工程上还有许多输气管段水力摩阻系数的经验公式，将这些公式代入式4－2就可以得到一些计算输气管段流量的经验公式。

工程上常用的输气管段流量计算公式主要有威莫斯公式、潘汉德尔B式(也叫潘汉德尔修正式)和前苏联天然气研究所的近期公式。下面只针对水平输气管段列出了这三个公式，对非水平输气管段只需参照式4－3对这些公式作相应的修正即可。

1. 威莫斯公式

该公式是美国在1912年从生产实践中总结出来的，主要适用于管径与输量较小、管壁粗糙度高、所输送的气体净化程度低的输气管道。对于现代干线输气管道，按该式计算的流量比实际流量小10%左右。

$$Q = 0.3967 d^{\frac{8}{3}} \left[\frac{p_1^2 - p_2^2}{Z\Delta_* TL} \right]^{0.5} \tag{4－9}$$

2. 潘汉德尔B式

该公式适用于大口径、大流量、管内壁粗糙度低、气质好的现代干线输气管道。我国的国家标准《输气管道工程设计规范》(GB 50251－94)中就推荐采用这个公式。

$$Q = 0.39314 E d^{2.53} \left[\frac{p_1^2 - p_2^2}{ZTL\Delta_*^{0.961}} \right]^{0.51} \tag{4－10}$$

3. 前苏联天然气研究所的近期公式

$$Q = 0.3930 \alpha\varphi E d^{2.6} \left[\frac{p_1^2 - p_2^2}{Z\Delta_* TL} \right]^{0.5} \tag{4－11}$$

式中　E——输气管段的输送效率。在式4－10中它用来描述管内壁的清洁程度对管道输送能力的影响，而在式4－11中则反映管内壁是否有内涂层；

α——流态修正系数。在阻力平方区 $\alpha=1$；若流态偏离阻力平方区，则 α 可按下式计算：

$$\alpha = \left[1 + 33.8\frac{d^2}{Q}\right]^{-0.1} \tag{4-12}$$

φ——管道接口处的垫环修正系数。当无垫环时，$\varphi=1$；当垫环间距为12m时，$\varphi=0.975$；当垫环间距为6m时，$\varphi=0.95$。

需要特别指出的是：在潘汉德尔B式中，E值表示管内壁沉积的固体杂质、液体、水合物以及管内壁腐蚀导致管内壁的粗糙度增大，从而使摩阻系数增大。为了使输气管道在投产后的相当长时间内仍然能达到设计输气能力，在设计输气管道时一般都要考虑E值。美国一般取 $E=0.9\sim0.96$。我国的《输气管道工程设计规范》(GB 50251—94)推荐的取值范围是：当输气管道的公称直径为300mm～800mm时，$E=0.8\sim0.9$；当公称直径大于800mm时，$E=0.91\sim0.94$。在式4－11中，当管内壁有涂层时取 $E>1$，表示内壁涂层降低了管壁粗糙度，从而使摩阻系数减小；当没有涂层时，取 $E=1$。

在输气管道的运行管理中，可以利用上述流量公式反算输气管段的 E 值，并根据E值判断管段内壁的清洁程度。当反算出的E值较小时，表明管内壁已经出现了较多的沉积物或发生了大面积的腐蚀，这时就应该考虑采取清管措施或对管内壁进行腐蚀检测。

(四) 输气管段的压力分布与平均压力

由式4－2容易导出输气管段的压力分布，即输气管段沿线各点的压力随距离的变化规律。对于一个等直径、中间无进气/

分气点的输气管段，其沿轴向的稳态压力分布关系式为：

$$p_x^2 = p_1^2 - KxQ^2 \tag{4-13}$$

式中 p_x 为管段中距起点距离为 x 处的压力，K 为一个综合系数，由基本流量公式可以确定它的具体表达式。公式中其它符号的意义与式 4-2 相同。

由上式还可以导出输气管段稳态压力分布的另一种表达式：

$$p_x^2 = p_1^2 - (p_1^2 - p_2^2)\frac{x}{L} \tag{4-14}$$

由以上两式可以看出输气管段的压力分布曲线是一条关于 x 轴对称且开口与 x 轴方向相反的抛物线，而等温输油管道的稳态压力分布曲线是一条直线。

根据以上压力分布关系式可以求出输气管段的稳态平均压力为：

$$p_m = \frac{1}{L}\int_0^L p_x \mathrm{d}x = \frac{2}{3}\left(p_1 + \frac{p_2^2}{p_1 + p_2}\right) \tag{4-15}$$

若在输气管段压力分布关系式中令 $p_x = p_m$，则可以求得该管段中压力刚好等于平均压力的那一点距管段起点的距离：

$$x_m = \frac{p_1^2 - p_m^2}{p_1^2 - p_2^2}L \tag{4-16}$$

显然，在输气管段保持流量为 Q 的稳态工况的情况下，对于该管段中与管段起点距离大于 x_m 的点，其压力将低于管段的平均压力 p_m。然而，在该管段停输后，整个管段的压力将逐渐趋近于其平均压力。因此，对 x_m 点以后的那一段管道至少应该按该管段的平均压力进行强度设计。实际上，在进行输气管道的强度设计时，通常整个站间管段(指两个压气站之间的管道)是按等承压能力的原则设计的，即整个管段的承压能力均等于该管段起点处压气站出口的承压能力。

三、输气管段的稳态热力计算

(一) 概述

输气管段的热力计算主要有两个目的，一是为同一管段的水力计算服务，二是预测管段中出现凝析液及水合物的情况。由输气管段的流量公式可知：在其它条件一定的前提下，输气管段的流量取决于整个管段中气体的平均温度，而这一平均温度又取决于整个管段沿轴向的温度分布。另一方面，输气管段的稳态温度分布又取决于该管段的流量。因此，输气管段的稳态水力计算与热力计算实际上是相互耦合的一对问题。为了求出一个输气管段的流量与沿线温度分布，需要联立求解输气管段的流量关系式和温度分布关系式。由于这两个关系式中的气体物性取决于气体温度和压力，故要进行精确的联立求解是相当困难的。为此，在工程上通常采用近似解法，即：先假定输气管段的平均温度，按该温度计算输气管段中气体的物性参数并计算输气管段的流量，然后根据该流量求出输气管段沿线的温度分布及平均温度，若该平均温度与假设的平均温度之差满足工程精度的要求，则计算结束；否则，以计算出的平均温度作为新的假设平均温度并重复前面的计算过程，直到输气管段平均温度的假设值与新的计算值之差满足工程上的精度要求为止。

(二) 输气管段的稳态温度分布

对于一个等直径、等流量的输气管段，其在稳态工况下的沿线轴向温度分布可以用以下方程描述：

$$t_x = t_0 + (t_1 - t_0)e^{-ax} - D_i \frac{p_1 - p_2}{aL}(1 - e^{-ax}) \quad (4-17)$$

其中 a 是一个综合系数：

$$a = \frac{K\pi d_w}{Mc_p}$$

式中　t_x——管段中到起点的距离为x处的气体温度,℃;

t_1——管段起点处的气体温度,℃;

t_0——管段周围环境的自然温度，对于埋地管道，此温度系指管道中心线处的自然地温,℃;

K——管段与周围环境之间的总传热系数，W/(m²·℃);

M——管段中气体的质量流量，kg/s;

d_w——管段的外径，m;

c_p——管段中气体的定压比热，J/(kg·℃)

D_i——管段中气体的焦耳-汤姆逊效应系数。对于干线输气管道，D_i 可取2.5~3℃/MPa。

式4-17中其它符号的意义与输气管段流量公式中的对应符号相同。

式4-17中最后一项是由焦耳-汤姆逊效应引起的温降，在干线输气管道上该项一般为3~5℃。在大多数情况下，输气管段将向其周围环境散热，故随着气体沿管段的流动，其温度一般是逐渐下降的，因而该公式也叫做输气管段温降公式。如果忽略反映焦耳-汤姆逊效应的那一项，则该公式就变成著名的热油管道温降公式——苏霍夫公式。

特别应该指出的是：由于焦耳-汤姆逊效应的影响，随着气体沿管段的流动，其温度可能从高于环境温度降到低于环境温度，而在输油管道中不可能出现这种情况。

(三)输气管段的平均温度

在输气管段的水力计算中需要用到管段中气体的平均温度。根据上面给出的输气管段稳态温度分布关系式，可以求出整个管段中的气体在稳态工况下的平均温度为：

$$t_m = \frac{1}{L}\int_0^L t_x \mathrm{d}x$$

$$= t_0 + (t_1 - t_0)\frac{1 - e^{-aL}}{aL} - D_i \frac{p_1 - p_2}{aL}\left[1 - \frac{1}{aL}(1 - e^{-aL})\right] \tag{4-18}$$

从式 4－18 可以看出：在其它条件相同的情况下，环境温度越高，输气管段的平均温度也越高。而从输气管段的基本流量公式可知：在其它条件不变的情况下，管段的平均温度越高，其通过的质量流量越小。因此，在输气管道设计及运行管理中要考虑环境温度对管道输气流量的影响。

四、输气管段中水合物的形成规律及其预防措施

(一) 水合物的基本概念

水合物是天然气中的某些组分与液态水在一定的温度、压力条件下所形成的一种外形象冰霜的物质，其密度为0.88～0.90 g/cm^3。水合物的形成机理及条件与水结冰完全不同，即使温度高达 29℃，只要天然气的压力足够高，其仍然可以与水形成水合物。在天然气储运过程中，通常在产生剧烈焦耳－汤姆逊节流效应的装置处(例如调压阀)最容易形成水合物，故有时需要在节流装置前对气体加热。

从微观结构上讲，水合物是液态水与一些气体组分借助于分子力而形成的一种称为笼形包络物的固态结构。在这种结构中，若干个水分子通过氢键形成由五面体或六面体构成的笼孔，每个笼中可以容纳一个气体分子。天然气水合物的笼形结构有两种类型。在第一种结构中，每个水合物单元有 2 个小晶格和 6 个大晶格；而在第二种结构中，每个水合物单元有 16 个小晶格和 8 个大晶格。一般来说，甲烷、乙烷、二氧化碳和硫化氢可以形成第一种结构的水合物，而丙烷、异丁烷可以形成第二种结构的水合物。戊烷及分子量更大的烃类气体分子因体积太大不能进入晶格，因而不会形成水合物。

（二）形成水合物的条件

天然气只有在满足一定的温度、压力和水分条件时才可能形成水合物，了解这些条件对防止水合物生成以及消除已形成的水合物具有重要意义。

对于可形成水合物的每一种气体都存在一个形成水合物的临界温度，它是指这种气体可形成水合物的最高温度，当温度高于临界温度时，在任何压力下也不可能使这种气体与液态水形成水合物。表 4－1 列出了天然气中各种组分的水合物临界温度。

表 4－1　形成水合物的临界温度

气体名称	甲 烷	乙 烷	丙 烷	异丁烷	正丁烷	二氧化碳	硫化氢
临界温度/℃	47	14.5	5.5	2.5	1	10	29

水合物的形成、稳定及分解过程实际上是一种多元气固相平衡现象。在这个相平衡体系中，固相是水合物，气相是与水合物中含有的气体分子相对应的气体及水蒸气。在一定的压力下，要使某种气态物质与液态水形成稳定的水合物，则水合物相平衡体系的温度必须等于或低于该体系中与这一压力对应的该气体的饱和温度，通常将这个温度称为该气体在给定压力下的水合物形成温度。由于水合物的形成温度与气体压力的关系是单调上升的，天然气的压力越高，相应的水合物形成温度就越高，故低温、高压条件有利于天然气水合物形成。

综上所述，形成天然气水合物的必要条件是：

（1）必须有液态水与天然气接触；

（2）天然气中的水蒸气分压等于或超过在水合物体系中与天然气的温度对应的水的饱和蒸汽压；

（3）天然气的温度必须等于或低于其在给定压力下的水合物形成温度。

如果生成水合物的液态水是从天然气中析出的，则说明天然气中的水蒸气分压等于或高于其所处温度下水的饱和蒸汽压(系指液态水－水蒸气体系中的饱和蒸汽压)。由于在相同温度下水在水合物体系中的饱和蒸汽压低于在液态水－水蒸气体系中的饱和蒸汽压，因此，只要天然气中能析出液态水，就说明已经自动满足了上述条件(2)，或者说已经满足了生成水合物所要求的水分条件。

以上三个条件是形成水合物的内因，此外还有一些加速水合物形成的外因，主要包括以下几个方面：

(1) 高流速、气流扰动或压力脉动；

(2) 出现小的水合物晶种；

(3) 天然气中含有硫化氢和二氧化碳，因为这两种酸性气体比烃类气体更容易溶于水。

值得指出的是：在干线输气管道的运行过程中，即使进入干线的天然气的含水量不足以导致在管输过程中形成水合物，但管道水压试验后没有清扫干净的残留水也有可能导致水合物生成。这些残留水一部分可以蒸发进入管道的干天然气中去，另一部分仍然以液态形式积聚在管道中，因而有可能使得管道中满足形成水合物的水分条件。为了避免这种情况发生，在输气管道投产过程中一定要对管道线路执行严格的清扫和干燥程序，以彻底清除试压后管道中残留的积水。

(三) 防止水合物形成及消除水合物的方法

要防止水合物形成或消除已形成的水合物，所采取的措施自然应该从破坏水合物形成的条件入手。以下介绍儿种常用的防止水合物生成的措施，其中有些措施也适用于消除已形成的水合物。

1. 干燥脱水

它是防止水合物生成的最彻底、最有效的方法，在天然气储运系统中的应用也最为广泛，特别是干线输气管道几乎必须采用这种方法。关于干燥脱水后进入输气管道的天然气的含水量或水露点的具体指标，有关技术规范中已作出了明确规定。

2. 添加水合物抑制剂

它既可以用于防止水合物生成，也可以用于消除已形成的水合物。这类措施的机理可解释为：一方面，在水合物抑制剂(几乎均为液体)与液态水混合后可以降低水合物形成温度，从而破坏形成水合物的温度压力条件；另一方面，水合物抑制剂可以吸附天然气中的一部分水蒸气，从而破坏形成水合物的水分条件。经常采用的水合物抑制剂有甲醇(CH_3OH)、乙二醇($C_2H_6O_2$)、二甘醇($C_4H_{10}O_3$)和三甘醇($C_6H_{14}O_4$)等，也有采用氯化钙($CaCl_3$)作为抑制剂的。

对于长距离干线输气管道，加水合物抑制剂的方法虽然可以发挥作用，但由于不能保证将水合物抑制剂输送到水合物的可能形成区，因而其效果将因管线的具体情况而异，在某些情况下可能达不到预期的效果。

3. 加热

这种方法的意图是使天然气的温度提高到水合物形成温度以上，从而破坏形成水合物的温度压力条件。它主要适合于在节流调压装置之前，因为天然气经过这些装置后可能会产生很大幅度的温降。对气体加热的方法一般不适合干线输气管道。但在某些特殊情况下，可以采用从管子外部进行局部加热的办法消除干线输气管道中的水合物堵塞。当然，这样做的前提条件是已经知道管道中水合物堵塞段的具体位置。此外，对管子局部加热的温度不能太高，以免产生过大的热应力对管道造成损害。

4. 清管

清管一方面可以清除管道中积聚的液态水，从而破坏形成水合物的水分条件；另一方面可以清除管道中已经形成的水合物，从而消除可以促使新的水合物形成的晶种。在应用这种方法清除管道中已形成的水合物时要特别注意：随着清管器的推移，积聚在清管器前面的水合物越来越多，以至于有可能将清管器卡住。为避免这种情况出现，在清管之前应该慎重考虑。一般来说，如果管道中积聚的水合物很多，则不宜立即采取清管措施。

除了以上几类方法外，有时还可以采用降低天然气压力从而破坏水合物形成的温度压力条件的办法来防止水合物形成或消除已形成的水合物。

五、干线输气管道的工艺方案设计

工艺方案设计是干线输气管道规划、可行性研究及初步设计中的重要工作内容，其任务是确定管道的总体工艺方案，即：在管道线路走向已定的前提下，确定管道各管段的管材、管径、设计压力及管壁厚度、管道全线压气站的数目及位置、各压气站的进/出站压力、进/出站温度、压比及压缩机组的配置方案、管道沿线各分支点(进气点或分气点)的压力等。

(一) 干线输气管道工艺方案设计的基本步骤

(1) 根据管道沿线各管段的流量、地区类别及其它条件确定各管段的管材、管径、设计压力及管壁厚度(通常也称为最大允许操作压力)。一般来说，同一条输气管道的各管段宜采用同一种管材及同一个设计压力值。

(2) 确定每个压气站在其设计流量下的压比(即出站压力与进站压力之比，简称站压比)。根据经验，压气站的设计压比不宜太高，否则将导致管道全线的压缩机功率增大，同时管道的输气能耗及输气成本增大。我国的《输气管道工程设计规范》(GB 50251－94)建议：当采用离心式压缩机时，压气站的压比取1.2～1.5为宜。此外，在没有特殊要求的情况下，管道全线所有压气站的设计压比通常取同一个值。

(3) 设每个压气站的出站压力刚好等于其所在位置处管段的设计压力，以使管道强度得到最大限度的利用。

(4) 根据对管道末段(即最后一个压气站出口到管道终点的管段)的储气容量要求，确定末段的长度、管径及管壁厚度，将管道的最后一个压气站布置在末段起点处。

(5) 从管道的起点开始，根据设定的压气站出站压力(即管道的设计压力)、压气站压比及管段水力与热力计算的结果沿管道线路布置压气站，即确定压气站的数目及各个站在管道线路上的位置。若一共只有两个压气站，则只需执行一次布站程序即可。若压气站的数目多于两个，且所得到的布站方案使得最后一个压气站的压比小于设定的压比，则适当调整站压比的设定值并重新布站。如此反复直到最后一个压气站的压比等于设定的站压比为止。

(6) 根据每个压气站的流量及站压比确定其压缩机组的配置方案，包括压缩机组的类型、数目、型号规格、特性及联接方式等。考虑到输气管道的运行可靠性，每个压气站一般应设置备用的压缩机组。

从以上设计步骤可以看出，在设计任务、条件及基础参数为给定的前提下，一条干线输气管道的工艺设计方案并不是惟一的，这表明存在工艺设计方案的最优化问题。干线输气管道的投资及运行费用巨大，而工艺系统是整个输气管道系统的主体部分，这部分的投资及运行费用在整个输气管道系统中占很大比例，而且输气管道中其它辅助系统的投资也在很大程度上取决于工艺系统的总体设计方案，因此对干线输气管道进行工艺方案优化设计有望获得巨大的经济效益。工艺方案优化设计的优化对象通常包括管材、管径、管壁厚度、设计压力、压气站的站压比、压气站的数目及布站方案等多个方面。

在以上设计步骤中没有考虑管道设计寿命期内的输气流量变

化对工艺设计方案的影响。如果在设计寿命期内管道的流量不会比刚投产时的流量有显著的增长，或者在投产后不长的时间内管道流量就可以达到整个寿命期内的峰值，则一般没有必要考虑分期建设。但在计算经济效益时，要考虑输量的递增过程。然而，如果在管道投产相当长时间后其流量要经历一次或多次较大幅度的增长，则有必要考虑采用分期建设的方式，因为这样有可能降低管道在其设计寿命期内的总费用现值。若采用分期建设方式，则工艺设计方案要使管道分几次达到其最终输气能力，即每次扩建后都使管道的输气能力有一定幅度的增长。管道扩建的方式主要有：在沿线部分管段或全部管段上铺设副管；在整条管线或部分管段上增设新的压气站；增加原有压气站中压缩机组的数目；或者同时采取这几种方式。有必要采取分期建设方式的另一种情况是：在投产初期进入首站的天然气压力较高，此时可能没有必要将首站建成压气站，甚至于管道全线都没有必要设压气站，但随着气田的井口压力下降，当进入首站的天然气压力降低到一定程度时，就需要将首站扩建为压气站。

（二）管道末段的储气能力

与干线输气管道终点相连的天然气用户（城市输配气系统或工业用户）的用气量一般是随时间变化的，而干线输气管道的输气量应该尽可能维持稳定。为了解决均衡供气与不均匀用气的矛盾，在输气管道的设计与运行管理中需要采取各种技术措施进行供气调峰，其中一种措施就是利用输气管道末段的储气能力平衡供气流量与用气流量之间的差值。然而，由于管道末段的储气能力有限，因而这种措施一般只能适应用气流量在短时间内（一般为一昼夜）的周期性变化。如果在干线输气管道设计时对其末段的储气能力有所要求，则在布置压气站之前必须先进行末段的设计，包括确定末段的长度、管径与壁厚。

输气管道末段储气的基本原理是利用该段管道中气体压力的

变化及气体的压缩性改变其中所充装的气体数量。一条输气管道的末段是指从该管道的最后一个压气站到管道终点的管段。如果一条输气管道只在其起点设有一个压气站，或者全线没有压气站，则应该将整条管线看成可储气的管段。严格地讲，管道终点用气量随时间的变化将使得管道末段乃至整条管道处于非稳态工况，但为了计算方便起见，在工程上通常按稳态工况的计算方法近似估算管道末段的储气能力，经验表明估算结果通常比实际值小10%~15%。除末段外，输气管道的其它管段同样也可以有储气能力，只不过由于这些管段离管道终点比较远，因而其在供气调峰方面发挥的作用不如末段那么及时有效。

一条输气管道的末段储气能力是指其最大气体充装量与最小气体充装量之差，而一个管段的气体充装量是指其在一定的压力和温度条件下所容纳的气体数量。在温度条件不变的情况下，当管道末段的平均压力达到可能的最高值时，相应的气体充装量达到最大值；而当平均压力达到可能的最低值时，相应的气体充装量达到最小值。在估算末段的储气能力时，假设该管段中的气体流量保持不变，而管段平均压力最高和最低的状态按以下原则确定：在管道运行过程中，末段起点可能达到的最高压力及与之相应的沿线压力分布对应末段的最高平均压力，而末段终点可能达到的最低压力及与之相应的压力分布对应末段的最低平均压力。由输气管段稳态压力分布规律可知：在管段流量一定的条件下，由末段起点可能达到的最高压力可以计算出管道终点可能达到的最高压力，进而可计算出末段可能达到的最高平均压力；而由管道终点可能达到的最低压力可以计算出管道起点可能达到的最低压力，进而可计算出末段可能达到的最低平均压力。根据末段的平均温度和平均压力及其几何尺寸(管径、壁厚、长度)可以计算出相应的气体充装量，因此，在末段的几何尺寸及平均温度为已知的情况下，根据其在运行过程中可能达到的最高与最低平均压力就可以估算出末段的储气容量。

输气管道末段的储气能力与其管子的内横截面积成正比，因此，增大管内径是提高末段储气能力的有效方法。末段储气能力随末段长度的变化规律是：在一定范围内，储气能力随末段长度增加而增大，但当超过某个长度界限时，储气能力将随末段长度增加而减小，这个长度界限称为最优末段长度。对这种现象可作如下解释：随着长度的增加，其几何容积成正比例增加；但另一方面，在末段起点的最高压力及管道终点的最低压力为给定的前提下，随着末段长度增加，管道终点的最高压力将降低，而末段起点的最低压力将升高，或者说末段的最高平均压力将降低，而最低平均压力将升高，因而最高平均压力与最低平均压力的差值将缩小。当末段长度较短时，随着其长度增加，几何容积增加对末段储气能力的影响超过平均压力差值缩小的影响，因而以上两方面因素作用的总体效果是使得末段的储气能力增大；当末段长度超过一定限度(即最优末段长度)后，随着长度进一步增加，平均压力差值缩小对末段储气能力的影响将超过几何容积增加的影响，因而以上两方面因素作用的总体效果是使得末段的储气能力减小。

在进行输气管道的末段设计时，一般先假设末段的管径与其前面一个管段的管径一致，根据该管径可以计算出相应的最优末段长度及最大储气能力。若这一最大储气能力满足设计要求，则以所求得的最优末段长度作为设计值。否则，适当增大末段的管径并相应地调整管壁厚度，然后重新计算出相应于新的管径的最优末段长度及最大输气能力。如此继续直至相应于新的管径的最大末段储气能力满足设计要求为止。

(三) 管道沿线压气站的布置

管道沿线的压气站布置是干线输气管道工艺设计的一项重要内容，它实际上包括确定压气站数目和每个压气站的位置两个方面。

1. 压气站布站的前提条件

一般来说，在进行布站之前需要初步确定以下几方面的因素：

(1) 流入管道起点的天然气的流量、压力与温度；

(2) 管道终点要求的供气流量与压力；

(3) 管道分支点的流入/流出流量；

(4) 每个压气站的站压比或压缩机组配置；

(5) 在每个压气站中，用作压缩机组燃料的天然气的消耗率；

(6) 管道沿线各管段的管材、管径、壁厚；

(7) 管道沿线各管段所经地区的类别；

(8) 管道末段的起点位置。

在输气管道布站时经常将压气站的出站压力与站压比作为基本依据，这是因为：

(1) 在布站之前往往已经知道管道沿线各管段的管材、管径、壁厚以及这些管段所经地区的类别，因而可以计算出管道上任一点的设计压力，从充分利用管道强度的原则出发，压气站的出站压力应该等于或尽可能接近其所处位置的设计压力；

(2) 根据国内外输气管道的设计与运行经验，干线输气管道压气站(不包括首站)的站压比通常有一个技术上可行、经济上合理的范围，例如我国的《输气管道工程设计规范》建议离心式压气站的站压比为1.2~1.5，因此在布置压气站时一般都将站压比作为一个控制因素。显然，只要已知一个压气站的出站压力与压比就可以计算出该站的进站压力。

2. 压气站布站的基本步骤

因为在布站之前已经确定了管道末段的起点位置，因而布站过程实际上是在从管道起点到管道末段起点这一段管道上进行的。通常布站过程可以按正方向进行，即从管道起点向最后一个压气站(末段起点)推进；也可以按反方向进行，即从末段起点(最后一个压气站)向管道起点推进。在给定每个压气站的站压比及出站压力的条件下，如果采用正方向布站方法，则最后一个压气站(即位于末段起点处压气站)的站压比有可能低于给定值；如果采用反方向布站方法，则管道起点处压气站(首站)的出站压力有可能小于给定值。为了避免这两种情况出现，可以适当降低每个压气站的站压比。在给定每个压气站的出站压力及压缩机组配置的情况下，在布站过程中需要根据每个压气站的压缩机组配置及输气流量计算其站压比，因而站压比是不能人为调整的。此时，如果采用正方向布站方法，则该站的站压比有可能小于其配置的压缩机组可提供的站压比；如果采用反方向布站方法，则管道起点处压气站(首站)的出站压力有可能小于给定值。为了避免这两种情况出现，可以适当降低每个压气站的出站压力设定值。

正方向布站法的基本步骤如下：

(1) 令每个压气站的出站压力等于管道设计压力。

(2) 将首站设为一个压气站。(如果首站的来气压力高于或等于管道起点处的设计压力，则不必将首站设为压气站，此时首站相当于一个站压比为 1 的特殊压气站)

(3) 从最新布置的那个压气站开始，按照输气管段的管径、流量以及沿线的压力与温度分布规律向管道下游推进，计算出管段沿线各点的气体压力与温度。对于推进过程中到达的点，可能会出现以下几种情况：

① 设定的出站压力与计算出的该点的气体压力之比刚好等于设定的站压比，或等于按压气站的通过流量及压缩机组配置计算出的站压比，转(4)；

② 该点刚好是管道末段的起点(最后一个压气站的入口)，但该点不满足情况①中给出的条件，转(5)；

③ 该点既不满足情况①中给出的条件，又不是管道末段的起点，此时应继续向管道下游推进。

(4) 在推进过程最新到达的位置设置一个压气站。如果这个压气站就是管道上最后一个压气站(即位于管道末段的起点)，则已经确定了管道全线的压气站数目及位置，布站过程结束；否则转(3)。

(5) 如果可以人为调整压气站的站压比，则适当降低每个压气站的站压比，转(2)；否则，适当降低每个压气站的出站压力，转(2)。

在输气管道设计中通常采用全线等设计压力的原则，这样一方面可以保证管道安全运行，另一方面也为布站提供了方便。如果管道沿线各管段的设计压力不相等，则按以上步骤布站时可能会遇到麻烦，甚至有可能无法确定压气站的位置。在输气管道设计中通常也采用全线各压气站(首站除外)的站压比相等的原则，这样也给布站过程带来了方便。然而，以上布站步骤仅仅考虑了输气管道的工艺条件(即管段的水力、热力条件及压气站的工艺运行特性)，因而按这些步骤确定的压气站布站方案还不是最终的选址方案，还需要根据其它多方面的条件(如工程地质、水文地质、地形地貌、道路交通、供水供电、人文环境等)对某些压气站的位置进行必要的调整。在经过这样的调整后，某些压气站的压比也要做相应的调整，此时全线各压气站的站压比就不相同了。

在按以上步骤布站的过程中，需要根据管道沿线各分支点的进气流量或分输流量确定各管段的气体流量，如果压气站的压缩机组用管道中的天然气作为其原动机(如燃气轮机、气体发动机等)的燃料，则在计算管段流量时还要扣除压气站自身消耗的天然气。在某些情况下，为了准确计算各管段的气体流量，采用反方向布站法可能会更方便。

第三节　压缩机组与压气站

一、压缩机组

压缩机及与之配套的原动机统称为压缩机组。压缩机组是干线输气管道的主要工艺设备，同时也是压气站的核心部分，其功能是提高进入压气站的气体的压力，从而使管道沿线各管段的流量满足相应的任务输量的要求。

干线输气管道的运行可靠性和经济性在很大程度上取决于其所采用的压缩机组的性能。压气站的投资占输气管道总投资的20%～25%，经营费用占管道总经营费用的40%～50%，而其中压缩机组的投资占压气站投资的一半以上，压缩机组的能耗费占压气站经营费用的70%左右。因此，在干线输气管道设计中选择技术上先进、经济上合理的压缩机组是至关重要的。

(一) 干线输气管道的压缩机类型

目前在干线输气管道上采用的输气压缩机有两种类型，即往复式压缩机和离心式压缩机。从工作原理上划分，它们分别属于容积型压缩机和速度型涡轮压缩机(也叫透平压缩机)。

1. 往复式压缩机

其基本工作原理是利用活塞在气缸中的往复运动及与之协调配合的吸入阀与排出阀的开启与关闭来实现气体压缩。当吸入阀开启时活塞的运动使气缸中吸入压力较低的气体，当排出阀开启时活塞将经过压缩的压力较高的气体从气缸中排出。

根据气缸端部的结构，往复式压缩机分为单作用式与双作用式两种类型。单作用式往复压缩机的气缸只从气缸的一端吸入与排出气体，即当活塞处于后退冲程时从气缸的这一端吸入气体，而当活塞处于前进冲程时又从气缸的同一端排出气体。双作用式往复压缩机的气缸可以从气缸的两端吸入与排出气体，即无论在前进冲程还是后退冲程中，都可以从活塞的一侧吸入气体，而从活塞的另一侧排出气体。相对来说，单作用式往复式压缩机比较适合于要求活塞运动速度快、压比(压缩机的排出压力与吸入压力之比)高的场合，而双作用式压缩机比较适合于要求大排量、低压比且活塞运动速度较慢的场合。

根据所包含的气缸数目，往复式压缩机有单缸与多缸之分，而多缸压缩机中的几个气缸可以是并联的，也可以是串联的。如果一台压缩机的多个气缸是串联的，则称之为多级往复式压缩机，其总压比等于其中各个气缸的压比之积。为了降低排出气体的温度和所需的压缩功率，在多级往复式压缩机的各级气缸之间通常设有中间冷却装置。如果一台往复式压缩机的多个气缸是并联的，则其总排量等于各个气缸的排量之和。这种压缩机的优点是排量大，同时能在一定程度上削弱往复式压缩机固有的气流脉动现象。显然，一台压缩机的气缸数目越多，其排出压力和流量就越平稳。在进行往复式压缩机的选型时，到底是选用单缸还是多缸取决于具体的应用场合。

干线输气管道上采用的许多往复式压缩机组都是一体化的，即压缩机与配套的往复式原动机(一般采用燃气发动机)连成一体。压缩机的多个气缸与燃气发动机的多个气缸都与同一根曲轴相连，当发动机带动曲轴旋转时，曲轴通过活塞杆带动活塞在相应的气缸中作往复运动。在这种压缩机组中，发动机气缸通常是垂直于水平面布置或呈 V 形布置的，而压缩机气缸是水平布置的。在干线输气管道上，一体化往复式压缩机组的燃料一般就是取自管道本身的天然气。与一体化往复式压缩机相比，分体式往复压缩机的规格一般较小，在干线输气管道上通常只用于辅助设施。

与离心式压缩机相比，往复式压缩机的主要特点是：

(1) 曲轴转速低，出口排量小。目前往复式压缩机的曲轴转速一般在 125 ~ 514 转/分的范围，活塞运动速度一般在 3.5 ~ 4.25 米/秒的范围内，而流量一般在 0.3 ~ 85 米^3/分的范围内(指压缩机入口状态下的体积流量)。

(2) 压比高，适用的压力范围广。一般来说，用于干线输气管道的大型往复式压缩机的排出压力不超过 20MPa，而目前工业上应用的超高压往复式压缩机的工作压力已高达 350MPa。

(3) 运行效率高。目前干线输气管道上使用的往复式压缩机的效率可达 86% ~ 90%。

(4) 适应性较强，同一台压缩机可以适用于较宽的流量范围，而且流量调节比较方便。

(5) 结构复杂、体积庞大、易损件多、维修保养工作量大。

(6) 在运行过程中排气不连续，因而在压缩机出口存在气体流量和压力的脉动现象，这种现象以及活塞运动产生的动力不平衡性使得往复式压缩机运行时的振动较大，因而必须对压缩机组的基础及与压缩机相连接的管道采取有效的抗振措施。

2. 离心式压缩机

离心式压缩机的基本工作原理是利用高速旋转的叶轮使叶轮出口的气流达到很高流速，然后在扩压室内将高速气体的动能转化为压力能，从而使压缩机出口的气体达到较高的压力。

离心式压缩机主要由壳体(包括扩压室)、安装在转轴上的叶轮、轴承以及用于防止气体沿转轴溢出的密封装置等组成。叶片可调的压缩机结构示意见图 4 - 3。各种离心式压缩机的扩压器和叶轮的形状、大小取决于其工作条件和制造厂家。

常用的离心式压缩机的吸入流量在 14 ~ 5660 米^3/分的范围内。根据气体在同一台压缩机中经历的压缩级数，离心式压缩机分为单级和多级两类。单级离心式压缩机的压比较低，为了提高压比，可以采用多级离心式压缩机。一台多级离心式压缩机的压缩级数最多可以达到 6~8 级，每级压比在 1.1~1.5 之间。

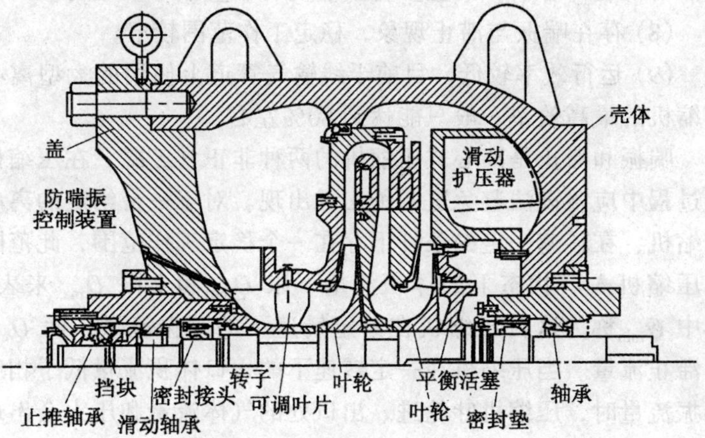

图 4-3　叶片可调压缩机结构示意图

与往复式压缩机相比，离心式压缩机的主要特点是：

(1) 排量大，压比低，因而特别适合于干线输气管道这种大排量的应用场合。

(2) 结构紧凑，体积小，机组占地面积及重量均比同等排气量的往复式压缩机小得多。

(3) 运动部件少，无往复运动部件，易损件少，运行可靠性高，连续运转的持续时间可达一年以上，运行维修工作量大大低于往复式压缩机，因此目前在干线输气管道上使用的离心式压缩机的备用系数均较小。

(4) 振动和噪声小，不需庞大而笨重的基础。

(5) 除轴承外，机器内部其他部件不需要润滑，因而润滑油的用量小，而且不会污染所输送的气体。

(6) 转速高(可达每分钟一万转以上)，可与燃气轮机或蒸汽轮机直接联接而不需变速装置。

(7) 排气均匀、连续，在多级离心式压缩机的各压缩级之间不需要设缓冲容器，而且多台压缩机可以直接串联运行。

(8) 存在喘振与滞止现象，稳定工作范围较窄。

(9) 运行效率较低，目前干线输气管道上使用的大型离心式压缩机的最高效率一般只能达到80%左右。

喘振和滞止是离心式压缩机的两种非正常工况，在压缩机运行过程中应该设法避免这两种工况出现。对于一台给定的离心式压缩机，在转速一定的条件下存在一个稳定工作范围，此范围可用压缩机入口状态下的体积流量下限 Q_{min}和上限 Q_{max}来表示，其中 Q_{min}称为这台压缩机在给定转速下的喘振流量，而 Q_{max}称为滞止流量。当压缩机在一定转速下的入口体积流量低于相应的喘振流量时，压缩机叶轮进、出口处的气体流量和压力会出现大幅度脉动，并导致压缩机产生强烈振动和噪音，这种现象称为喘振。喘振对压缩机十分有害，对其密封、轴承、叶轮会造成较大损害，在严重的情况下甚至会使整台压缩机及与之相联的设备与管道遭受破坏，从而造成严重的压气站事故。当压缩机在一定转速下的入口体积流量高于相应的滞止流量时，气流在叶轮流道中的流动损失相当大，以至于压缩机的排出压力并不高于吸入压力，这种现象称为滞止或堵塞。离心式压缩机的喘振流量和滞止流量取决于转速。随着转速降低，同一台压缩机的喘振流量和滞止流量均减小。

(二) 输气压缩机组的原动机类型

在干线输气管道上，用来驱动输气压缩机的原动机主要是燃气轮机和燃气发动机，在某些情况下也有采用电动机和蒸汽轮机的。

1. 燃气轮机

燃气轮机和蒸汽轮机的基本工作原理都是将气体工质的内能转化为输出功，只不过所采用的工质不同而已。燃气轮机的工质是由其本身的燃烧室(也叫燃气发生器)产生的燃气，即燃料在燃烧室燃烧后产生的气体产物，而蒸汽轮机的工质是由外界(蒸汽锅炉)提供的水蒸气或其他物质的蒸汽。在干线输气管道上，蒸汽轮机目前几乎只用于与燃气轮机构成的联合循环系统中。

由于燃气轮机能直接把燃气的内能转化为以转动形式输出的机械功，因而具有比其他类型的热机更简单的结构、更小的体积和重量，而且比较容易对其热力过程实现自动控制。燃气轮机本身不需要冷却，只需少量水冷却润滑油，故适合于在缺水的地区使用。随着气温降低，燃气轮机的最大输出功率反而增大，这一特点特别适合于一般干线输气管道的工况变化规律，因为输气管道的高峰负荷往往出现在气温较低的条件下。此外，燃气轮机的最大输出功率还随海拔高度增大而减小。

燃气轮机主要由轴流式空气压缩机、燃气发生器、高压涡轮、低压涡轮及转轴组成。轴流式空气压缩机的作用是为燃气发生器提供燃烧所需的空气，它是由高压涡轮带动的。燃气发生器所采用的燃料有多种类型，最常见的是原油、渣油与天然气，在干线输气管道上使用的燃气轮机则几乎全部用天然气作燃料。燃气发生器产生的高温高压气体先进入高压涡轮作功，然后再进入低压涡轮以驱动与之联接在同一根轴上的离心式压缩机。燃气轮机的高压涡轮与低压涡轮可以联接在同一根轴上，也可以分别联接在两根轴上，这两种类型的燃气轮机分别称为单轴式和双轴式。双轴式燃气轮机的优点是可以分别调节高压涡轮和低压涡轮的转速，当调节与压缩机相联的低压涡轮的转速时，可以独立控制轴流式空气压缩机的工况以保证燃烧室的空气供给量。这种燃气轮机的调速范围通常为额定转速的70%～110%。由于轴流式空气压缩机工况的可调范围比离心式压缩机窄得多，故单轴燃气轮机不太适合于压缩机工况经常发生变化的干线输气管道。事实上，目前在干线输气管道上使用的燃气轮机绝大多数为双轴式，而单轴燃气轮机主要用于驱动转速比较稳定的装置，例如发电设备。

根据燃气轮机的具体结构，可以将其分为重型工业燃气轮机、航空改型燃气轮机和混合型燃气轮机三种类型。重型工业燃气轮机的转速较低，通常为6000~8000转/分，可以直接与离心式压缩机联接。而航空改型燃气轮机的转速通常在8000~30000转/分的范围内，如果采用高速航空改型燃气轮机驱动离心式压缩机，则一般需要在两者之间设减速装置。重型工业燃气轮机的投资及单位功率的能耗指标一般高于航空改型燃气轮机，但前者检修周期长，因而其综合维护费用低于后者。国外的统计资料表明：航空改型燃气轮机的大修周期约为25000小时，大检周期约为6000小时；重型工业燃气轮机的大修周期约为100000小时，大检周期约为30000小时。与重型工业燃气轮机相比，航空改型燃气轮机具有轻便、单机功率大、易于安装、维修和整体更换方便、检修停运时间短、不必设现场维修人员与设备等优点，其重量一般只有重型工业燃气轮机的1/3~1/2。混合型燃气轮机是在吸收上述两种燃气轮机优点的基础上专门为石油天然气工业设计的，其多项技术指标值介于两者之间。混合型燃气轮机的转速范围通常为14000~25000转/分，大修周期约为30000小时，大检周期约为10000小时。由于混合型燃气轮机是针对石油天然气工业设计的，因而与输气管道上使用的离心压缩机配套方便。

燃气轮机的主要缺点是效率低。当不采取任何回热利用措施时，重型工业燃气轮机、航空改型燃气轮机以及混合型燃气轮机的热效率分别为22%、24%和26%左右。近几十年来，燃气轮机的一个主要发展方向就是设法利用低压涡轮排出的废气的热量以提高热效率，即利用从废气中回收的热量对进入燃烧室的空气进行预热，燃气轮机的综合热效率也可以提高到30%甚至更高的水平。自二十世纪八十年代以来，在一些干线输气管道的压气站上开始采用由燃气轮机、蒸汽轮机及余热回收锅炉组成的联合热力循环系统。在这种系统中，余热回收锅炉从燃气轮机排出的废气中回收热量，其产生的蒸汽用于推动蒸汽轮机。这种联合循环系统的综合热效率可以达到45%左右。

2. 燃气发动机

燃气发动机属于内燃机，其基本原理类似于汽油机，只是燃料改成天然气而已。它的主要优点是热效率较高(通常为35%～37%，最高可达40%)、燃料气消耗率低(0.25～0.3Nm^3/kW·h)、可直接与往复式压缩机联接且调速方便。主要缺点是机器笨重、结构复杂、安装和维修费用高、辅助设备繁杂、振动和噪音大、不宜与离心式压缩机直接联接。一般来说，燃气发动机的单机功率比燃气轮机小。根据动力气缸吸入空气的方式，燃气发动机分为自然吸气型和增压吸气型两种类型，后者的特点是对将进入动力气缸的空气预先增压。为了提高综合热效率和单机功率，目前国外一些用于干线输气管道的大型燃气发动机－往复式压缩机组采用了增压吸气型燃气发动机。这种发动机利用一个增压涡轮对即将进入动力气缸的空气增压，而增压涡轮是由动力气缸排出的废气驱动的。

燃气发动机的额定输出功率与其所处的海拔高度有很大关系，当海拔高度超过500～830米时，其额定输出功率将下降。这个高度界限因燃气发动机的具体制造厂商而异。当一台燃气发动机所处的位置超过其额定功率开始下降的高度界限时，高度每上升300米，其额定功率通常要降低3%左右。气温对燃气发动机的额定输出功率也有影响，当气温超过一定限度时，其额定输出功率将减小。

3. 电动机

电动机具有结构紧凑、规格齐全、操作简便、运行平稳、易于实现自动控制和远动操作、效率高(一般为95%左右)、可靠性高、寿命长(可达15万小时)、投资小、安装维护费用低等优点。一般来说，如果不需要专门建设新的长距离输电线路，则电动机的初始投资要低于其他各种原动机。例如，对于一个压缩机组装机容量一定的干线压气站，如果采用电动机作为压缩机的原动机，则其总投资通常只相当于装备燃气轮机的压气站的1/2～2/3。由于转速不相匹配，通常不采用电动机作为往复式干线输气压缩机的原动机。在干线输气管道上与离心式压缩机配套的电动机一般为鼠笼式异步感应电动机，但在某些国家(如俄罗斯)的一些干线输气管道上也采用同步电机作为离心式压缩机的原动机。

电动机与离心压缩机配套的一个主要缺点是调速困难。虽然可以采用变频等措施实现电动机的无级变速，也可以在电动机与压缩机之间增设一套调速装置，但这些措施的代价都比较高，而且其中大多数都存在一定的局限性。此外，对天然气管道而言，以管道本身输送的天然气作为原动机的能源具有独特的优势，既可以有效地保障压缩机组的能源供应，又可以比较有效地控制这些能源的价格。相反，如果采用电动机作为输气压缩机组的原动机，则机组能源供应的保障度和价格在很大程度上要受外界的制约，而且当压气站远离公用电网时还需为其架设长距离的双回路专用供电线路，这将导致压气站投资大幅度增加。

(三) 输气压缩机组的选型

根据前面介绍的各类输气压缩机与原动机的特点以及国外干线输气管道的建设实践，输气压缩机组的选型可以参考以下原则或经验：

(1) 燃气轮机－离心式压缩机组和燃气发动机－往复式压缩机组是干线输气管道上最常用的两种组合，特别是大功率机组基本上都是燃气轮机－离心式压缩机组。

(2) 干线输气管道上的压气站具有流量大、站压比低的特点，因而一般采用离心式压缩机。往复式压缩机主要适用于中、小流量而压比较高的场合，例如气田集输管网、地下储气库的地面注气系统等。

(3) 只有在压气站距离公用电网较近、而且电价比较便宜的情况下才考虑采用电动机作为压缩机组的原动机。

(4) 虽然采用简单回热循环和联合热力循环可以明显提高燃气轮机的综合热效率，但采取这些措施后将使燃气轮机的初始投资大大增加，因此，是否采取这些措施应通过综合技术经济比较才能确定。

二、压气站

(一) 压气站的功能与组成

压气站是干线输气管道的主要工艺设施，其核心功能是给管道中输送的天然气增压。此外，压气站通常还具有清管器收/发、越站旁通输送、安全放空、管路紧急截断等功能。如果压气站位于干线输气管道与整个供气系统的其他部分的交界处，例如管线的起点和终点、干线与支线的连接点，则还应该具有计量和调压功能。

一般来说，可以将整个压气站划分为主工艺系统和辅助系统。主工艺系统是指管道所输天然气流经的部分，主要包括压缩机组、净化除尘设备、调压阀、流量计、天然气冷却器、事故紧急截断系统、工艺阀门以及联接这些设施的管线。辅助系统通常包括压缩机组的能源系统、气缸冷却系统、密封油系统、润滑油系统、润滑油冷却系统以及整个压气站的仪表监控系统、通信系统、给排水系统、通风系统、消防系统、放空系统等。压缩机组能源系统的具体形式取决于所采用的原动机类型。如果原动机为电动机，则能源系统为与公用电网相联的供电系统；如果原动机为燃气轮机或燃气发动机，则能源系统为燃料气和启动气系统。

如果压气站具有调压功能，而且调压后有可能因气体温度过低而生成水合物，则应在调压阀前设置加热装置。

(二) 压气站的工艺流程

压气站的结构和流程取决于它应该具有哪些功能，还取决于所采用的压缩机组的类型及联接方式。压气站的核心设备是压缩机组，因而压气站的工艺流程基本上是以压缩机组为中心而设计的。考虑到压气站工况调节及机组备用的需要，在一个压气站中通常设有多台压缩机组。这些机组可以采用多种联接方式，其中最常见的方式是串联和并联，在某些大型压气站中也可采用先串联再并联或先并联再串联的方式。串联方式的基本特点是：各台压缩机的标准体积流量相等，而压气站的站压比等于各台压缩机的压比的乘积。并联方式的基本特点是：压气站的总流量(标准体积流量)等于各台压缩机的标准体积流量之和，而站压比等于每台压缩机的压比。

在设计压缩机组的联接方式时，除了要满足整个压气站的工艺要求外，还应该注意以下几方面的问题：

(1) 由于自身特点的限制，往复式压缩机不能串联运行。

(2) 当离心式压缩机串联运行时，整个压气站的喘振流量(按压气站进口处的气体状态计量)大于第一级以后各台压缩机的喘振流量，而其滞止流量有可能小于单台压缩机的滞止流量，因此，串联压缩机组合的稳定工作范围可能小于其中某台压缩机的稳定工作范围。

(3) 为了降低压气站实际消耗的总压气功率，可以考虑在串联压缩机之间设置气体冷却装置。

(4) 在满足压气站工艺要求的前提下，压缩机组的联接方式应尽可能简单。

站内管线是实现压气站工艺流程的纽带。在设计站内管线时既要最大限度地满足工艺操作的要求，又要尽可能缩短管线长度，减少阀门数量，并按照合理流速选择管线直径。一般来说，站内管线的气体流速应控制在20米/秒以内，整个压气站的总压力损失应控制在0.1MPa以内。站内管道气体流速过高一方面将增大站内压力损失，另一方面将产生较大的气流噪音。

为了保证压缩机组安全、稳定、正常运行，在离心式压气站中需要设置防喘振装置，在往复式压气站中需要设置气流脉冲处理装置。

目前采用的防喘振装置有全自动回流调节器、机械式防喘振发讯器等多种形式，但其基本原理都是相同的，即通过感测压缩机进、出口的压差判断其流量是否达到喘振流量限，如果已经达到，则发出信号打开压缩机进、出口之间的回流阀，通过回流调节使压缩机的入口流量增大到喘振流量限之上。

往复式压缩机自身的工作特点使得其排出口存在气流脉动现象，这种脉动有可能与压缩机的进/出口管线的机械振动产生共振，从而使压缩机组、压缩机的进/出口管线以及压缩机组的基座遭受损坏。引起共振的条件与压缩机的转速、气缸数目、缓冲罐容积、管道长度和形状等因素有关。目前在往复式压气站上普遍采用脉动滤波器来消除由于气流脉动引起的共振，这种装置安装在靠近压缩机气缸的吸气与排气管线上。如果不安装滤波器，也可在压缩机的吸气与排气管线上安装稳压室，稳压室的容积一般不应低于气缸容积的7倍。此外，在安装往复式压缩机时应注意以下几点：

(1) 管道越短自振频率越高，而管道低频振动的振幅大于高频振幅，故应尽量缩短压缩机进、出口管线的长度。

(2) 牢固地固定管线有助于提高其固有频率。

(3) 在满足温度补偿要求的前提下，应尽量避免压缩机的进、出口管线弯曲。

(4) 在必须改变管道方向的地方，需沿产生振动的方向安装支座。

（三）压气站平面布局原则

压气站平面布局的基本原则是区块化，即根据全站工艺流程的要求，将功能相同的设备布置在同一个区块内，如压缩机房、净化除尘区、冷却装置区、调压计量区、站控室、变电站、材料库、修理间、润滑油库、给水区、消防水池、办公区等。此外，压气站的平面布局还应该考虑以下几个方面：

(1) 要与站内天然气的流向相适应，尽量缩短站内管线长度，避免倒流，减少交叉。

(2) 要便于站内道路的布置。

(3) 压气站与周围构建筑物之间以及站内各构建筑物之间必须有足够的安全防火距离，有保证消防、起重和运输车辆通行的道路。

(4) 站控室、维修间和办公区要与压缩机房保持较远距离，以减少噪音干扰。

为减少压气站的现场安装工作量、提高施工速度与施工质量、节省投资，近年来国外一直在推广模块化施工技术，即在压气站建设中大量使用快装机组和撬装区块。此外，国外新建干线输气管道的压气站大多数按无人值守设计和建设，因而其站内辅助设施可以有较大程度的简化。

（四）气体冷却装置

压缩机的排出气体温度取决于其吸入气体温度和压比，吸入温度越高、压比越大，则其排出温度越高。在干线输气管道上，当其他条件相同时，气体温度过高可能产生以下三方面的不良后果：

(1) 压缩机的进气温度越高，其消耗的功率越大。

(2) 压气站出口的气体温度越高，则该站与其下游相邻站之间的管段的摩阻损失越大。

(3) 压气站出口的气体温度过高可能会使管道产生过大的温

度应力，并损坏其下游管段的防腐层。

根据国外的经验，压气站出口的气体温度一般应控制在50℃以内。由于往复式压缩机只能采用并联方式，故往复式压气站的气体冷却装置只设在靠近出站口的位置。对于采用串联方式的离心式压气站，除了可以在最后一级压缩机出口设冷却装置外，有时还需要在各台串联压缩机之间设置中间冷却装置。

压气站的气体冷却方式有水冷和空冷两种，但目前普遍采用空冷装置。它不但可以利用气候变化节约大量能源，而且更适合于无水或缺水地区使用。

采用空冷方式的天然气冷却装置主要由空冷器、风机和连接管道组成。空冷器有强制通风和自然通风两种，压气站宜选用强制通风式。这种空冷器的结构形式有垂直式、水平式、屋顶式和网络式等。在空冷器中，需要冷却的天然气通过管束流动，而由送风机送入管束空隙的冷空气将管束散发的热量带走，或者由引风机将管束空隙中的热空气抽走。为了扩大管束的散热面积，管束中的管子需要做成翅片管，翅片的材料通常为铝，翅片的表面积一般为管子本身表面积的15～20倍。

三、压气站与管路的匹配

所谓压气站与管路的匹配就是指压气站与其站间管路的联合工作。一条干线输气管道的具体匹配情况可以用其全线各压气站的工艺运行参数来描述，它取决于全线每个压气站及每段管路的工艺特性。

（一）压气站与管路的工艺特性

所谓压气站的工艺特性与管路的工艺特性是指其各自的工艺运行参数之间的关系，其中压气站的工艺特性取决于其运行压缩机组合以及该组合中每台压缩机的特性。

压缩机的工艺特性包括压比－流量特性（或排出压力－流量

特性)、压头－流量特性、效率－流量特性和功率－流量特性。在讨论压气站与管路的匹配问题时，关键是要确定每个压气站与每段管路的流量与压力，因而最常用到的压缩机特性是压比－流量特性或排出压力－流量特性。往复式压缩机的排出压力－流量特性比较简单。对于一台给定的往复式压缩机，其排出压力－流量特性可描述为：在吸入状态下的体积流量只取决于转速，而排出压力只取决于其出口处管线的背压，即取决于其出口下游管道系统的具体情况。对于在干线输气管道上应用最普遍的离心式压缩机，其压比－流量特性常用下式表示：

$$\varepsilon^2 = a - b_0 Q_1^2 \tag{4-19}$$

式中，ε 为压缩机的压比，Q_1 为压缩机在进口状态下的体积流量，a 和 b_0 是和具体的压缩机有关的系数。

对于同一台压缩机，它们还取决于转速、气体介质以及气体的吸入状态。对于一台给定的离心式压缩机，其制造厂家一般只给出一组在一定的吸入压力和温度下以空气作为试验介质时测得的压比－流量特性曲线，其中每一条曲线对应于一个确定的转速。值得注意的是：制造厂家给出的这些特性曲线不能直接用于干线输气管道的匹配计算，而必须根据所输天然气的性质及压缩机进口的气体状态进行换算。在压比－流量特性曲线为给定的前提下，按最小二乘法可以确定上述方程中的系数。为了计算方便，在干线输气管道的匹配计算中，通常采用如下形式的排出压力－流量特性方程：

$$p_2^2 = a p_1^2 - b Q^2 \tag{4-20}$$

式中，p_1 和 p_2 分别是压缩机的吸入压力与排出压力，Q 是通过压缩机的标准体积流量，b 是与 b_0 及压缩机进口的气体状态有关的系数。

考虑到干线输气管道上使用的离心式压缩机经常要调节转速，故除了上述定转速特性方程外，在匹配计算中还经常采用变转速特性方程，在这种特性方程中转速也作为自变量出现。图4-4(a)、(b)分别为离心压缩机的典型工艺特性曲线和有效工作范围曲线。

所谓压气站的工艺特性是指将整个压气站作为一台等效的压缩机看待时其所体现出的压比(或排出压力)-流量特性。只要知道一个压气站开哪几台压缩机、每台压缩机的转速、这些压缩机的联接方式以及各自的排出压力-流量特性，则根据运行压缩机组合的总流量和排出压力与其中每台压缩机的流量和压力的关系就可以确定这个压气站的排出压力-流量特性。

一段管路的工艺特性包括水力特性和热力特性，在讨论干线输气管道的匹配问题时主要涉及管路的水力特性。一段管路的水力特性是指该管路两端的压力与管路中的流量之间的关系。根据上一节介绍的水平输气管段的基本流量公式，这种管路的水力特性可用下式描述：

$$p_Q^2 - p_z^2 = ClQ^2 \tag{4-21}$$

式中，C 为综合系数，它的值取决于管路直径、水力摩阻系数、所输气体的性质以及管路的平均输气温度，Q 是管路的标准体积流量，p_Q 及 p_z 为管段的起终点压力。非水平输气管路的水力特性方程也可以从它的基本流量公式导出。

(二) 匹配计算的基本原理

匹配计算通常是在稳态工况条件下针对给定的管道进行的，它通常包括两类问题：

(1) 已知管道上所有压气站的运行压缩机组合以及其中每台压缩机的转速，计算管道的输气流量及每个压气站的进、出站压力。

(2) 已知管道要达到的输气流量，确定全线每个压气站的运行压缩机组合以及其中每台压缩机的转速。

第一类问题通常称为求管道工作点的问题。求解这类问题的

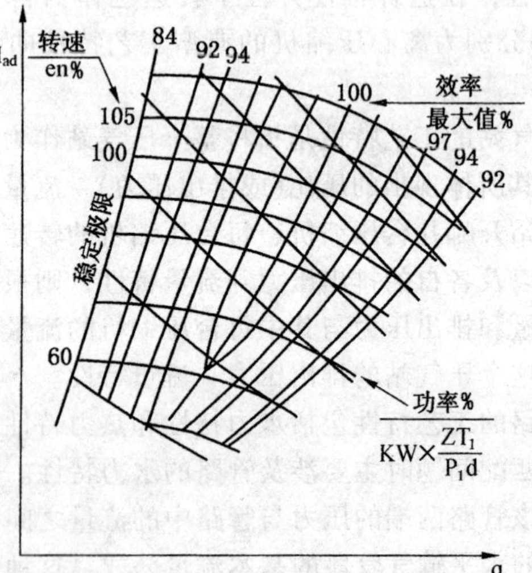

(a)

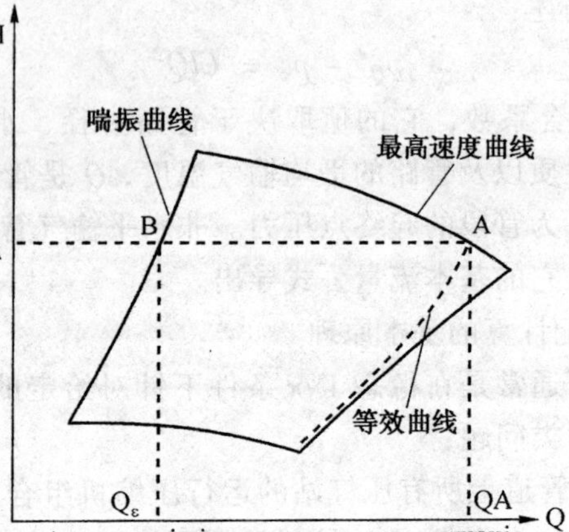

范围宽度系数：$1=\frac{q_{v1}最大}{q_{v1}最小}$

(b)

图 4－4 离心压缩机的典型工艺特性曲线
和有效工作范围曲线

基本方法是列出整条管线上每个压气站的排出压力–流量特性方程以及每段管路的水力特性方程，同时还要根据管线的结构特点补充若干联系方程，然后联立求解由这些方程构成的一个封闭方程组。所谓联系方程是指描述管线中压气站与管路之间以及不同管路之间的流量、压力、温度关系的方程，例如干线分支点处的流量平衡方程。在列管路方程时，管路的划分是以压气站、管道分支点等管线上的特征点为边界的，划分的基本原则是使每一段管路的管径、壁厚、质量流量、所输送气体的组分等因素相同。上述联立方程组的求解虽然是一个数学问题，但考虑匹配问题的实际背景往往可以使求解过程简化。此外，对于只有一个压气站的输气管道，还可以用图解法确定其工作点。

第二类问题的目的是确定干线输气管道的工艺运行方案。求解这类问题的基本方法是试探法,即先指定管道全线每个压气站的运行压缩机组合以及其中每台压缩机的转速,然后按照第一类问题的求解方法确定相应的流量。如果该流量等于所要求的流量,则所指定的运行方案满足要求;否则,调整上一次指定的运行方案并重复上述过程,直到给出的运行方案满足要求为止。一般来说,满足给定流量的运行方案不是唯一的,因而由此问题自然就可以引出工艺运行方案优化问题。这类优化问题的目标通常是追求输气管道全线的运行能耗最低,可以用动态规划法求解之。

考虑到燃气轮机驱动的离心式压气站要消耗管道本身所输送的一部分天然气,为了使匹配计算的结果比较准确,可以在求解过程中考虑每个压气站的自耗气。在某些情况下可能难以准确计算压气站的自耗气量,这时可以采用自耗气系数粗略地估算每个压气站的自耗气量。一个压气站的自耗气系数可近似取0.5%左右。

（三）干线输气管道的工况调节

由于用户用气流量的变化及其他原因，干线输气管道的工况经常需要调节，而这种调节一般都是在压气站上进行的。对于离心式压气站，常用的调节措施有以下几种：

(1) 改变压缩机转速。这是所有调节方法中最经济的方法，其基本原理是改变离心式压缩机的排出压力－流量特性。由相似原理可知，当离心式压缩机的转速在一定范围内变化时，其在不同转速下的对应工况点具有相似关系，这些相似点的效率相等或近似相等。另一方面，改变离心式压缩机的转速将改变其稳定工作范围。因此，通过调节压缩机转速不但可以随着用气量的变化调节输气管道的流量，而且可以使压缩机保持在它的稳定工作范围内。

(2) 压气站出口节流。这种方法操作简单，它不改变压气站本身的特性，而只改变其下游第一个站间管段的特性。由于这种方法是通过增大压气站出口调节阀的局部阻力损失(节流压降)来降低管道的输气流量，故其经济性差，特别是对于排出压力－流量特性较陡的压气站，出口节流调节的经济性更差。

(3) 压气站进口节流调节。这种方法既改变了压气站上游第一个站间管段的特性(位于管道起点的压气站除外)，同时也改变了压气站本身的特性，而且可以使压缩机的喘振流量限变小。实践证明，这种方法简单易行，而且经济上优于压气站出口节流。

(4) 进口导叶角度调节。这种方法的经济性仅次于调节压缩机转速，但它要求在离心式压缩机叶轮进口前设置一组可绕这些叶片自身轴线旋转的气流导向叶片，因而使压缩机的内部结构复杂化。当转动这些导向叶片时，进入叶轮的气流方向将发生变化，即叶轮进口处的气流方向与叶轮叶片的角度发生变化，从而影响压缩机的排出压力－流量特性。这种方法的调节范围取决于叶轮的内径与外径之比，该比值越小，调节范围就越小。

(5) 回流调节。这种调节方法也简单易行，但经济性最差。其基本原理是让压气站出口的一部分气体通过站内循环管线返回到压气站进口，从而减少该压气站的有效输气流量。这种方法并没有改变压气站的排出压力－流量特性，但改变了管路特性，而且调节过程的附加能量损失发生在站内循环管线上。为了控制压气站出口的气体温度不要太高，要返回到压气站进口的那一部分气体需经过冷却后才能返回。这种调节方法常作为一种反喘振措施使用。

第四节　城市燃气输配系统

一、燃气的种类及质量要求

（一）燃气的种类

城市燃气输配系统的压力等级、管径、燃气管网构筑物及防护和管理措施等都与所采用的燃气种类有关。因此，了解燃气的种类及其基本特点对燃气输配系统的设计和运行管理是十分必要的。

如前所述，天然气是当前世界上综合品质最高、应用最广泛的工业与民用燃气，而且管道运输是天然气长距离运输的主要方式。但在一些没有天然气可供利用的城市只能使用其他类型的燃气，如人工煤气、液化石油气等。此外，在一些用气量较小且距离天然气气源较远的城镇或城市远郊，采用汽车槽车运输 CNG 或 LNG 可能比管道输送更经济。目前，用 CNG 槽车运输天然气的方式已经应用于我国一些城镇的小规模配气系统。这种供气方式主要包括充气、汽车运输和减压卸气三个环节。所谓充气就是利用压缩机往槽车上配备的高压储气瓶充装天然气，充气压力一般为20～25MPa。所谓减压卸气就是利用减压阀将高压储气瓶中的压缩天然气的压力减低到配气管网所要求的压力，并将减压后的天然气注入到配气管网中。为了防止压缩天然气减压后因温度太低而形成水合物，需要在减压前对气体加热。利用 LNG 槽车运输天然气的方式在我国刚刚起步，其经济性还有待于实践来检验。由于普通用户使用的天然气必须是气态，故在将 LNG 输入到配气管网前必须利用蒸发器将其重新汽化。

1. 人工燃气

人工燃气可分为固体燃料干馏煤气、固体燃料气化煤气、油制气、高炉煤气四种类型。

固体燃料干馏煤气是指利用焦炉、连续式直立炭化炉或立箱炉等对煤进行干馏所获得的煤气。干馏方式的产率约为每吨煤生产 300～400Nm^3 煤气。干馏煤气中的甲烷和氢的含量较高，其低发热值约为 16700kJ/Nm^3。

固体燃料气化煤气包括压力气化煤气、水煤气、发生炉煤气等。在 2～3MPa 的压力下，以纯氧或水蒸气作为气化剂将煤气化可获得高压蒸汽氧鼓风煤气，也叫高压气化煤气。这种煤气的主要成分是氢，甲烷的含量也较高，其发热值约为 15100kJ/Nm^3。若城市附近有褐煤或长焰煤资源，可在煤矿附近采用鲁奇炉生产压力气化煤气(一般称为坑口气化)，然后直接利用煤气本身的压力就可以将其输送到城市。水煤气和发生炉煤气的主要组分为一氧化碳和氢。水煤气的发热值约为 10500kJ/Nm^3，发生炉煤气的发热值约为 5400kJ/Nm^3。由于这两种煤气的发热值低，而且毒性大，不可以单独作为城市燃气的气源，但可以用来作为焦炉和连续式直立炭化炉本身的燃料，以顶替出由这两种炉生产的干馏煤气，从而增加干馏煤气的供气量。也可以将这两种煤气与干馏煤气、重油蓄热裂解气掺混，用于调节供气量和燃气的发热值。发生炉煤气还可作为工厂和燃气轮机的燃料。

油制气是指利用炼油厂的渣油(或重油)制取的燃气，分为重油储热热裂解气和重油储热催化裂解气两种。热裂解气的主要组分是氢气、甲烷、乙烯和丙烯，发热值约为 41900kJ/Nm^3，每吨重油的产气量为 500～550Nm^3。催化裂解气中氢的含量最高，也含有甲烷和一氧化碳，发热值约为 17600～20900kJ/Nm^3。若利用三筒炉催化裂解装置，每吨重油的产气量约为 1200～1300Nm^3。国外一些中、小燃气厂采用石脑油(粗汽油)作为制气原料，其相对于渣油的主要优点是：含硫少、不生成焦油、烟尘及污水等公害问题少、气化效率高。

高炉煤气是钢铁厂的副产品，主要组分是一氧化碳和氮气，发热值约为 3800～4200kJ/Nm^3。高炉煤气可作为炼焦炉的燃料，从而可以替换出炼焦炉本身生产的焦炉煤气，增加焦炉煤气的供气量。

2. 液化石油气

目前我国供应的液化石油气主要来自炼油厂的催化裂化装置，这种装置的液化石油气产率约为 7%～8%。此外，油气田的原油稳定和轻烃回收装置也提供一定数量的液化石油气。

液化石油气的主要成分是丙烷和丁烷，在常温常压下呈气态，但当压力升高或温度降低时很容易转化为液态，其在液态时的体积约为气态时的 1/250。液化石油气的发热值约为 92100～121400kJ/Nm^3，折算为液态的发热值约为 45200～46100 kJ/kg。

与其他燃气相比，液化石油气的主要优点是运输和供应方式比较灵活。此外，液化石油气供气设施具有投资少、设备较简单、建设速度快等优点，近二十多年来在我国发展很快。在二十世纪八十年代以前，我国民用液化石油气的供应方式基本上采用罐装方式，目前，仍然有相当比例的民用液化石油气是用这种方式供应的，特别是在农村地区。近十多年来，我国一些城镇陆续建设了各种规模的液化石油气配气管网，即在气化站将液化石油气进行集中气化后将其送入配气管网。这种管网所供应的燃气有两种类型，一种是纯液化石油气，另一种是掺入空气的混合气。往液化石油气中掺入空气的目的是使混合气的发热值降低到接近天然气的发热值，这样，一旦有了天然气气源，用户的燃气用具就可以直接切换到天然气。混合气中掺入空气的比例取决于所采用的液化石油气的发热值，一般为60%左右。

除了作为加热用燃料外，液化石油气还是一种清洁的汽车燃料。LPG汽车的尾气排放质量虽然比天然气汽车稍差，但远远优于采用汽、柴油燃料的汽车。

（二）城市燃气的质量要求

为了保证用户的用气质量及输配气系统本身安全、可靠、经济运行，需要对进入配气管网的燃气提出必要的质量要求。

1. 人工燃气中主要杂质的允许含量

(1) 焦油与灰尘。焦油和灰尘的危害主要是堵塞管道和用气设备。我国城市煤气设计规范(以下简称规范)规定城市燃气中的焦油和灰尘含量不得超过10mg/Nm^3。

(2) 萘。人工煤气特别是干馏煤气中含萘较多。当燃气中的含萘量高于燃气温度相应的饱和含萘量时，过饱和部分的气态萘将以结晶状态析出，其在管道内积聚会堵塞管道，甚至于造成供气中断事故。燃气中的焦油和灰尘会加剧萘对管道的堵塞。规范规定：对于低压输送(压力不超过500mm水柱)的城市燃气，冬季的含萘量不得超过50mg/Nm^3，夏季的含萘量不得超过100mg/Nm^3；对于中压以上(压力高于500mm水柱)的燃气管道，冬季的含萘量不得超过(50/P)mg/Nm^3，夏季的含萘量不得超过(100/P)mg/Nm^3，这里P是输配气管网起点处的绝对压力，单位为10^5Pa或bar。

(3) 硫化物。燃气中的硫化物分为无机硫和有机硫，其中约90%~95%为无机硫。无机硫指硫化氢，有机硫包括二硫化碳、硫氧化碳、硫醇、噻吩、硫醚等。硫化氢及其燃烧产物二氧化硫都具有很强的毒性和腐蚀性，有机硫经高温分解和燃烧后会生成硫化氢或二氧化硫和三氧化硫，从而对燃气用具造成腐蚀。规范规定人工燃气中硫化氢的含量不得超过 20mg/Nm^3。

(4) 氨。高温干馏煤气中含有氨气，其对燃气管道、设备及燃具有腐蚀作用，且其燃烧后产生的氮氧化物对人体和环境都有害。另一方面，氨对硫化物产生的酸性物质起中和作用，故城市燃气输配系统中含有微量的氨有利于保护金属管道及其他金属设备和配件。规范规定人工燃气中氨的含量不得高于 50mg/Nm^3。

(5) 一氧化碳。一氧化碳是无色、无味、有剧毒的可燃气体，它是城市燃气的可燃成分中毒性最强的物质。若空气中含有 0.1%(体积比)的一氧化碳，人呼吸一小时就会头疼和呕吐，当含量达到 0.5%时，人呼吸 20～30 分钟就会有生命危险。人工煤气中一氧化碳的含量一般都较高，其中发生炉煤气的一氧化碳含量最高。考虑到一氧化碳的剧毒性，一般要求其在城市燃气中的含量不超过 10%。

(6) 氮氧化物。氮氧化物对人体有害。当空气中含有 0.01%(体积比)的氮氧化物时，人短时间呼吸这种空气会使支气管受到刺激，长时间会危及生命。燃气中的一氧化氮燃烧后生成二氧化氮，二氧化氮又可与燃气中的某些烯烃反应而聚合成气态胶质(可称为 NO 胶质)。这种胶质易沉积于气体流速及流向变化的地方，因而会引起燃气输配设备和燃气用具发生故障。自燃气厂输出的燃气即使只有 0.114g/Nm^3 的 NO 胶质含量，在管道末段也会出现胶质沉积现象。目前规范中对氮氧化物含量还没有具体要求。

2. 对液化石油气的质量要求

(1) 硫。一般要求气态液化石油气中硫化氢的含量不高于 50mg/Nm^3，液态液化石油气中总硫份的质量百分比不超过 0.015～0.02%。

(2) 水份。通常要求液化石油气中的水分应尽可能脱除干净。

(3) 从炼油厂获得的液化石油气可能含有二烯烃。当这种液化石油气气化时，在气化装置的加热面上可能生成胶状固体聚合物，这种聚合物会导致气化装置发生故障。一般要求液化石油气中丁二烯的摩尔百分数不高于 2%。

(4) 乙烷和乙烯。由于乙烷和乙烯的饱和蒸汽压高于丙烷和丙烯的饱和蒸汽压，而液化石油气的储运设备大多是按纯丙烷设计的，故乙烷和乙烯含量过高容易发生事故。一般要求作为燃气的液化石油气中乙烷和乙烯的质量百分数不超过 6%。

(5) 残液。C_5 及 C_5 以上的组分沸点较高，在储气容器中以液态形式存在，故通常称之为残液。一般要求在 20℃条件下液态液化石油气中残液的体积分数不超过 2%。

除了上述要求外，我国城市燃气设计规范对城市燃气的燃烧性能也作了一些规定。该规范规定：人工燃气的发热值不得低于 $14700kJ/Nm^3$，燃气的华白指数(燃气的高发热值与其相对密度的平方根之比)的波动范围不超过 5%。显然，在用户要求提供的总发热量一定的前提下，燃气的发热值越低，要求输配气管网的流通能力越大，因而输配气系统的投资越高。华白指数是反映燃气燃烧性能的一个数量指标，为了使燃气用具的热负荷在燃气种类变化的情况下保持相对稳定，应该限制燃气的华白指数不要发生大的变化。除华白指数外，当进行输配气系统的燃气置换时，还必须考虑不产生离焰、黄焰、回火、不完全燃烧等火焰特性。

(三) 城市燃气的加臭

城市燃气是易燃、易爆气体，某些燃气往往还带有一定程度的毒性，因此燃气泄漏可能会造成人身伤害和财产损失事故。为了及时发现可能出现的漏气，在城市燃气输配系统中必须对本身没有刺激气味的那些燃气加臭。对于含有一氧化碳或硫化氢的有毒燃气，加臭后应该使得空气中的燃气浓度在达到最大允许浓度之前就能被正常人察觉。对于无毒燃气，加臭后应该使得空气中的燃气浓度在达到相当于爆炸下限20%的浓度时就能被正常人察觉。干馏煤气、水煤气、油制气、天然气和液化石油气大多不同程度地含有硫化物，其本身就具有臭味。但某些气田的天然气可能不含硫化物或者其含量很低，此时就应该对进入城市燃气输配系统的天然气加臭。

二、城市燃气管网的基本结构

(一) 城市燃气输配管道的分类

城市燃气管道包括的范围比较广，既有与长距离输气管道联接的大口径配气干线(直径可达1米甚至更大)，也有直径小到20mm的居民室内管线。以下分别按几种方法对城市燃气管道加以分类。

1. 按管道的功能分类

(1) 分配管道：将燃气分配给工业用户、公共设施和居民用户的管道，它包括从长距离输气管道终点(此处设有配气站，也叫城市门站)或其他气源接收燃气的管道、通过街区的配气管道以及居民小区内部的配气管道。

(2) 用户引入管：将燃气从分配管道引到用户室内管道引入口处的总阀门。

(3) 室内燃气管道：通过燃气引入口处的总阀门将燃气引入室内，并分配到每一件燃气用具。

(4) 工业企业燃气管道：通常包括工厂引入管、厂区分配管、车间燃气管道和炉前燃气管道。

2. 按敷设方式分类

(1) 埋地管道：这是城市燃气管道最常用的敷设方式。

(2) 架空管道：只用于某些不适于采用埋地敷设方式的特殊地段，有时在厂区内为了管理维修方便也采用架空方式。

3. 按燃气压力分类

根据我国的城市燃气设计规范，城市燃气输配管道划分为5个压力等级：

高压A级：$0.8 < p \leqslant 1.6$MPa

高压B级：$0.4 < p \leqslant 0.8$MPa

中压A级：$0.2 < p \leqslant 0.4$MPa

中压B级：$0.005 < p \leqslant 0.2$MPa

低　　压：$p \leqslant 0.005$MPa

气体从高压力等级的管道进入低压力等级的管道必须经过调压。

3. 按管材分类

(1) 钢管：常用的钢管有普通无缝钢管和焊接钢管，适用于压力较高的管道。其缺点是耐腐蚀能力较差，因而防腐成本高。

(2) 铸铁管：铸铁管的优点是投资省、耐腐蚀性能好。其缺点是抗拉强度、抗弯曲能力、抗冲击能力及焊接性能等不如钢管好。随着球墨铸铁铸造技术的发展，铸铁管的机械性能已大大改善。国外用于燃气管道的铸铁管的直径为40~2600mm，最高输气压力达到1.6MPa。

(3) 塑料管：塑料管具有耐腐蚀、重量轻、柔性好、流动阻力小、施工简便等优点。近二、三十年来，一些国家相继在城市输配系统中推广使用聚氯乙烯、高中密度聚乙烯和尼龙-11等多种材质的塑料管。目前塑料燃气管道的最大设计压力一般为0.3MPa，最高工作温度为38℃。在少数国家，塑料燃气管的最大设计压力达到0.4~0.6MPa。为了提高塑料管的承压能力，近年来在城市燃气管道上已开始使用一种带金属骨架的塑料复合管。这种复合管的主材是高密度聚乙烯或聚丙烯，其管壁内部敷设了一层用于提高管子强度和刚度的金属骨架(目前采用钢骨架)。根据国内外的经验，塑料管(包括金属骨架塑料复合管)的价格一般要高于钢管，但由于塑料管不需要采取防腐措施，而且施工简便，故其综合造价与钢管差不多。

(4) 有色金属管：国外有些小口径的燃气管道(如室内管线)采用有色金属管材，如铜管和铝管。与钢管相比，有色金属管的优点是耐腐蚀性好，缺点是造价高。在室内燃气管线上用铝质软连接管件，可使得管线安装更方便。

(二) 城市燃气输配管网的拓扑结构

管网的拓扑结构是指管网的组成以及组成管网的各个部分之间的联接关系。现代城市燃气输配管网是比较复杂的系统，其主要由以下几部分构成：

(1) 各种压力等级的燃气管道。

(2) 城市燃气分配站(简称配气站)、压气站、调压计量站、调压室(包括区域调压室和工业用户专用调压室)。

(3) 储气站。

(4) 计算机监控系统。

对于一个具体的城市燃气输配管网，其系统组成取决于该管网的气源情况、规模、用户类型、用户分布情况等多方面的因素，它不一定包括以上列出的所有部分。根据所采用的管网压力的级数，通常将城市燃气输配管网分为一级系统、两级系统、三级系统和多级系统。

1. 一级系统

整个系统只有低压管网，一般只适用于小城镇。

2. 两级系统

由低压和中压(A 级或 B 级)两级管网构成。为了既保证供气的可靠性和稳定性，又节省管材和管网投资，中压管线和低压管网中的主干线一般建成环状，而其他低压管线一般建成树枝状结构。近年来，城市燃气管网中的低压管网一般采用分区建设的模式，各个区域的低压管网相对独立，这样不但不会降低各个区域供气的可靠性，而且可以避免区域低压管网之间相互干扰。

在中压管网和低压管网之间必须设置调压室。调压室的主要设备是调压器，其功能是降低燃气压力，并维持调压室出口压力稳定。

3.三级系统

它由低压、中压和高压管网组成，其气源一般是来自长距离输气管道的天然气，在少数情况下也可以是高压人工燃气。在这种系统中，高压管线、中压管线一般都采用环状结构，而低压管网的结构与两级系统相同。为了使得各个环上的压力比较均衡，在各级管网之间一般要设置多个调压室。

4.多级系统

它由低压、中压、高压和超高压管网组成，其气源一般是来自长距离输气管道的天然气。这种系统一般适用于人口多、面积大、用气量大的大型城市。在这种系统中，除了要设置各种调压室外，在超高压环线与高压环线之间往往还要设置调压计量站。为了提高整个系统的供气可靠性和灵活性，一般要有多条长距离输气管道与超高压环线相连。

第五节 燃气计量

一、燃气计量仪表的类型

燃气计量是指采用适当的方法测定燃气的瞬时流量或累计流量。根据计量的目的，燃气计量可分为交接计量和过程监测计量。前者的特点是以通过的气体总量(累计流量)为计量对象，计量结果直接关系到交接双方的经济利益，故要求的精度高。而后者的主要目的是对工艺过程进行动态监测，计量的对象为瞬时流量，其精度一般可以比交接计量低一些。

燃气的数量可以用它的标准体积、质量或能量值(热值)来度量，据此可将燃气计量方法分为体积流量计量、质量流量计量和能量流量计量三种。

根据计量过程的机理，体积流量计分为差压式流量计、容积式流量计和速度式流量计三大类，其中容积式属于直接测量式，而差压式和速度式都属于间接测量式。容积式流量计主要有膜式流量计、隔板式流量计、腰轮流量计(罗茨流量计)、转动叶片流量计和湿式流量计等几种，速度式流量计主要有涡轮流量计、超声波流量计、涡街流量计等几种。

燃气的能量计量在我国尚未得到应用，但一些欧美国家已普遍采用燃气的热值作为天然气交易的标准计量单位。由于这种计量方法对交易双方都更公平，因而是未来燃气交接计量的发展趋势。目前在国外燃气行业使用的能量流量计主要有燃烧热值表和气相色谱仪，前者为直接测量式，后者为间接测量式。利用气相色谱仪可以测定燃气的组成，而根据燃气中各组分的比例及每种组分的发热值就可以计算出燃气的发热值。国外许多天然气管线上都安装了在线气相色谱仪，它可以连续监测管道中的气体组分。

目前，我国天然气行业和城市燃气行业普遍采用体积流量计量方法，使用最多的气体流量计是标准孔板节流装置差压式流量计和膜式计量表，前者主要用于大流量计量，后者主要用于民用燃气用户。在新建的输气干线上开始采用超声波流量计。

二、差压式流量计

差压式流量计的基本测量原理是让流体通过一个突然缩小的管道断面使其产生一个较大的局部压降，而由该压降就可计算出气体的流速与体积流量。差压式流量计主要由节流元件和差压计两部分组成。节流元件可以是孔板、喷嘴和文丘里管(也叫喉管)，但在燃气计量中主要采用孔板。差压计用来测量节流元件前后的压差，它通过两根导压管与节流元件上的测压点连接。目前世界上许多国家已制定了用于气体计量的节流孔板装置的设计、制造标准，例如美国国家标准 ANSI/API 2530、我国的国家标准 GB/T 2624－93 和石油行业标准 SY/T 6143－96 等。

标准孔板流量计的主要优点是：结构简单、易于安装和更换、坚固耐用、精度较高、性能可靠。其主要缺点是：量程比小、安装时要求较长的直管段、测量精度受气体流量和压力波动的影响等。量程比是评价流量计有效量程范围的定量指标，其定义为在特定精度范围内(1%)可测量的最大流量与最小流量之比。标准孔板流量计的量程比约为 3～4。为了保证标准孔板流量计的计量精度，当流量变化超出其量程范围时必须更换孔板。

标准孔板流量计适合于流量相对稳定且气体经过净化处理的场合，而且特别适合于大流量计量。但在安装空间有限和管径较小的情况下不宜使用这种流量计。

三、容积式流量计

容积式流量计的基本原理是对从流量计内部的一个或几个封闭腔体中排出气体的次数进行计数，这种腔体通常称为计量腔。由于在一个容积式流量计中这种腔体的容积是一定的，故根据计数的次数就可以确定通过流量计的气体体积。这类流量计的共同优点是对气体流量与压力的波动有很强的适应能力，而且不要求其安装位置前后有足够的直管段。

(一) 膜式流量计

主要用于居民燃气用户的累计体积流量计，它也适用于燃气用量不大的公共建筑用户及工业用户。这种流量计的核心部件是带有滑阀和隔膜的计量室，隔膜将计量室的空间分为两部分，由于隔膜可以在气体压差的推动下运动，因而这两部分的容积是随时间变化的。随着滑阀的周期性运动，计量室的两部分空间可以交替地从流量计入口吸入气体并向流量计出口排出气体，而每次吸入和排出的气体体积是恒定的，这个体积只取决于计量室的有效工作容积。因此，只要记录滑阀的运动次数就可以计算出气体的累计流量。

目前国产膜式流量计的额定瞬时流量一般为 $2m^3/h$，在额定流量下的阻力损失不超过130Pa。

(二) 隔板式流量计

这种流量计的结构和工作原理类似于往复式压缩机的汽缸-活塞系统，而位于活塞下方的空间即为计量腔。对于一台给定的隔板式流量计，其计量腔的体积是一定的，故根据活塞往复运动的次数就可以确定通过该流量计的气体累计流量。

隔板式流量计的突出优点是量程比大，其数值往往超过100，因此它特别适合于压力较低、流量较小但变化很大的场合。

(三) 湿式流量计

湿式流量计结构简单、精度高、使用压力低、额定流量较小，其主要用于实验室及民用燃气表的标定。目前国产湿式流量计主要有两种，其额定流量分别为 $0.25m^3/h$ 和 $0.5m^3/h$。

四、速度式流量计

这类流量计的一个共同特点是通过测量某一管截面上的气体平均流速来计算气体的体积流量。

(一) 涡轮流量计

这是目前应用最多的一种速度式流量计，适用于高压、大流量且流量变化范围大的场合。这种流量计的测量部分由一个圆柱形壳体和一个置于其中的轴流式叶轮(涡轮)组成，其基本工作原理是：流经流量计的气流驱动涡轮转动，由于涡轮转速与气体流速成正比，因而只要测出涡轮的转速就可以确定气体流速。

涡轮流量计的一个突出优点是量程宽且量程比随压力升高而

增大。在大气压力下，其量程比一般为10~20，而在高压下其最高量程比可以达到200。此外，涡轮流量计还具有精度高、压降小、体积小、重量轻、维修较简单、检定周期较长等优点。其主要缺点是必须在操作压力下进行标定，而且许多国家规定用于天然气计量的涡轮流量计只能用天然气标定。但每次标定后，一般可在几年内保持较高的精度。此外，涡轮流量计的安装要求较高、制造成本及安装和维护费用较高、对燃气的洁净程度要求较高、对燃气的腐蚀性极为敏感。在安装涡轮流量计的位置，要求其前后有足够长度的直管段，否则应安装整流器。

为了保持涡轮流量计的精度，减少使用过程中的标定次数，国外自二十世纪八十年代以来开始采用双转子流量计。这类流量计有两个涡轮，在使用过程中要同时测量这两个涡轮的转速，根据所测得的转速可以计算气体流量，而根据两个涡轮的转速差可以检测其自身轴承磨损与叶轮损坏的情况以及由此引起的计量误差，并且可以对涡轮进行自动补偿以维持流量计的计量精度。双转子涡轮流量计有自检式和自调式两种类型。

(二) 涡街流量计

其基本原理是：在管道中插入一个垂直于气流方向的非流线形物体(称之为流量元件)，气流在绕过该物体时将在其两侧交替地产生旋涡，当旋涡长大到一定程度时就随气流向下游运动，这样就在该物体下游形成两列交替排列且随气流运动的旋涡阵列，即所谓卡门涡街。由于流量元件两侧产生旋涡的频率是气体流速的函数，因此只要测得该频率就可以确定气体流速。涡街流量计通常采用三角柱体或梯形柱体作为流量元件。

涡街流量计没有运动部件、精度较高、量程比较大(一般为15)、运行可靠性高、标定周期长、成本低、压降小，而且可以用同一种类型的涡街流量计计量气体、蒸汽和液体的流量。一般认为，涡街流量计的精度与标准孔板流量计相当。为了保证计量精度，安装涡街流量计时要求其上、下游均有较长的直管段。目前，涡街流量计主要用于燃气输配过程的监测计量，但已经开始用于气体计量站的交接计量。

(三) 超声波流量计

超声波流量计是一种非接触式速度型流量计，其基本原理是利用超声波信号变送器沿管内一个或几个方向发送并接收超声波信号，通过测量超声波沿给定路径的传播时间就可以确定气体流量。为了提高计量精度，某些超声波流量计采用两束或四束超声波。超声波流量计的主要优点是：没有运动部件、不干扰气流、安装和维修方便且可在不停输条件下进行、量程比大(一般可以达到或超过50)、可靠性高、可以用于大直径管道、可以测正反两个方向的气流、压力损失小等。

五、电子流量计算机

所谓电子流量计算机(简称EFC)是指专门用于气体流量计量的计算机数据采集与处理系统，它代表燃气计量技术的一个新的发展方向。EFC的主要技术特点是采样及计算频率高，可以直接给出燃气的瞬时流量和累计流量。

六、气体流量计的标定

为了保证气体流量计的计量精度，流量计在使用之前和使用过程中都需要对其进行定期或不定期标定。目前，各国气体流量计的标定大多是以三级流量量值传递体系为基础的。所谓三级流量量值传递体系是指国家计量基准、一级标准装置和次级标准装置。国家计量基准是一个国家的最高等级流量计量装置，例如中国石油天然气集团公司代表国家在大庆油田建立了石油与天然气计量的实物基准。一级标准装置主要采用Mt法和PVTt法对次级标准装置进行标定，这两种方法的基本原理都是通过静态测量标准容器中的气体在试验前后的质量变化来获得标准流量。目前应用最广泛的次级标准装置是音速文丘里喷嘴、涡轮流量计和某些容积式流量计。

第六节 供气调峰与储气设施

在天然气供气系统中，虽然在一段时间内供气与用气在总量上通常是平衡的，但其在时间分布上往往不平衡，这种不平衡主要源于供气的相对平稳性与用气的不均匀性。为了最大限度地满足燃气用户的用气需求，需要对供气系统采取各种措施，所有这些措施就称为调峰措施，而采取各种调峰措施强制性地使供气系统的供气量与用气量维持动态平衡的过程称为供气调峰。在大多数供气系统的设计和运行管理中，调峰是一项必不可少的重要内容。一般来说，天然气供气系统的调峰问题比人工燃气供气系统更突出。

一、用气量的时间不均匀性

用气流量随时间的波动称为用气量的时间不均匀性。这种不均匀性分为月不均匀性、日不均匀性和小时不均匀性。由于用气量的不均匀性是导致供气与用气在时间分布上不平衡的根本原因，因此掌握供气系统中用气量的变化规律是制定合理调峰方案的必要前提。

(一) 月用气不均匀性

影响月用气不均匀性的主要因素是气候条件随季节的变化。一般来说，冬季用气量高于夏季。一年中月用气量的不均匀性可用月不均匀系数 K_1 表示，每个月的月不均匀系数等于该月的平均日用气量与全年的平均日用气量之比。全年中平均日用气量最大的月称为高峰月，该月的月不均匀系数称为月高峰系数。

（二）日用气不均匀性

在一周或一个月内，每日用气量的波动取决于居民燃气用户的生活习惯、工商业燃气用户的用气规律及气温变化等多方面的因素。一个月中日用气量的不均匀性可用日不均匀系数 K_2 表示，每日的日不均匀系数等于该日的用气量与全月的平均日用气量之比。一个月中平均日用气量最大的那一天称为高峰日，该日的日不均匀系数称为日高峰系数。

（三）小时用气不均匀性

一天 24 小时内用气量的波动主要取决于居民燃气用户的生活习惯及工商业燃气用户的用气规律，这种不均匀性可用小时不均匀系数 K_3 表示，一天中每小时的小时不均匀系数等于这一小时的用气量与全天的平均小时用气量之比。一天中小时不均匀系数的最大值称为这一天的小时高峰系数。

二、调峰的主要措施

供气调峰的措施很多，但不外乎从供气和用气两方面来调节供气与用气的平衡。供气方的主要调峰措施有：调整气田或人工燃气厂的产量、调整干线输气管道的工艺运行方案、输气管道末段储气、储气库、储气罐或地下储气管束、调峰型 LNG 厂、引进 LNG 或 LPG 作为辅助气源等。用气方的调峰措施主要有：选择一些可切换多种燃料的大型工业企业（如可切换多种燃料的发电厂）作为缓冲用户（也叫调峰用户）、要求居民燃气用户配置备用加热装置（如电炊具、电热水器）等。

调峰方案的选择与许多因素有关，其中一个关键因素是调峰周期。所谓调峰周期是指调峰问题所涉及的时间长度，它可以是一年、一个季度、一个月、一周或一天，也可以是某一段特定的时间。根据调峰周期的长短，可以将调峰问题分为中长期调峰和短期调峰两类。一般认为，调峰周期达到或超过一个月的可称为中长期调峰或季节性调峰，而一个月以下的称为短期调峰。一般来说，调峰周期越长，完成调峰任务的难度和代价越大。

对于短期调峰，最常用的调峰措施是输气管道末段储气和储气罐。如果供气系统的气源是天然气，则需要用长距离输气管道将天然气输送到城市门站，此时长输管道末段储气是最有效、最方便、最经济的短期调峰方式。由于储气罐调峰的经济性比输气管道末段储气差，故国外天然气供气系统基本上已不采用储气罐作为调峰手段。

对于中长期调峰，最常用的调峰方式是地下储气库和各类LNG设施。在有必要时，这两种措施也可以用于短期调峰。

在上述调峰措施中，有些措施带有很大的局限性，因而实际上很少采用。例如，若采用调整干线输气管道工艺运行方案的方法调峰，则一方面要求按城市的最大用气流量设计干线输气管道，另一方面要求管道起点的气源按该最大用气流量提供天然气，这样，在全年大部分时间里气源和干线输气管道都在低于设计能力的状况下运行，势必大大影响气源(例如气田)和管道的经济效益。根据国外的经验，为了使整个供气系统获得较好的经济效益，原则上不应采用调整气源供气量和干线输气管道工艺运行方案的办法进行调峰(尤其是中长期调峰)，也就是说，气源设施和干线输气管道基本上按各自的设计能力维持平稳运行，而供气流量和用气流量的不平衡问题则通过调峰措施来解决。

三、供气调峰过程的动态模拟

供气系统的调峰过程属于非稳态工况，为了对调峰(特别是短期调峰)过程进行比较精确的动态描述和分析，以便制定出确保供气的合理调峰方案，通常需要对调峰过程进行动态模拟。

所谓调峰过程动态模拟是指用适当的手段模拟供气系统中各处的流动状态参数及其他工艺参数随时间的变化过程，目前最常用的模拟方法是计算机数值模拟，即在计算机上利用专用软件对供气系统调峰过程中工艺运行参数随时间的变化情况进行动态计算。

对供气管网系统进行动态模拟的基础是气体管流基本微分方程组，它包括连续性方程、动量方程(也叫运动方程)和能量方程，此外还要用到描述具体管网系统和具体工况特点的边界条件和初始条件。边界条件反映了供气系统在与外界连接处的状态，或者系统内部各部分在其交界点处的物理联系，而初始条件反映了系统中各点在指定的初始时刻的状态。所谓指定的初始时刻是指要模拟的非稳态过程的开始时刻。为了方便起见，在进行动态模拟时通常选取非稳态工况刚刚产生的时刻作为初始时刻，相应的初始条件即为产生非稳态工况之前的稳态工况。虽然一个完整的天然气供气系统一般包括气井、矿场气体集输与处理系统、干线输气管道、城市配气系统或大型工业用气系统，但为了减少动态模拟的工作量，通常只对其中的干线输气管道进行动态模拟。只要正确地确定干线输气管道在其起点和终点处的边界条件，这种简化处理完全能够满足供气系统调峰模拟的要求。

气体管流基本微分方程组与特定的边界条件和初始条件一起构成了一个偏微分方程组定解问题，该问题完整地描述了所要模拟的供气系统非稳态工况。因此，对该非稳态工况进行模拟的过程实际上就是求解该定解问题的过程。目前国外已开发了多种供气系统动态模拟的商品化软件。

四、储气罐与地下储气管束

储气罐通常为建在地面上的钢罐。根据储气压力的高低，储气罐分为低压罐和高压罐，而低压罐又分为湿式与干式两种。低压储气罐又叫气柜，其储气压力恒定并接近大气压，一般为1～

4kPa，最高不超过 6kPa。气柜的储气空间是可变的，因而可通过储气空间的容积变化改变储气量。高压储气罐的储气压力一般在 0.8 ~ 2MPa 的范围内，其储气空间是固定的，可通过储气压力的变化改变储气量。大型高压储气罐一般为球罐。

除了气柜和高压储罐外，还有一种特殊的储存天然气的高压容器—地下储气管束，其储气压力可以达到干线输气压力或更高的水平。一般来说，高压储气罐比气柜经济，地下储气管束比高压储气罐经济，而干线管道末段储气又比地下储气管束经济，因此，近二十多年来国外很少建造天然气地面储罐(包括气柜)和地下储气管束。

五、地下储气库

(一) 地下储气库的作用

与地上储气设施相比，地下储气库具有容量大、吞吐量大、功能全、适应性强、经济性好、安全度高、占地面积少、环境影响小等一系列优点。从地下储气库的储气功能出发，人们开发出了它的多种用途：

(1) 供气系统调峰。地下储气库是一种最有效、适用范围最广、而且在许多情况下也是最经济的调峰手段，它通常建在用气中心附近。利用地下储气库调峰的基本原理是：当供气量大于用气量时，多余的天然气进入与输气管线相连的地下储气库中储存起来，而当用气量大于供气量时，不足的气量由该储气库来补充。地下储气库主要用于中长期调峰，但有时也用于短期调峰。

(2) 提供应急气源。在供气系统上游的气源因各种原因(如地震、洪灾、事故等)停产或部分停产、干线输气管道事故(如管线断裂)停输或因故障(如压气站故障停运、水合物堵塞管道等)而不得不降量输送的情况下，位于用气区附近的地下储气库可以作为应急气源维持供气。

(3) 天然气战略储备。由于地下储气库的储气容量大，因而可以作为国家、地区或企业的天然气战略储备基地，用于在正常气源较长时间内不能保障供气的情况下维持供气。

(4) 天然气贸易和价格套利。所谓价格套利是指利用不同时间(例如冬季和夏季)的价格差异套取天然气买卖的差价收入。由于地下储气库容量巨大，因而可以在地区乃至国际天然气贸易中扮演重要角色。

(5) 储气库租赁。这是地下储气库的一种新的经营方式，即由某些地下储气库专业公司向其它公司提供有偿的储气服务。在美国，这种租赁服务已相当普遍。近年来，跨国的储气库租赁业务也已获得了较大发展。

(二) 地下储气库的分类

为了使地下储气库的采气压力满足工艺要求并保证储气库运行的经济性，不能将所储存的气体全部采出。在一个地下储气库中，可以采出的那部分气体叫工作气，而滞留在储气库中的那部分气体叫垫层气。一个地下储气库可以容纳的最大工作气量叫做它的工作气容量。

根据以额定采气速率采出全部工作气量所需的天数，可以将地下储气库分为短期调峰型和季节型。短期调峰型储气库的工作气容量一般为5~25天的额定日采气量，季节型储气库的工作气容量一般为70~120天的额定日采气量。

按地质构造划分，地下储气库分为枯竭油气田型、含水层型、盐穴型、岩洞型及废弃矿井型。而所有这些类型又可归成两大类：孔隙型与洞穴型。孔隙型包括枯竭油气田型和含水层型，其基本特征是储气区域为多孔岩层。洞穴型包括盐穴型、岩洞型和废弃矿井型，其基本特征是储气区域为各种形状的封闭洞穴。一般来说，孔隙型的储气容量大而单井产量低，主要用作季节性调峰；洞穴型的储气容量较小但单井产量高，特别适用于短期调峰。

（三）各类储气库简介

枯竭油气田型地下储气库是季节性调峰最有效、最经济的方式，世界上现有的大部分地下储气库都属于这种类型。这类储气库的基本原理是：通过油气田原有的生产井和建库时新建的气井往枯竭油气层中注入天然气或从中采出天然气。由于枯竭油气层以前就是油和/或气的聚集区，故其孔隙度和渗透率一般能满足储气库的要求。这类储气库的主要优点是节省了大量勘探工作，而且可利用油气田原有的生产井及地面集输设施。

枯竭油气田型地下储气库又可分为枯竭气田型、枯竭凝析气田型和枯竭油田型。枯竭气田型储气库的运行条件与原气田的开采条件很相似，在建设储气库时可以最大限度地利用气田原有的生产设施，因而将枯竭气田转化为储气库所需的改造工程量最小。此外，从这种储气库中采出的天然气的洁净度高，在采气作业时对天然气进行处理的工作量较小，因而其运行费用较低。

含水层型储气库的基本原理是通过注气井(或注气/采气井)将天然气注入含水地层的孔隙空间内形成人造气田。这种储气库的储气空间是可变的。在注气过程中，天然气驱替含水层中的水并充满储层岩石的孔隙。在采气过程中，储气层边缘的水又会侵入到一部分储气空间中。含水层型储气库的储气容量与枯竭油气田型相当，一个含水层可以储存数十亿标准立方米的天然气。

盐穴储气库以地下盐层中的洞穴作为储气空间，这些洞穴可以是开采盐矿后留下的，也可以是为建造储气库而专门用淡水冲洗出来的。这种储气库的突出优点是单井产量高，因而特别适合于作为短期调峰型储气库使用。在天然气供气系统的冬季调峰中，盐穴储气库是多孔岩层型储气库的最佳搭档。

岩洞型储气库利用在岩石中专门开挖出的洞穴储存天然气，它可以建在大多数岩石中，这就为选择库址提供了很大的灵活性。但岩洞型储气库的施工费用高而且密封难度较大。

废弃矿井型储气库利用废弃矿井作为储气空间，从而节省了开挖洞穴的工程量。但由于废弃矿井原来是在常压下工作的且不具有密封性，故在将其改建为高压储气库时首先应进行加固和密封。矿井中原有的通向地面的竖井可以作为储气库的注、采气井，但必须对其做严格的密封处理。此外，通常还要新增一些注、采气井和监测井。建设废弃矿井型储气库的最大困难是密封难度大，由此有可能引发安全和环保方面的问题。

六、利用 LNG 调峰

天然气的主要成分甲烷的临界温度为 -82℃，在常温下不可能通过加压将天然气液化。然而，当天然气的温度降低到 -163℃时，其在常压下就液化了。液化天然气(LNG)是一种无毒、无色、无气味的液体，其在 -163℃下的密度约为 425kg/m^3。天然气液化后其体积缩小到气态标准体积的 1/600 左右，故在某些特定条件下，以 LNG 形式进行天然气储运可能比气态天然气更经济。一般来说，在没有条件建地下储气库的情况下，液化储存是一种值得考虑的储气和调峰方式。此外，天然气的远距离跨洋运输也是以液态形式完成的，所采用的运输工具是专用的大型 LNG 运输船。根据国外的经验，在年输气量为 100 亿标准立方米的前提下，当陆上管道输送距离超过 4000km、或海底管道输送距离超过 2000km 时，利用 LNG 运输船运输同样距离所需要的成本(包括天然气液化和再气化的成本)将低于管道运输成本。当以 LNG 作为供气系统的气源时，在其进入干线输气管道或城市配气管网之前要用再气化装置将其重新气化。目前采用的 LNG 再气化器主要有空浴式、水浴式和潜管燃烧式，可根据所要求的气化速度及再气化器所处的气候条件确定再气化器的类型和规格。

利用 LNG 调峰通常有两种方式。第一种方式是在干线输气管道末端附近建一个与该管线相连的调峰型 LNG 厂，它同时具有天然气液化和再气化装置，还具有足够容量的 LNG 储罐。当管道输气流量大于用气流量且靠管道本身不能容纳多余的气体时，这些多余的气体可以在 LNG 厂液化并储存起来；当管道输气流量小于用气流量且其本身不能弥补这个差异时，可以将 LNG 厂储存的液化天然气再气化，然后将其补充到供气管网中去。第二种方式是从供气管网以外将 LNG 运到靠近干线输气管道末端的 LNG 储库，当干线输气管道的输气流量不能满足用户需求时，将作为辅助气源的 LNG 再气化并输入到供气管网中去。

七、其他储气方式

(一) 溶解储存

天然气可以溶解在丙烷、丁烷或其混合物(即 LPG)中，且其溶解度随压力升高和温度降低而增大，因此可以将天然气以溶解气的形式储存在 LPG 中。这种储存方式消耗的能量比液化储存低得多，且在同样的压力和容积下比常温高压储罐的储气能力高 4~6 倍。此外，它的设备和流程简单、易于操作管理，且安全性与经济性好，但储量受限制。

(二) 固态储存

所谓固态储存是指在一定的温度、压力条件下使天然气与液态水形成固态水合物，然后再储存在钢制储罐中。研究表明：在常压下形成天然气水合物的温度约为 -15℃；1 立方米水合物可以储存 164~220 标准立方米甲烷气体。由此可见，将天然气转化为水合物所需的能量将大大低于液化所需的能量，而且单位体积水合物中天然气的含量相当高。因此，形成固态水合物是值得考虑的一种天然气储运方式。目前，这项技术在挪威等国已进入实用阶段。

天然气固态储存的优点很明显，所用的设备也不复杂，但由于再气化速度、水源、脱水等方面的原因，这种方法还没有获得广泛应用。

第五章 长输油气管道的线路工程及风险管理

第一节 线路工程

一、线路走向选择及勘察

(一) 线路走向选择

油气管道的线路走向对其建设投资、运行维护费用、经济效益、社会效益等方面都有不同程度的影响，因此在新建油气管道的规划和勘察设计阶段，一项重要任务就是选择合理的线路走向，该走向既要能满足油气管道的输送要求及某些特定的制约条件，同时又要使油气管道尽可能达到最佳的经济、社会及生态环境效益。

1. 影响线路走向的因素

影响管道线路走向的因素主要包括以下几个方面：

(1) 油(气)源和用户的地理位置。这是确定油气管道线路走向的基本制约因素。干线输气管道和成品油管道的线路走向更要考虑油(气)源的供应量、各大型用户的用量及其附近的自然地理与环境条件等多方面的因素。

(2) 沿线自然条件。管道沿线的自然条件主要是指地形、地貌、植被、工程地质与水文地质条件等。油气管道沿线的自然条件直接影响其建设投资和运行维护费用。管道建设对沿线自然环境条件的影响主要是指对沿线地区的自然景观和生态环境的影响。在确定油气管道的线路走向时，应尽可能避开自然保护区、水源保护区、风景旅游区、林区、重要工矿区、军事区、城市规划区和文物古迹等。当必须通过时，需向有关部门提出申请，只有在获得正式批准后方可通过，而且应该采取必要的防护措施，以尽可能减少油气管道对其沿线自然环境的负面影响。

(3) 沿线经济发展现状及规划。一方面，油气管道的线路走向应适当靠近经济发达地区、规划中的大型工矿区或经济开发区等，因为这些地区往往有潜在的大用户，因而有利于发展油气管道的用户。另一方面，油气管道尽量不要直接穿过已有的或规划中的工矿区、商业区、人口聚居区及各类开发区，以免管道的建设施工及运行维护活动对这些区域造成不良影响，同时也可以使管道免遭由这些区域引发的干扰与意外损坏。

2. 确定管道线路走向的原则

油气管道线路走向的确定主要应该遵循以下几条原则：

(1) 线路的选择应符合我国的有关法律、法规及政策，应避开城市中心区、文物古迹、风景名胜、军事禁区、自然保护区等敏感区域。

(2) 线路应尽可能取直，尽可能使管道的线路总长度最短。

(3) 尽可能使油气管道在建设施工与运行维护过程中能利用线路附近原有的公共基础设施，如道路、供电、供水设施等。

(4) 线路应尽可能避开高烈度地震区、地质断层带、沙漠、沼泽、滑坡与泥石流多发区、土壤流失区、岩石段、大落差地段等工程地质条件恶劣和施工困难的地区。

(5) 油气管道沿线的站场及大、中型穿跨越工程的布局应该服从线路的总体走向，而线路的局部走向应该考虑站场和穿跨越工程的具体选址。

(二) 线路勘察

线路勘察是油气管道设计工作的一个重要方面，其主要任务是为管道线路设计及工艺设计提供必不可少的基础资料。在油气管道设计过程中，不同设计阶段有不同的勘察内容和深度要求。按照国家的现行规定，长输管道工程设计过程分为可行性研究、初步设计(基本设计)、施工图设计(详细设计)三个阶段。与这三个设计阶段相对应，线路勘察工作分为踏勘、初步勘察和详细勘察三个阶段。

1. 踏勘

踏勘是指对拟定的线路走向方案进行粗略的现场勘查和调研，从而为工程项目可行性研究及其方案比选提供依据。踏勘的工作重点是对线路方案起控制作用的地段，如大、中型河流穿跨越、特殊的施工困难地段、城镇与工矿企业等，这些地段对管道建设及运行维护有重要影响。踏勘阶段应了解和收集的资料主要包括：

(1) 管道沿线区域性地形、地貌、植被、气象、工程地质、水文地质、地震烈度及地震断裂带分布资料等。

(2) 线路经过河流的河床地层、岩性、构造及河床岸坡的稳定程度，沿线有关的大型水库的分布、近期和远期规划水位及回水淹没范围，河流的疏浚及通航现状与规划等。

(3) 沿线行政区规划图、交通图、特殊地段的大比例地形图、电网分布图及铁路、公路、航道、电网的现状及规划情况等。

(4) 线路通过地区各城镇和工矿企业的现状及其它工程的规划情况。

2. 初步勘察

初步勘察是针对选定的管道线路进行的，其目的是为管道的初步设计提供基础资料，并且为最终确定线路走向的推荐方案提供依据。初步勘察的重点是站场、穿跨越工程和其它重要地段。

油气管道站场位置的选择除满足油气输送工艺要求及管道沿

线进、分油(气)点的位置约束外，还需根据地形、地质、风向、交通、供水供电、城市规划、城市管理等多方面的条件进行综合考虑。一般来说，应选择地形平坦、地势较高、交通和水电供应方便的位置作为站址。

对于线路上的穿跨越段，初步勘察的任务是在已收集资料的基础上再进行实地调查，例如对管道要通过的河段进行测量与钻探。如果对该河段采用穿越方案，则还需进行水下河床的地形测量等水文地质工作。

初步勘察主要应包括以下几方面的内容：

(1) 确定线路方案的起点、终点、走向、长度，调查了解沿线的地形、地貌、交通和行政区划情况。

(2) 调查了解管道沿线的工程地质、水文地质、不良地质现象发育状况及其对管道线路的影响。

(3) 大、中型河流穿跨越段的工程地质与水文地质概况，穿越点附近现有的和规划的水工构筑物的情况及其对管道建设的影响。对于通航河流，还需了解河流等级、通航频繁程度、船只吃水深度及航道疏浚计划等。

(4) 以书面形式给出各站场初步勘察的成果及图纸资料。

(5) 以书面形式给出线路方案的概况。

(6) 提出详细勘察中应解决的问题。

3. 详细勘察

详细勘察是在初步设计获得批准后进行的，其任务是为管道的施工图设计提供基础资料。详细勘察可分为重点勘察和一般勘察。重点勘察的对象是站场、穿跨越点、线路上的不良地质地段和特殊困难段。对线路上的一般地段只进行一般勘察，以查明管线通过地段的地质稳定性与岩性为主。

线路工程详细勘察应查明沿线的工程地质与水文地质条件。管道线路应尽量避开不良地质地段，当实在无法避开而必须通过时，应该根据管道建设与运行维护的要求对这些特殊地段进行重点勘察。

站场详细勘察的主要内容是调查了解站场的地貌、地质概况、不良地质现象、场区地层及其物理、力学性质(包括场区地层分布、各层岩土的物理与力学性质、建议采用的允许承载力和压缩模量等)，对场地的稳定性、适应性、岩土的均匀性进行评价，对地下水类型与水位、土壤的冻结深度、地震基本烈度及场地地震效应进行判定与分析，分析不良地质现象对站场建、构筑物的影响并提出相应的防治措施。

穿越点的详细勘察是在初步勘察确定的穿越断面上进行的，其主要内容是查明穿越断面的地层结构、松散地层的颗粒组成及其工程地质特性，对河床岸坡的稳定性进行评价，并提出河床内管线埋设深度、护岸工程措施等方面的建议。跨越点的勘察重点是跨越基础的地层结构和地耐力、河水和地下水对混凝土的腐蚀性等。

二、管材的选择及管线强度计算

(一) 管材的选择

为适应长距离油气管道建设的需要，各发达国家都生产了微合金化的高强度管线用钢，以满足管线所需要的强度、韧性和可焊性等方面的要求。

强度方面的主要指标是抗拉强度、屈服强度和伸长率。我国在长输管道上常用的管材抗拉强度在 455～530MPa 之间。其相应的屈服强度在 360～450MPa 之间。伸长率在 20%～26%之间。同时还要求管线用钢的屈强比在 0.85～0.93 之间。

特别要注意的是,由于钢板在制管过程中要经受多次冷变形，会使其屈服强度降低,严重的可降低 10%～15%,称为鲍辛格效应。故在订购钢板时,要在该级别钢的最小屈服强度基础上提高

40～50MPa。检验力学性能的试样要在制成的钢管上切取。

为防止管线在试压和运行过程中发生断裂，一方面要在制管和施工过程中消除可能发生的裂纹缺陷，另一方面，要根据工作条件对管材的断裂韧性提出要求。管线的工作温度愈低、工作应力愈大(钢材的强度等级愈高)、管径和壁厚愈大，对钢材断裂韧性的要求也愈高。

一般情况下，对输气管线的断裂韧性的要求比输油管线高。因为输油管线一旦发生破裂，压力急剧降低，减压波的传递速度快。而输气管线发生破裂时，由于减压波的传递速度慢，不仅压力降得慢，而且外泄气体通过裂纹时的膨胀作用，还会给已破裂的管壁增加撕裂的能量。国外曾经发生过撕裂长度达数百米甚至十多公里的事故。

目前衡量管材断裂韧性的指标主要是：

1.在管线可能遇到的最低温度下，落锤撕裂试验(DWTT)的断口上，其剪切断裂的面积(SA)不小于85%；或2.SA＝85%时的温度，称为断口形貌转变温度(FATT)，要求FATT必须低于可能的最低温度。对目前常用的钢种，钢厂大都能做到FATT在－40℃以下。3.止裂所必需的最低夏比冲击韧性(CVN)。随着管径、壁厚和环向应力的增大，要求的CVN值也随之提高。我国目前对管线用钢的断裂韧性的要求还是属于合同协议的试验项目，尚无“标准”。

关于钢材的焊接性能方面，鉴于钢管的可焊性主要决定于钢材的化学成分，影响最大的合金元素是碳，因此常把其他合金元素含量的影响换算成有等效作用的碳的数量，将其总量称为碳当量(CNE)。一般认为，碳钢的CNE小于0.25%，合金钢的CNE小于0.45%时，焊接性能良好。

(二) 钢管的种类

长输管道采用的钢管分无缝钢管和焊接钢管两大类。目前国内生产的无缝钢管最大直径是426mm。由于种种原因，长输管道干线上很少采用无缝钢管，除少数小直径管道外。

用于输送油气的焊接钢管有螺旋缝埋弧焊钢管(SSAW)、直缝电阻焊钢管(ERW)和直缝埋弧焊钢管(LSAW)三类。直缝管由于其焊缝比螺旋管短，且可以成型与焊接分开进行，焊缝质量好。由于有机械扩径，制造的直径偏差和壁厚偏差小，有利于保证施工中的焊接对口质量。并可选用高强度低合金钢制造，以减少钢材用量。90年代以来，国外的高压大直径油气管道，尤其是输气管道，大多采用直缝埋弧焊管(UOE管)，采用U型和O型压力成型、内外埋弧焊及扩管(E)技术。美国、日本、德国的公司还规定输气管道不能采用螺旋焊接管，但加拿大、俄罗斯的公司则认为SSAW和LSAW应可等同采用。

关于管材的抗腐蚀性能，因为一般均要求油(气)在进入长距离管道以前，必须经过净化处理，脱除含硫化合物和水，故不需采用抗化学腐蚀的钢材。特殊情况下需要输送有腐蚀性的油(气)时，可采用添加缓蚀剂、增加管壁的腐蚀裕量或采用内壁涂层等措施。

(三) 管线的强度计算

管线强度计算的关键是确定管壁厚度，以使管线在内压和外力作用下不致破裂或变形，保证管道的安全运行。考虑到周围环境的安全保障要求不同，对经过不同地区的输气管线，即使操作压力相同，也要采用不同的管壁厚度。我国的设计规范参考欧美国家的标准，将输气管道经过地区按人口稠密程度不同分为四级。对不同级别的地区，在强度计算中采用不同的安全系数，人口越稠密、越重要的地区，设计安全系数越小，计算管壁越厚。对输油管道则仅按站内外区分为两类。

长距离管线大都采用埋地敷设，对埋地管道的强度计算，是按环向应力来计算和选取管壁厚度。其计算公式如下：

$$\delta = \frac{pD}{2\sigma_s \Phi FT}$$

式中 δ——钢管计算壁厚，cm；

p——设计压力，MPa；

D——钢管外径，cm；

σ_s——钢管的最低屈服强度，MPa；

Φ——焊缝系数；

T——温度折减系数，当温度 < 120℃时，$T = 1.0$；

F——设计安全系数，输气管道对一级地区，取 $F = 0.722$，二级地区取 0.6，三级地区取 0.5，四级地区取 0.4。对输油管道则按输油站外 $F = 0.72$，站内 $F = 0.6$ 取值。

按上式计算壁厚后，还要校核轴向应力和稳定性。由于施工和运行时的温度差，在埋地管道中会因热胀或冷缩受限而引起轴向温度应力。管线的弯曲段也会产生轴向应力。

对输气管道还要校核其无内压时在外载荷作用下的径向稳定性。按规范要求，其水平方向的变形不得大于钢管外径的 3%，对不同的管径有最小壁厚的限制。对输油管道则要求外直径与壁厚的比值不应大于 140。

对穿跨越段要另作详细的强度设计。

三、管线的施工

长输管道线路部分的施工主要包括下述作业，各项作业都要严格遵守国家的有关施工规范。

(一) 土石方工程

主要是管沟开挖和回填，应根据管线纵断面图及相关的施工图的要求进行。在某些斜坡、陡坎地段，如回填土经受雨水冲刷时不能自然稳定，设计中均要求砌筑护坡、堡坎、挡土墙及排水沟等构筑物，以防止水土流失致使管线裸露。对因管线施工而损坏的农田水利设施等应按原样修复。沿线还要建设某些附属设施，如线路截断阀室和标志桩等。

(二) 管线组装焊接

线路施工时常在沿线设若干个防腐绝缘层预制厂，钢管运到预制厂后，经检查合格后进行除锈及管端打坡口，再焊接成管段并涂敷防腐绝缘层。管段一般由 2~3 根钢管组成，随钢管长度及运输条件而不同。预制厂可建成移动式的，以便随着工程的进展迁移至另一处。

在预制厂加工好的管段，其防腐等级、管壁厚度、坡口和弯头的角度等必须符合设计要求，按规定编号后装运至施工现场，按顺序沿管沟边摆放。

管段在焊接前要用对口器对齐管端，要做到内壁齐平，管壁的错边量不得超过壁厚的 10%。设计文件中要标明管道母材及焊接材料的规格，焊缝和焊接接头的型式；对焊接方法、焊前预热、焊后热处理及焊接检验等均应提出明确的要求。施工单位要根据上述要求，并遵照国家有关现场焊接施工的规定，进行焊接工艺试验，经设计和监理部门认可后，根据试验结果编制焊接工艺说明书，照此执行。

我国目前的管道现场焊接，大都采用半自动保护药芯焊丝下向焊接技术。国外的野外焊接有采用气体保护自动焊技术的，与管端除锈、打坡口、涂敷补口等设备系列配套，组成流水作业线。

焊缝检验是保证工程质量的关键，焊缝的主要缺陷有咬边、未焊透、未熔合、夹渣、气孔与裂纹等。除表观质量检验外，“设计规范”还规定，当管道的环向应力大于或等于 20% 屈服强度时，其焊接接头应作无损探伤检验。

无损探伤检验可先用超声波探伤仪对所有焊缝进行全周长的

100%的检验，再用射线照像进行复验。对于输气管线要根据管段处于哪一级地区，其复验数量为每个焊工当天完成的全部焊缝中的一个比例数。对一级、二级、三级、四级地区该比例数分别为5%、10%、15%和20%。对输油管线则为5%。对大中型穿跨越地段，和通过居民区、工矿区的油气管线的焊缝，应作100%的射线检验。

(三) 清管和试压

完成全线的连接工作后，为了暴露和检验管线的潜在缺陷，必须进行试压。在试压前要用清管器进行不少于两次的清管，以清除管内的泥沙、污水等脏物。试压、清管工作涉及沿线群众的安全和环境保护，必须和地方政府及沿线群众协商后制定相应的措施。

试压分强度试验和严密性试验两部分，先按不同地区级别的管线分段进行强度试验，每个试压段的长度一般为10~20公里，视地形起伏情况而不同。严密性试验一般是在强度试验合格后，各站场之间的管线全部连通后一次进行。

各国的规范都推荐用水作为试压介质，比用气体试压安全，且易于查找漏点。各国的规范也都规定了要求的最小强度试验压力，但其取值有所不同。一般都控制试压时的最大环向应力在0.9~1.1倍的管材最低屈服强度范围内。

我国规定，输油管线的强度试验压力不得小于设计压力(P)的1.25倍，严密性试验压力不小于1.1P。输气管线的强度试验压力则随地区级别而不同，对一、二、三、四级地区分别为1.1P、1.25P、1.4P和1.5P。严密性试验压力不小于设计压力。对因分段而未经强度试压检验的碰口焊缝必须作100%的射线检验。

国外还规定，对已清扫干净的管道，在试压前还要用测径清管器通过全管线，以测出管道的变形位置、凹陷面积、深度和缺陷等，以便及时修理。

（四）热油管道的预热及置换

对输送热油的管道，为防止投产初期沿线温降太大，需要先输送热水循环，待管线周围的土壤中建立一定的温度场后再输入热油。或者在投产初期提高输量或油温。对于凝点较高的原油也可在投产初期的热油中加入降凝剂。

为减少混油损失，在排出管内的试压或预热存水时，油水之间必须用清管器或隔离塞进行隔离。要妥善处理末站的污水排放。

（五）输气管道的干燥及置换

用水试压的输气管道，试压后不仅要多次用压缩空气清扫管线排出存水，还必须用物理或化学方法干燥管线内腔。以免因管内积水而引起内壁腐蚀，或形成水合物堵塞管线。干燥的方法有：1. 干空气法，在隔离塞后注入经充分干燥的干空气。2. 甘醇法，在几个隔离塞中间注入几段有强吸水性的甘醇溶液组成“干燥列车”沿管线推进，以吸收管壁上的存水。3. 真空法，用真空压缩机将管内抽至高度真空，以降低水汽分压。

干燥后往管道中引入天然气时，为防止天然气与空气形成爆炸性混合气体，要在天然气与空气之间用清管器及隋性气体隔开。只有采用真空干燥时可直接输入天然气。

（六）投产验收

待油气到达终点、各项运行参数正常后，由业主单位组织验收。施工单位应提交详细的竣工报告及图纸。

综上所述，管道线路部分机械化施工的一般程序为：

线路测量—场地开拓及平整—挖沟
防腐—预制厂预制管段—运输 } 沟边布管—冷弯弯管—管段对口及焊接—焊缝检测—防腐层补口—管道下沟—焊接死口及补口—通球扫线—强度试压—管沟回填—严密性试压—清理现

场—通球清管—预热(热油管道)或干燥(输气管道)—投产试运—验收。

图 5-1 为国外某管道焊接现场示意图。对大型管道，根据壁厚不同，一般要焊 4~7 道才能完成一个焊口。

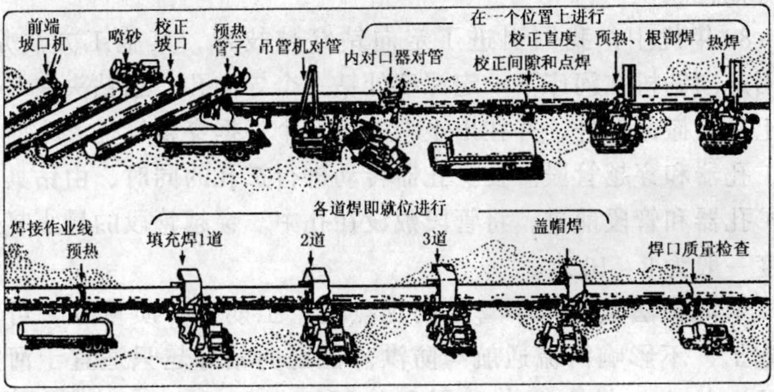

图 5-1　Φ1220mm 管道焊接现场示意图

四、穿跨越工程

指管道通过自然或人工障碍物时必须建设的构筑物。在障碍物下面穿过的称为穿越，一般通过公路、铁路及中小型河流时，大都采用穿越方法。在障碍物上面跨过的称为跨越，一般用于不宜穿越的峡谷、河岸陡峭或河床不稳定的河流等。

(一) 水下穿越

河流穿越的穿越点要尽可能选择河床稳定、水流平缓、河底平坦且地质构成单一、两岸漫滩较宽阔的地方。要避开船舶抛锚处，距大中型桥梁不小于 100 米。

一般可采用水下挖沟机具在河床上挖出一条水下管沟，将管线埋置沟内。开沟机具有拉铲、挖泥船及水力气举挖沟船等。对小型河流也可采用围堰断流或导流法施工。

陆上河流的水下敷管大都采用牵引法，即先在岸上焊好管段放在带滚轮的导轨上，由拖船或对岸的机具将管段拖入水中。可预先在管段上绑好浮筒以便在水面上漂浮拖曳，到达预定位置后再逐个去掉浮筒，使管段沉入沟中。也可以预先定好位，直接在河底拖拉。

80年代中，我国引进了定向钻穿越技术，其施工方法是：先用定向钻机在河床下一定深度处钻一个导向孔，当钻头在对岸出土后，撤回钻杆，并在出土端连接一个根据穿越管径大小而定的扩孔器和穿越管段。在扩孔器转动进行扩孔的同时，由钻具拉动扩孔器和管段前进，将管段敷设在孔中。穿越管段的最小复土厚度一般为 8~10 米。

定向钻法敷设水下管道的优点是：工期短、质量好，可常年施工、不影响河流通航与防洪。但定向钻穿越只适宜于河床地层为粘土、粉土、中砂层和粒径不大于 100mm 的砾石层。且由于机具庞大，对运输车辆、道路和施工场地有一定要求。

管线在水下受水流作用要承受动水浮力，为保持水下管线的稳定，要采用各种结构加重管段，尤其是输气管线。常用的稳管措施详见本书第七章第二节，主要有：

1. 复壁管，在需加重的水下输气管线上再套一段管线，在两者的环形空间中灌注水泥浆，以达到保护和加重的目的。

2. 马鞍形加重块。

3. 用装配式加重混凝土连续复盖层稳管。

4. 档桩稳管，在基岩或松散复盖层较薄的河床上敷设水下管线时，要在管线下游一定距离处设钢档桩，用管卡将管线与档桩连在一起，挡桩则用速凝水泥固定在河床上。

（二）跨越工程

跨越点一般应选在河流与其支流汇合处的上游，尽可能在河流的直线部分。必须是河流在历史上无变迁的地段。跨越点附近不要有稠密的居民点，但要有较为方便的交通运输条件，以便于施工和维修。

我国的管道跨越工程大都利用输送油气的管道本身作为支承结构的一部分或主体，再加上其他杆件或缆索，组成各种结构形式，以满足不同跨度的要求。常用的结构形式有：

1. 对跨度较小，常年水位变化不大的小、中型河流，可选用支架、吊架、托架或桁架式跨越结构。施工方便，稳定性好。结构示意见图 5－2a。

2. 管拱跨越，有单拱和组合拱两类，前者适用于中小型河流及狭窄的河谷，后者可跨越较大的河流。管拱本身及其地基的施工安装技术要求高。

3. 对大型河流，及不易砌筑墩台基础的深谷等，可选用柔性悬索管桥、悬缆管桥、悬链管桥及斜拉索管桥等结构形式。结构示意见图 5－2b、c。

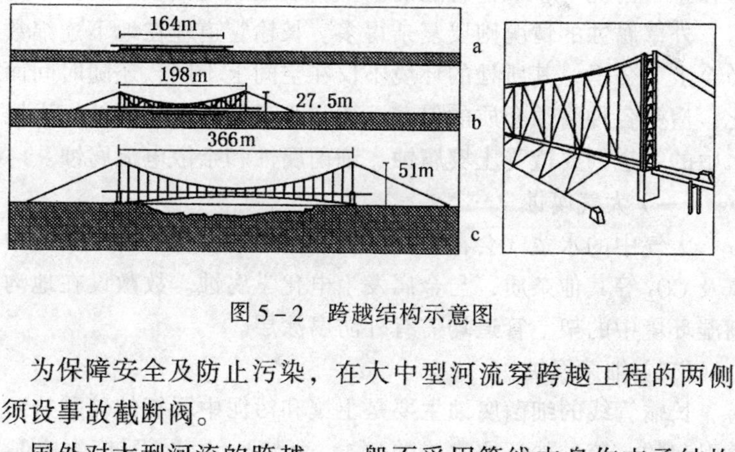

图 5－2　跨越结构示意图

为保障安全及防止污染，在大中型河流穿跨越工程的两侧，必须设事故截断阀。

国外对大型河流的跨越，一般不采用管线本身作支承结构，而是将管线放置在专门架设的跨越结构上。

第二节　油气管道的腐蚀与防护

一、长输管道腐蚀的类型及机理

据美国1996年的统计，近10年中管道的泄漏事故有28%是由于腐蚀穿孔造成的。不仅漏失了油、气，污染了环境，有的还引起火灾、爆炸等严重事故，其直接和间接损失都很巨大。

油气管道干线的腐蚀就其部位来分，有内壁腐蚀和外壁腐蚀两种。内壁腐蚀有的是由于输送介质中的有害成分(如硫化物)与管壁金属作用而引起的，更多的是由于介质中析出的水或施工中残留的水在管线内壁形成水膜，或积聚在管线的低洼处而引起的电化学腐蚀。因此，长输管道对进入其首站准备外输的油、气有严格的质量控制，如含硫、含水等指标超过标准，可自动关闭进站阀门，拒绝接收。对输气管道投产前的干燥也有严格的措施。故在正常情况下，长输管道的内壁腐蚀应该是比较少的。

外壁腐蚀的情况则要复杂得多。长输管道埋在地下连绵数百乃至上千公里，其所处的环境不仅在空间上不同，还随时间而变化，遭受各种腐蚀介质的侵袭。架空管道易受大气腐蚀，土壤或水中的管道则要遭受土壤腐蚀、细菌腐蚀和杂散电流腐蚀。

(一) 大气腐蚀

大气中的水蒸气会在管线金属表面冷凝，并溶解入大气中的氧及CO_2等其他杂质，与金属发生电化学腐蚀。故敷设在地沟或潮湿环境中的架空管道均需有外防腐涂层。

(二) 细菌腐蚀

长输管线的细菌腐蚀主要是土壤和污泥中厌氧的硫酸盐还原菌引起的。硫酸盐还原生成的S^{2-}，会与Fe^{2+}离子反应生成FeS，引起腐蚀并沉积在金属表面。

（三）土壤腐蚀

埋地管线的腐蚀主要是土壤腐蚀。土壤是由固态、液态和气态三相物质组成的复杂混合物，具有电解质溶液的特性，因而埋地管线上裸露的金属在土壤中就会形成腐蚀电池。

土壤腐蚀电池可概括分为两类，一是由于钢管表面状态的差异而形成的腐蚀电池，称为微腐蚀电池，类似两块能相互导电的不同金属放在电解质溶液中一样，由于电极电位差而形成腐蚀电池，电池阳极区的金属被腐蚀。

另一类是由于管线经过地区土壤的物理、化学性质差异较大而形成的腐蚀电池。例如当管线由含盐量较低的土壤延伸至含盐量较高的土壤时，就好像一块金属导体与两种浓度不同的电解液相接触而形成的浓差电池一样，在含盐量较高地段的钢管表面会被腐蚀。

当土壤的透气性(含氧量)、含水量等不同时，都可能在两部分地下钢管间形成较大的电位差，其所构成的腐蚀电池两极间的距离可能长达数公里，故称为宏腐蚀电池。

在影响埋地管道腐蚀速度的诸多因素中，土壤的性质是主要的，包括土壤的电阻率、含水率、PH 值、含盐量及其类别、孔隙度等。这些参数的影响往往是互相关联的。目前国内外大都按土壤电阻率的大小，将土壤腐蚀性粗略区分为弱、中、强三类或更多。电阻率愈小，其腐蚀性愈强。

（四）杂散电流的腐蚀

土壤中的杂散电流会在管线防腐绝缘层破损的某处流入管线，沿管线流动并在另一防腐层破损处流出，在土壤中形成电解电池。在该腐蚀电池的阳极处，即电流从管线流出处，金属被腐蚀。由于其腐蚀作用是由外部电流引起的，因而其腐蚀速度要比一般的土壤腐蚀快得多。曾有壁厚 6mm 的成品油管线，因电气铁路的杂散电流腐蚀，投产不到一年就穿孔漏油。

由于埋地管道的腐蚀大都发生在防腐绝缘层破损处，故其腐蚀形态常是以点、坑、裂纹、沟槽等形式出现的局部腐蚀，其腐蚀速度(mm/年)要比发生在整个金属表面的均匀腐蚀大得多，穿孔的危害也大。

二、埋地管线的外防腐绝缘层

对于埋地管线的外腐蚀控制，一般都采用优质的防腐绝缘层与外加电流阴极保护法联合防护。如前所述，如外防腐层始终完好无损，则埋地管道就不会被腐蚀。无奈，在如此长距离的管道沿线，在数十年的运行中，防腐层总是难免有破损、失效处。

对管线外防腐层的基本要求是：与金属有良好的粘结性；电绝缘性好；防水及化学稳定性好；有足够的机械强度和韧性；耐土壤应力性能好；耐阴级剥离性能好；抗微生物腐蚀；破损后易修复；便于施工和价格低廉。

最早应用的埋地管线外防腐层材料是石油沥青和煤焦油。目前，由于环保的限制，石油沥青防腐层在北美和欧洲已被淘汰。

国内外常用的四种外防腐层的性能及适用条件见表5－1。

表5－1 四种常用外防腐层的材料及性能

防腐层种类及材料	主要优点	主要缺点	适用地区
熔结环氧粉末(聚乙烯、环氧树酯、酚醛树酯)	粘结力强，适用温度范围宽(－30℃～110℃)，耐土壤应力和耐阴极剥离性能好	易受冲击破坏，吸水敏感，耐光老化性能差，对涂装过程要求严格，成本高。	大部分土壤环境，不能用于石方段、地下水位高及土壤含水量较高处。
煤焦油瓷漆(底漆＋瓷漆＋内外包扎带)	能防止植物根茎穿入，抵御细菌及碱类的腐蚀，防水及抗老化性能好，成本低。	抗土壤应力及热稳定性差，与阴极保护的相容性差，污染环境。	大部分土壤环境，水位高、植物根茎多、微生物活动多的沼泽或灌木地区。

续表

防腐层种类及材料	主要优点	主要缺点	适用地区
二层聚乙烯结构(胶粘剂+聚乙烯)	电绝缘性能好，机械强度高，吸水率低，耐土壤应力好。	粘结力较差，阳光下易老化。	大部分土壤环境，机械强度要求高、土壤应力破坏大的地区。
三层聚乙烯结构(环氧粉末+共聚物+聚乙烯)	兼有熔结环氧粉末和二层聚乙烯结构的优点。	成本高、涂敷工艺复杂。	适用于苛刻环境，如碎石土、石方段、土壤含水高、植物根系多的地区。

三、埋地管线的阴极保护

外加电流阴极保护就是给埋地管线施加外电流以抑制其原来存在的腐蚀电流。如图 5-3 所示，用导线将管线与直流电源的负极相连，将一个外加的辅助阳极埋入地下，与电源的正极相连。其所构成的外加电池的电流从辅助阳极流入管线，使管线金属发生阴极极化，抑制了原来的腐蚀电流使管线得到保护。

根据国内外多年的实践，为使埋地钢质管线得到有效保护，必须满足下述要求：

1. 在通电的情况下，管线相对于饱和铜—硫酸铜参比电极间的负电位至少为 0.85V；

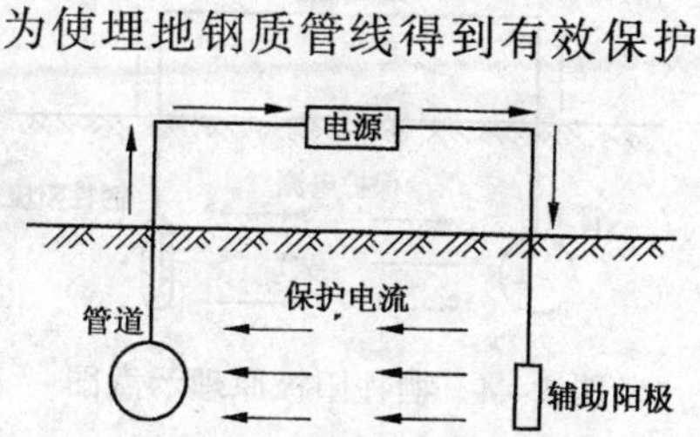

图 5-3　外加电流阴极保护法原理图

2. 通电情况下产生的最小负电位值与自然电位间的

负偏移至少300mV。

当有硫酸盐还原菌存在时，外加负电位应增至0.95V。上述要求均已纳入相应的设计及运行规范中。

在外防腐涂层完好的情况下，一个外加直流电源阴极保护站可保护数十至一、二百公里的管道，土壤电阻率愈大，可保护的管段愈长。随着外加电流从导线与管线连接处向两侧的管线流去，在管线上形成了一个电位分布。在导线与管线连接处负电位最大，随着向两侧延伸，负电位逐渐减少。当降至0.85V(相对于硫酸铜电极)时，即为该站所能保护的最远处。

直流电源与管线连接处的负电位有最大允许值的限制，以免发生阴极剥离等损坏防腐层的情况。其数值随防腐层种类而不同，一般为1.2~1.5V。

该法常用的直流电源整流器有可控硅整流器、恒电位仪等。在无电源处可选用太阳能电池、热电发生器、风力发电机等。辅助阳极常用的材料有高硅铸铁、石墨、磁性氧化铁及废钢铁等。还有一种由导电聚合物制成的“柔性阳极”，其外形类似塑料电缆，可平行于管道敷设，以改善沿线的电流分布。适用于土壤电阻率高、管线外防腐层质量低劣的段落。

除了外加电流法外，阴极保护的另一种方法称为牺牲阳极法。它是在待保护的金属管线上连接一种电位更负的金属材料，形成一个新的腐蚀电池，该外加金属成为阳极，在输出电流过程中不断被腐蚀，管线则为阴极而得到保护。其原理示意见图5-4。

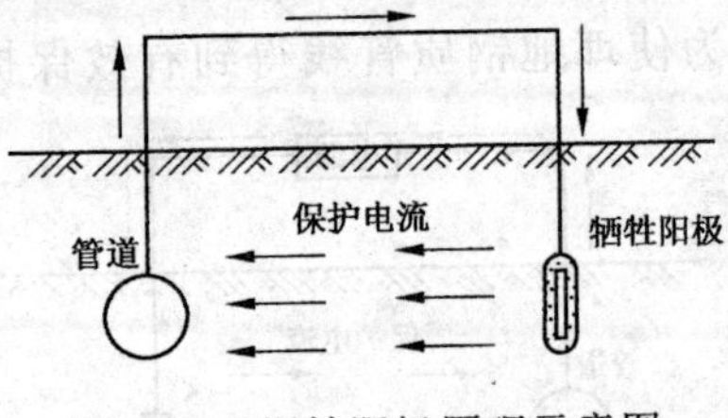

图5-4 牺牲阳极原理示意图

表5-2列出了几种常用的牺牲阳极的电化学性能。

两种阴极保护法的优缺点比较见表5-3。

表 5-2　常用的牺牲阳极的电化学性能

性　能		单　位	Zn.Zn 合金	Mg.Mg 合金	Al-Zn-Mn
密度		g/cm^3	7.14	1.74~1.84	2.83
开路电位(SCE)		-V	1.05	1.55~1.60	1.08
对钢的有效电压		-V	0.20	0.65~0.75	0.25
理论发生电量		A·h/g	0.82	2.21	2.87
海水中 $3mA/cm^2$	电流效率	%	95	50	80
	实际发生电量	A·h/g	0.78	1.10	2.30
	消耗率	kg/(A·a)	11.8	8.0	3.8
土壤中 $0.03mA/cm^2$	电流效率	%	65	40	65
	实际发生电量	A·h/g	0.53	0.88	1.86
	消耗率	kg/(A·a)	17.25	10.0	4.86

表 5-3　两种阴极保护法优缺点的比较

方法	优　点	缺　点
外加电流法	1. 单站保护距离长	1. 需外部电源
	2. 驱动电压高，能灵活控制输出电流	2. 一次性投资较高
	3. 不受土壤电阻率限制	3. 对邻近的地下金属构筑物干扰大
	4. 可用难溶阳极，使用期长	4. 维护管理较复杂
牺牲阳极法	1. 适用于无电源地区及少量分散对象	1. 使用范围受土壤电阻率及防腐涂层质量的限制
	2. 对邻近的地下金属构筑物干扰少	2. 驱动电位低，保护电流调节困难
	3. 保护电流利用率高，不会过保护	3. 在强杂散电流地区，会丧失保护作用
	4. 安装维修费用少	4. 投产调试复杂

四、杂散电流腐蚀的防护

埋地油气管线经常遇到的杂散电流是直流电气化铁道的漏泄电流，和来自其它阴极保护系统的干扰电流，其干扰范围大，腐蚀速度快，且受多种因素的影响，防护难度较大。

管道附近是否存在杂散电流及其强度大小，可根据管地电位的偏移和地电位梯度的强弱来判断，是否需要采取防护措施，各国都有相应的标准。我国的《埋地钢质管道直流排流保护技术标准》的规定是：当管道上任意点的管地电位较自然电位正向偏移100mV，或管道附近土壤的电位梯度大于2.5mV/m时，管道应及时采取直流排流保护或其他防护措施。

简单的直流排流法就是用导线连接管线与电气铁路的回归线(或铁轨等)，将杂散电流送回，其原理示意见图5-5。该方法只能用于管轨电位差大于管地电位差的场合，其排流点为恒定的正电位，回流点为稳定的负电位。当被干扰管道上的管地电位正负交变时，就必须采用极性排流措施，即在连接回路上加装极性控制设施，使电流只能流回铁轨，其原理示意见图5-6。

当用极性排流不能解决干扰腐蚀时，可采用在连接回路上外加直流电源的强制排流措施，类似于对管道采取阴极保护，其保护范围较大。但可能加剧铁轨的腐蚀，在管道上形成电位过负区。

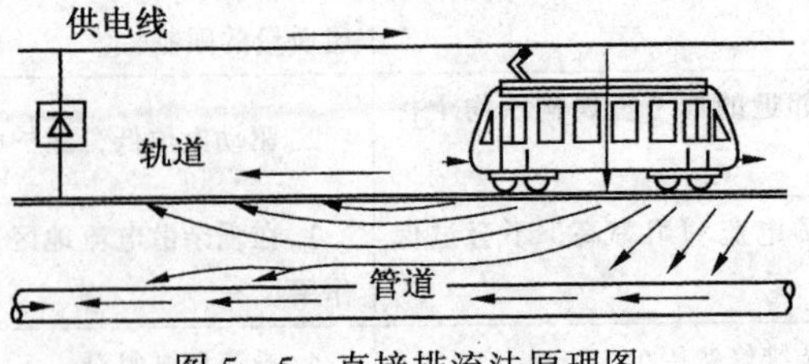

图5-5 直接排流法原理图

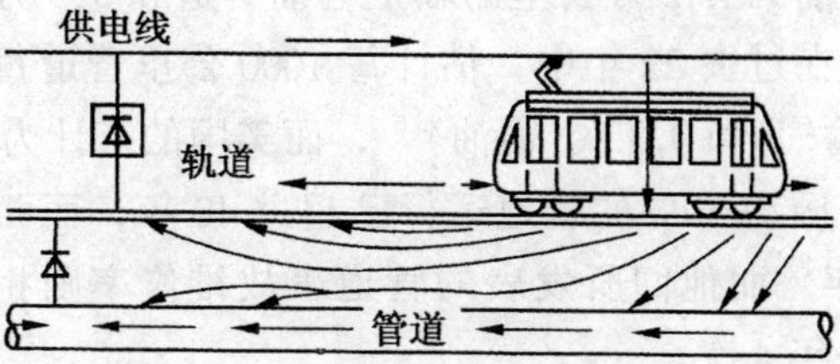

图 5-6 极性排流法原理图

第三节 长距离油气管道的风险管理

一、长输管道的事故率

如前所述，在油气的各种运输方法中，管道应该是最安全的，但管道一旦发生事故，则可能造成严重的灾难性后果，例如1994年3月美国新泽西州的输气管道事故造成1人死亡，58人受伤，估计损失达2300万美元[6]。前苏联的一起输油管道事故，形成的污染面积达1.5km^2。

进入90年代以来，随着大量的油气输送管道均已运行多年而进入其事故多发期，各国政府和油气工业界都十分重视油气输送管道的安全，都在致力于研究如何在确保油气输送管道的安全和环境保护的同时，获取最大的经济效益。为制定保证管道安全性的策略，首先必须统计以往发生事故的次数、原因及后果。

"管道事故"在不同的国家有不同的界定，例如在西欧，只要发生了所输送介质的泄漏，就认为是事故，而在美国，不仅要有油气的泄漏，还要有人员伤亡，或事件造成的经济损失超过5万美元时，才认定为"事故"，必须上报。因此，各国的事故率统计数据不同。

西欧目前约有2万公里的陆上输油管道和9.3万公里的陆上输气管道。在过去22年中，估计每1000公里管道每年的事故率为0.6次(输气)和0.8次(输油)[6]，而美国的统计为0.16次。到1990年，美国约50%的管道运行已超过40年，而西欧的运行年数约为20年。而他们所发表的管道事故维修率则相近，约为每1000公里每年4次。

至于事故的主要原因，在西欧和美国都认为是外部(第三方)破坏，加拿大认为是腐蚀，前苏联和东欧国家认为是材料和结构上的缺陷。

根据西欧(1970~1992年)、美国(1970~1984年)的统计，事故发生原因的概率见表5-4。

表5-4　美国及西欧油气管道事故原因统计

<table>
<tr><th rowspan="2">事故发生的原因</th><th rowspan="2">美国输气管道</th><th colspan="2">西　欧</th></tr>
<tr><th>输气管道</th><th>输油管道</th></tr>
<tr><td>外部干扰(包括被挖断)</td><td>53.5%</td><td>50%</td><td>50%</td></tr>
<tr><td>内外腐蚀</td><td>16.6%</td><td>16%</td><td>21%</td></tr>
<tr><td>施工、材料及结构的缺陷</td><td>21.7%</td><td>20%</td><td>20%</td></tr>
<tr><td>地层移动、水淹等自然灾害</td><td rowspan="2">8.2%</td><td>6%</td><td>4%</td></tr>
<tr><td>其它(包括误操作等)</td><td>8%</td><td>5%</td></tr>
</table>

由上表可见，管道事故的原因可区分为两大类，一类是由外部干扰及自然灾害等外因引起的，另一类是由于管道本身的缺陷逐步发展到极限而引起的破坏。这一类缺陷的发生与发展和管道的设计及施工质量(包括管材的选择)、运行状态(压力和温度的波动)、外防腐涂层和阴极保护状态、维修规范等因素有关。

可以说管道的这些潜在的危害，从管道投入运行之日就开始存在并发展了，很多危害是可以通过直接或间接的检查和监测来发现的，不少缺陷是可以通过维修或更换来去除的。各类事故的严重性和可能发生的概率也不一样。因此对管道业主来说，关键是花多大的代价把事故发生的概率降低到什么程度才是值得的和必须的。

二、什么是风险管理?

随着各国政府和管道行业对油气管道事故在安全、环境和经济方面造成的严重后果的重视，80年代末，英、美各国开始研究把风险管理技术应用于油气输送管道。风险管理起始于70年代的核动力工业，首先推广应用于航空、航天业，至90年代逐渐推广应用于石油化工、压力容器和输送管道。由于对环境、安全要求的提高和市场竞争的加剧，英、美、加等国都在油气管道的风险管理方面制定了相应的法令。我国已于90年代中开始对国外的管道风险管理技术跟踪调查，结合我国国情开展相应的研究工作。

简言之，风险管理就是综合考虑事故(失效)的损失和控制事故发生所需花费的费用，以达到在可接受的风险的情况下，采取最经济有效的措施控制风险的一门学科。风险管理包括风险评估、风险控制和风险管理的功能监测三个环节。

在风险管理中风险的定义是失效后果(在下式中用C表示)和失效可能性(用F表示)的乘积，对某一种可能的失效情况的风险值是

$$\text{Risk}_S = C_S F_S$$

式中下标 S 是某可能的失效情况的编号。油气管道系统的风险值，应是各种可能失效情况的风险值的总和。如何定量计算各种情况下的 C 和 F 值是迄今尚未解决的非常复杂的问题。上式的重要性在于阐明风险的概念。

风险管理的首要工作是风险评估，它包括识别风险的来源，评价各种失效事故的可能性和判断各种失效后果的严重程度。

三、W.K.Muhlbauer的基本风险评估模型[7]

1992年W.K.Muhlbauer在他的《管道风险管理手册》一书中，首次提出了长输管道的基本风险评估模型。他把管道的风险来源归结为四大类：1.第三方损坏；2.腐蚀；3.设计因素；4.误操作因素。每一类中又划分为若干个指标，见表5－5所示。

表5－5 Muhlbauer的管道风险来源及影响因素

第三方损坏	腐　蚀	设计因素	误操作因素
覆盖层的最小深度、 人口密度、 地震等自然灾害、 地面设施、 沿线传呼系统、 公众教育、 管道带的识别及检测、 巡线频率	A、大气腐蚀 设施情况、 大气质量、 防腐层状况 B、内腐蚀 介质腐蚀性 C、埋地管道腐蚀 防腐层状况、 阴极保护、 土壤腐蚀性、 管龄、 与其它埋地金属的连通、 交直流感应电流、 应力及疲劳腐蚀、 测试桩、 检查周期、 内探测器	管线安全因素(强度)、 系统安全因素、 管材疲劳事故、 潜在水击影响、 系统静态水压试验、 土壤移动危害	A、设计方面 对危险的识别、 达到最大操作压的可能、 安全系统的设置、 材料的选择、 对设计的审查 B、施工方面 对施工过程的检查、 对材料的检验、 焊接工艺、 回填状况、 材料的搬运和存放、防腐层质量 C、运行状况 操作规程、 SCADA及通信系统、 安全计划、 对管道的定期调查、 对运行人员的培训、 防止误操作的设施 D、维修计及规程

他提出了一个“打分系统”来半定量地评价失效事故的可能性和失效后果的严重程度。他根据对管道及其周围环境的工作特性的调研、对以往大量事故的统计分析、以及运行资料和操作人员的经验的综合，制定了对每个可能引起失效的指标的打分规则，以评价其可能性。

Muhlbauer 的打分系统中给每一类失效赋予的总分是 100，对其中的每个指标，则根据该失效因素的可能性大小和对管道破坏的影响程度规定了一个分数范围，例如 0~20 分，如不可能发生则评定为最高分，最差的情况为 0 分。愈是重要的指标，其分数范围愈高。

该打分系统还将上述指标分为两类，一是客观条件决定、人为难以改变的“属性”类，如土壤腐蚀性、管龄等；二是可以人为改善的“防范”类。例如可以增加巡线频率或检测周期以减小失效的概率。分值的大小有的完全是凭经验分类的，有的则有一定的计算依据，如管线安全因素是按管材的实际壁厚与强度计算应有的壁厚之比来换算分值的。

在具体评估某条管道时，评估者首先要根据具体情况将管道分成若干段来分别评估，对每段管道计算出其失效指标的总分。但失效指标总分只反映了失效可能性的大小，不足以反映失效后果的严重性。

Muhlbauer 采用泄漏影响因素来衡量失效后果的严重性，按管输产品的性质及其泄漏时对周围环境的扩散和渗透的危害程度来计算：

泄漏影响因素 = 产品危害/扩散因素

泄漏影响因素愈大，表示其后果愈严重。

产品危害分急性和慢性两种来打分，急性危害指突然发作直接危害环境及人员的情况，例如由于天然气泄漏而引起的火灾和爆炸，或由于管输介质有毒而造成的危害。分别按管输介质的易燃性值 Nf、化学反应性(易爆性)值 Nr 和毒性值 Nh 来打分，手册中给出了按所输产品的物化性质和管输压力确定上述数值的建议。急性危害的总分是(Nf + Nr + Nh)。危害愈大，分值愈高。

慢性危害是指泄漏的产品在周围大气中扩散，污染水流和土壤，随着泄漏的持续，对环境的危害会进一步蔓延。手册中给出了按美国关于环境保护方面的反应、赔偿和责任的综合性法规(CERCLA)来给慢性危害打分的方法。总的产品危害分是急性危害和慢性危害之和。

关于给扩散因素打分，首先要区别泄漏物是气体还是液体，其次要分析可能的泄漏率，以判断泄出气体在大气中的扩散率及浓度分布。对于液体的泄漏，则要分析其在土壤中的渗透率，在地下水和地面水中的流动情况等等。同时还要考虑管道设置的检漏仪表的灵敏度及可靠性，防泄漏措施的反应速度等。

以上涉及的只是泄漏量的大小及分布，决定后果严重性的另一重要方面是泄漏地区的人口密度。《手册》中建议取扩散因素 = 泄漏评分/人口评分。人口评分可根据人口密度来划分。人口密度愈大，分值愈大。泄漏评分是很难取准的，虽然手册中提出了一套评估方法。泄漏愈严重，分值愈小。

该基本风险评估模型最终得出的相对风险值为：相对风险分值 = 失效指标总和/泄漏影响系数。风险分值愈大，安全性愈好。

在该手册的第二版中，作者对其模型进行了调整，增加了服务中断(停输)的风险分值的计算；在泄漏评分方面增加了管线失效类型(裂缝、针孔、脆性或延性断裂等)的因素；把扩散因素中的人口评分改为周围环境因素，扩充为包括人口密度、环境敏感性、高价值地区、减少溢出的措施等四个因素。在失效指标中增加了恶意破坏、泄漏历史调整、精神紧张引起的人为错误等指标。

本书介绍这个粗略的、半定量的风险评估模型的目的，是让读者概括了解长输管道可能发生哪些事故，原因和危害是什么。对于管道运营人员，该模型也有助于他们清楚地了解所管理的管道，判断潜在危害最大的区域在哪里？哪些段落需要加强检测？是否有必要在检测的基础上进行昂贵的定量风险分析？采取哪些措施可以降低风险？需要多大费用？

但是该模型得不出失效概率(每公里每年的事故次数)的具体数值，也判断不了降低风险的措施的具体经济效益。作者根据其应用实践得出，按该模型计算的风险分值范围为0(最危险)~2000(最安全)之间，大多数烃类管道的风险分值在10~300之间。风险分值低的管道，其失效概率高。

四、风险控制

进行风险评估的目的就是为了降低风险，针对风险最大的情况，预防失效是降低风险的根本。由表5-5可见，对各种失效的预防措施可分为两大类，一类是不需要先作检测的，例如加强对公众的教育和职工的培训、加强巡线、进行水压试验等。另一类是需要检测的，如管内壁的腐蚀情况、管材及防腐层的缺陷等。

对某一条管道的管理部门而言，首先要根据风险评估的结果，对各段管道进行排序，找出最危险的管段。对该管段的各个失效指标排序，并列出相应的预防措施及其所需的费用，比较提高同样“风险分值”所需的费用，择其优者。

对需要检测的失效指标，也要在定性的风险评估的基础上排序，检测的结果是定量风险评估的基础，如正在不断发展和完善中的“含有缺陷结构的适用性评价”，就是利用断裂力学原理对所检测到的管材的各种类型的损伤，例如裂纹、摺皱、管壁减薄等缺陷，研究其可能发展速率、可能承受的载荷、失效的概率等，以确定该管段的剩余强度及剩余寿命；为了延长使用寿命，是否要更换管段？美国石油学会已提出了“适用性评价的推荐作法”，英国和加拿大也提出了“含平面型缺陷结构的安全评价标准”。我国也正在进行这方面的研究。

对油气输送管道的在线内检测，目前都采用智能清管器。国内外都有专门从事检测服务的公司，它可以检出并记录管材的几何形状、管壁的腐蚀和裂纹、介质的泄漏和涂层的损坏等。

管道应该在投产初期就用智能清管器进行检测，以发现施工质量上的问题，记录下缺陷的原始状况。根据风险评估的情况确定下一次检测的时间及检测方法。

准确的检测和可靠的适用性评价相结合，可以使管道采取低费用的早期修补，制定安全运行策略，以避免昂贵的大修，并预防事故的发生，因此是安全和高效益的。

五、风险管理制度的建立

鉴于长距离油气输送管道的高投资和高风险性，各国政府都很重视油气管道的风险管理，要求管道的运行者必须向政府和公众说明风险管理计划的执行情况，为提高管道安全性所采取的措施及取得的进展。

在英国和法国，对管道的选线、改线、升级、更换介质等都要进行风险评估。1995 年在加拿大还成立了由管道协会、公众和法律人员组成的管道风险评估指导委员会。

1996 年美国通过了“管道安全责任和合作行动”立法，为美国运输部管道安全办公室提供了建立风险管理程序的制度，建立了 4 年一个周期的管道风险管理的功能监测框架。各管道公司必须以此为依据检验其风险管理的有效性。

第六章 油料的储存及综合运输

第一节 油库的分类、分级及功能

凡是用于接收、储存和发放原油或石油产品的企业和单位都称为油库。它是协调原油生产、原油加工、成品油供应及运输的纽带，是国家石油储备和供应的基地。它对于促进国民经济发展、保障人民生活、确保国防安全都有特别重要的意义。

随着我国经济的腾飞，尤其是商品经济的发展，油库的发展也很快。除了石油、石化、军事系统建有一系列专用油库外，其它企业，如航空、铁道、交通、电力、冶金等部门也都建有各种类型的油库，以保证运输和生产的正常进行。

一、油库的分类

(一) 按油库的管理体制和经营性质分，可分为如表 6-1 所示的独立油库和企业附属油库两大类。

独立油库是指专门从事接收、储存和发放油料的独立经营的企业和单位。企业附属油库是工业、交通或其它企业为满足本部门的需要而设置的油库。

(二) 按主要储油方式分，可分为地面(或称地上)油库、隐蔽油库、山洞油库、水封石洞库和海上油库等。

地面油库的储油罐和其他设施均设置在地面上，与其他类型油库相比，建设投资省、周期短，是中转、分配、企业附属油库的主要建库形式，也是目前数量最多的油库。

隐蔽油库将储油罐部分或全部埋于地下，上面覆土作为伪装，在空中和库外均不能直接看到储油设施。山洞油库则将储油罐建在人工开挖或自然的山洞内。隐蔽油库和山洞油库多用于储备油库或军用油库。某些机场油库、港口油库和内燃机务段油库也采用这种方式，其目的是为非常时期确保油料的供应。

表6-1 油库类型(按管理体制和经营性质分类)

- 油库
  - 独立油库
    - 民用(商业)油库
      - 储备油库
      - 中转油库
      - 分配(零售)油库
    - 军用油库
      - 储备油库
      - 供应油库
      - 野战油库
  - 企业附属油库
    - 油田原油库
    - 炼油厂(石油化工厂)原油、半成品或成品油库
    - 机场及港口油库
    - 农机站油库
    - 其它工业企业(如发电厂、钢铁厂、机务段)附属油库

隐蔽油库和山洞油库由于储罐上有覆土或在山洞内，储存油料温度几乎不受大气温度变化的影响，油料小呼吸蒸发损耗很小，对环境污染小。与地面油库比，它们投资大，建设周期长，操作灵活性差，对库内通风要求高，现在已很少采用。

水封石洞库将储罐建在稳定地下水位的岩体内，以人工洞直接作为储油罐用(见图6-1)。

水封石洞库以山洞直接储存油料，省钢材，建设费用低于山洞库，隐蔽性好，防护能力强，小呼吸损耗少，对环境污染小。但它需要特定的地质条件，技术要求高，目前只在沿海地区有少量这种油库。

另外，油库还可按照其运输方式分为水运油库、陆运油库和水陆联运油库；按照经营油品分为原油库、润滑油库、成品油

库等。

二、油库的分级

油库主要储存可燃的原油和石油产品。大多数为汽油、柴油的混合库，有些库还储存润滑油、燃料油等重质油料。油库的储油容量越大、油料种类(尤其是轻质油料)越多、业务范围越广，其危险性就越大；一旦发生火灾或爆炸等事故，影响范围也大，

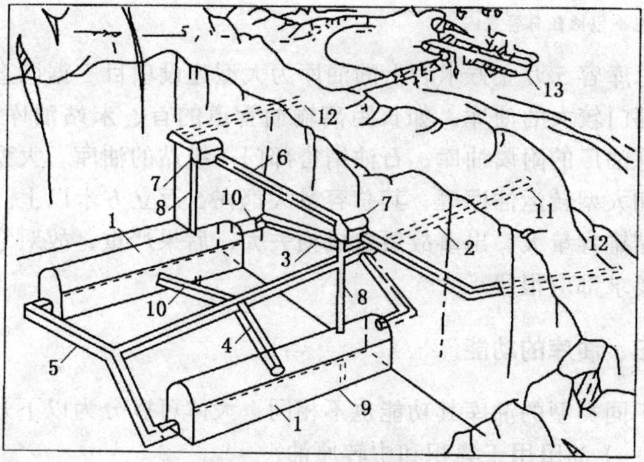

图 6－1　水封石洞油库概貌

1—罐体；2—施工通道；3—第一层施工支通道；4—第二层施工支通道；5—第三层施工支通道；6—操作通道；7—操作间；8—竖井；9—泵坑；10—水封墙；11—施工通道口；12—操作通道口；13—码头

对企业和人民的生命财产造成的损失也越大。因此从安全防火观点出发，根据油库总储油容量大小，分成若干等级并制订出与之相应的安全防火标准。

国家标准《石油库设计规范》(GBJ24)根据油库储存油料总容量多少将油库分为四个等级(见表 6－2)

表 6－2 石油库的等级划分

等　级	总容量/m^3
一　级	50000 至 50000 以上
二　级	10000 至 50000 以下
三　级	2500 至 10000 以下
四　级	500 至 2500 以下

注：表中总容量系指石油库的公称容量和桶装油品设计存放量之总和，不包括零位罐、高架罐、放空罐以及石油库自用油品储罐的容量。如石油库有加油站时，其油罐也不包括在总容量内。

总库容 5 万立方米以上的油库为大型建设项目。据调查，我国各部门较大的油库，如长距离输油管道的首、末站油库，大、中型炼油厂的附属油库，石油销售部门一级站的油库，大型储备油库和大型转运油库等，其总容量大都在 5 万立方米以上。这类油库储罐容量大，出事故后造成损失大，后果严重，故对它的各方面要求都应很严。

三、油库的功能

不同类型的油库其功能也不相同，大体可以分为以下几种：

(一) 油田用于集积和中转原油

油田原油库的功能就是收集经净化、稳定处理后的原油，用铁路油罐车装车外运或用长输管道向外输送。这种油库储存品种单一、容量大、收发量大、周转频繁。它的储罐容量要保证油田正常生产和向外输油。

海上油库用于集积海上平台生产的原油并通过海底管道输转到陆上油库或装船外运。

(二) 油料销售部门用于供应消费流通领域

油料销售部门的分配油库和部队的供应油库都是直接面向消费单位的油料流通部门。它们的主要功能是要保证油料供应，满足市场和部队需要。其特点是油料周转快，经营品种多，一般由铁路或水路来油，用汽车罐车散装发油或桶(或听)装发油。这类油库有较大的收发油设施和桶装仓库、堆桶场和相应的修洗桶设施。有些库还设有润滑油调合和再生装置。

(三) 企业用于保证生产

炼油厂、石油化工厂的原油库、半成品和成品油库是接收原油、发放成品、保证各生产装置间连续生产的重要设施，是炼油厂、石油化工厂不可分割的组成部分。这些油库的特点是规模大、品种多、作业频繁、与生产装置的联系密切。

机场或港口、发电厂、内燃机务段的企业附属油库的主要功能是为企业服务，保证飞机、船舶的油料供应，保证燃油发电厂的燃料供应和内燃机车的油料供应.

(四) 储备部门用于战略或市场储备，以保证非常时期或市场调节需要

国家储备油库的容量和位置一般是根据经济发展和国防要求来确定的。它的特点是容量大、储存时间长、周转缓慢、品种比较单一、对油库本身的防护能力要求较高。企业的储备库主要为对外贸易和稳定企业生产和市场供应服务的。这类油库的容量较大，品种较多，周转次数随市场而变。

油库的主要设施是根据油料的收发和储存要求来设置的。一般包括：装卸油站台或码头、装卸油泵房(棚)、储油罐、灌桶间、汽车装车台等主要生产设施，以及供排水、供电、供热和洗修桶等辅助生产设施，还有必要的生产管理设施。

随着我国国民经济的发展以及原油加工和成品油消费量的不断增加，我国的油库正在向大型化、自动化发展，沿海某些石化企业的油库总容量已达到80万立方米～90万立方米，原油储罐的单罐容量已达到10万立方米，成品油罐的单罐容量已达3万立方米～5万立方米。一些油库的日常生产管理已实现了计算机

管理控制一体化。油料进库出库、储罐的液位、温度、压力等参数的测量、阀门的开关、机泵的启停、油料计量等均已纳入计算机的监控系统，不仅大大提高了油库的管理水平，提高了劳动生产率，也提高了油库的安全性。

第二节 储罐的分类、结构及用途

一、储罐的分类

按照储罐的建造特点，可分为地上储罐、地下储罐、半地下储罐和山洞储罐。

地上储罐是指建于地面上，罐内最低液面高于附近地坪的储罐，通常由钢板焊接而成。这种储罐的优点是投资少、建设周期短、日常维护和管理方便，是应用最多的储罐。它的缺点是占地面积大、油料蒸发损耗较大、火灾危险性大。

地下储罐是指罐内最高液面低于附近(周围4m范围内)地坪0.2m的储罐。半地下储罐是指罐底埋深不小于罐壁高度的一半、且罐内最高液面不高于储罐附近(周围4m范围内)地坪3m的储罐。这两类储罐多数采用非金属材料建造，内壁涂敷防渗材料或用薄钢板衬里。其优点是油料蒸发损耗低、火灾危险性小、有一定的隐蔽能力，缺点是造价高、建设周期长、日常维护和管理不方便，且不宜建在地下水位较高地区。二十世纪六十年代在我国强调战备的历史时期曾建造了不少这类储罐。小型地下和半地下钢质卧式储罐则广泛应用于城市汽车加油站或加气站。

山洞储罐是指建在人工开挖的山洞或天然岩洞中的储罐。这种储罐有用钢板焊制，也有在岩洞内衬薄钢板制成，或直接用岩洞储油(如地下水封石洞储罐)。山洞罐的优点是不占耕地或少占耕地、防护能力强、油料蒸发损耗少、火灾危险性小，其缺点是建设费用高、施工周期长、对钢罐防腐要求高。其主要用于军用油库。

此外，在商业销售油库或军用供应油库中，为了便于自流发放油料，将一些储罐架设在高出地面 3~8m 的支座上。这类储罐称为高架储罐，一般为卧式钢质罐。

按储罐的材质，可分为金属储罐和非金属储罐两大类。

金属储罐是用钢板焊接而成的薄壳容器，具有造价低、不渗漏、施工方便、易于清洗和检修、安全可靠，适合于储存各类油料等优点，因而得到了广泛应用。

按照储罐形状，常用的金属罐又可分为立式圆筒形、卧式圆筒形和球形三类。立式圆筒形储罐按罐顶结构可分为固定顶储罐和活动顶储罐两类。固定顶罐常用的有拱顶和锥顶两种。大型桁架式锥顶罐在欧美地区应用较多，我国目前只有少量小型自支承式锥顶罐。活动顶罐可分为外浮顶和内浮顶两种。

卧式圆筒形储罐一般容积较小，有一定承压能力，易于整体运输和工厂化制造，多用于小型油库或加油站。

球形储罐一般属于压力容器，其受力状态好、承压能力高，但它的建造费用高、施工技术复杂，一般用于储存液化石油气、丙烷、丙烯、丁烷等高蒸气压产品。

非金属储罐有砖砌罐、石砌罐、钢筋混凝土罐等。由于这种罐与钢质储罐比较可以大量节省钢材，在五十年代和六十年代初曾在我国推广应用。

非金属储罐无论其罐壁用何种材料，其顶、底均采用钢筋混凝土制作。根据罐顶结构可分为拱顶、无梁顶盖和梁板式顶盖三种。非金属罐主要用于储存原油或重质油料。由于占地面积大、造价高、不易清罐检修、一旦发生火灾灭火困难，七十年代以后非金属储罐已很少建造。

耐油橡胶软体储罐也属于非金属储罐。这种储罐质量小、造价低、使用效率高、易于维护保养和搬运，常用于部队野战油库，也可用于民用的水上油库、加油站，但其容量较小。

按照储罐的设计内压高低，可以分为常压储罐、低压储罐和压力储罐三类。常压储罐的最高设计内压为6kPa(表压)，低压储罐的最高设计内压为103.4kPa(表压)。设计内压大于103.4kPa(表压)的储罐为压力储罐。

大多数油料，如原油、汽油、柴油、润滑油、燃料油等均采用常压储罐储存。液化石油气、丙烷、丙烯、丁烯等高蒸汽压产品一般采用压力储罐储存(低温液化石油气除外)。只有常温下饱和蒸气压较高的轻石脑油或某些化工物料采用低压储罐储存。

二、钢质储罐的结构及用途

(一) 立式圆筒形钢罐

立式圆筒形钢罐目前国内应用最多的有拱顶罐、浮顶罐和内浮顶罐。这三种罐的基础、罐底和罐壁大体相同，区别主要在于罐顶及其附件。

1. 拱顶罐　拱顶罐是立式圆筒形钢罐最常用的品种之一，其结构示意图见图6-2。

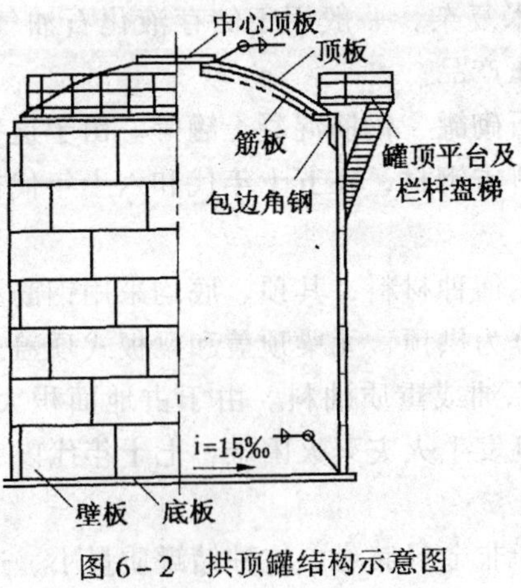

图6-2　拱顶罐结构示意图

罐底板由厚度为5mm~12mm的钢板焊接而成，直接铺在基础上。

罐壁是由若干层圈板焊接而成的。在现行储罐设计的行业标准中，规定上下相邻两层圈板的排列采用直线对接式。这种对接方式对施工的要求高，整个储罐的罐壁内径都相同，对浮顶与罐壁间的密封有利。罐壁钢板的厚度主要取决于储存油料的静压力。靠近顶部的圈板的厚度由于其受力很小主要由其刚度来确定，规范中规定其最小厚度为5mm。最下层圈板的厚度，考虑到钢板焊后热处理的困难，一般要求其厚度不得超过34mm。

拱顶罐的罐顶常用的是球形顶，是一种自支承式罐顶。它与罐壁的连接处通过包边角钢连接(见图6－2)，并由包边角钢承受拱脚处的水平推力。球形拱顶的顶板厚度，考虑到防雷要求，规定不得小于4.5mm，同罐壁顶圈壁板厚度基本相同。拱顶的曲率半径一般为储罐直径的0.8～1.2倍。拱顶的顶板由中心盖板和若干扇形板组成。为了增强拱顶的稳定性，当储罐直径大于15m时，在顶板内侧焊有径向和环向的加强肋板。当储罐直径大于32m时，就需采用网壳结构拱顶。

拱顶罐钢材的选用主要取决于储罐的受力状态和建罐地区的气候条件。对于容积小于1万立方米的罐，建罐地区的最低日平均温度低于－13℃时，一般采用Q235－A普通碳素钢，其余地区可采用Q235－A.F普通碳素钢。当储罐容量大于1万立方米时，为降低罐壁厚度、便于施工，下部几圈壁板或全部钢板可选用高强度低合金钢板，如Q345或Q390钢板。

拱顶罐具有施工方便、造价低、节省钢材等优点，已得到广泛应用，并形成了系列，以利于备料和准备施工机具，加快建造速度。根据技术经济分析，一般认为拱顶储罐的最大合理容量为1万立方米左右。拱顶罐系列一般包括容积由1百立方米～1万立方米，共12种规格。目前，国内已有2万立方米的拱顶罐投入使用，但数量很少。如采用网壳结构拱顶，储罐直径可达到46m，容积可达3万立方米。

拱顶储罐主要用于储存低蒸气压油料，如灯用煤油、各种燃料油、重油、轻柴油、重柴油、润滑油、液体沥青以及闪点

≥60℃的各种馏分油。储存热油时，其油温不得超过200℃。

储罐为了能完成各种生产作业、方便管理和确保安全，必须设置各种附件及附属设备。常用的附件及附属设备有下列几种：

(1) 进出油接合管 它直接焊于罐壁上，与进出油管道或阀门相连。

(2) 呼吸阀 呼吸阀安装于罐顶，用于自动控制储罐内气体通道的启闭，对储罐的超压和超真空起保护作用，又可在一定范围内降低油料的蒸发损耗。一种新型的全天候机械呼吸阀结构见图6-3。

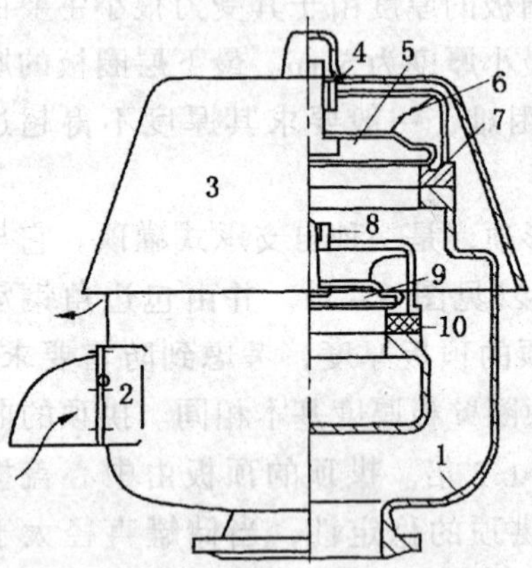

图6-3 全天候机械呼吸阀

1—阀体；2—空气吸入口；3—阀罩；4—压力阀导架；5—压力阀阀盘；6—接地导线；7—压力阀阀座；8—真空阀导架；9—真空阀阀盘；10-真空阀阀座

(3) 通气管 通气管是重质油料储罐的专用附件，安装于罐顶，是储罐收发油料时的气体呼吸通道。

(4) 储罐测量仪表 储罐测量仪表一般包括液位计、温度计和高低液位报警器，以便随时对油料储存情况进行监测。这些仪表的安装位置应与进出油接合管和罐内附件保持一定距离，避免受到干扰。

(5) 量油孔 量油孔是为人工检尺时测量油高、取样、测温而设置的。一般每罐设一个，安装在罐顶梯子平台附近。

(6) 放水管 放水管是为了排放掉罐内底水，以保证罐内油料质量或原料油加工要求。放水管可单独设置，也可附设于排污孔或清扫孔的封堵盖板上。

(7) 梯子平台　梯子是为操作人员到罐顶上进行手工计量、检查罐顶设备而设置的。梯子中应用最广泛的是罐壁盘梯，它自下而上沿罐壁顺时针旋转，上端高出罐壁顶圈板上缘 300mm ~ 400mm，并在同一高度的罐顶上设置扇形操作平台，且在罐顶周边设有高 1m 的栏杆。

(8)加热器　加热器是原油罐和重质油罐的专用设备，用于对油料加热或维持温度，以保持油料的流动性或满足工艺要求的温度。储罐加热通常以低压水蒸汽或热水为热载体，采用间接加热方式。目前常用的加热器有排管式和 U 型管式两种。

(9)排污孔或清扫孔　排污孔或清扫孔都是为清扫储罐时便于清除罐底淤渣、污泥而设置的，多用于原油罐和重质油料罐。排污孔安装在罐底板下部。清扫孔安装在底板处，其底面与罐底板平齐。

(10) 人孔　人孔是为操作人员进出储罐进行检修、清扫而设置的，同时还兼有通风、采光的功能。人孔直径为 600mm，其安装高度为中心线距罐底板 750mm。

(11) 透光孔　透光孔用于储罐检修、清洗时采光和通风。透光孔直径为 500mm，安装于罐顶。

(12) 阻火器　阻火器是一种安装于轻质油罐上、防止罐外明火向罐内传播的防火安全设备。它应与机械式呼吸阀配套选用，串连安装在呼吸阀下面。阻火器主要由壳体和阻火元件组成，结构见图 6－4 所示。

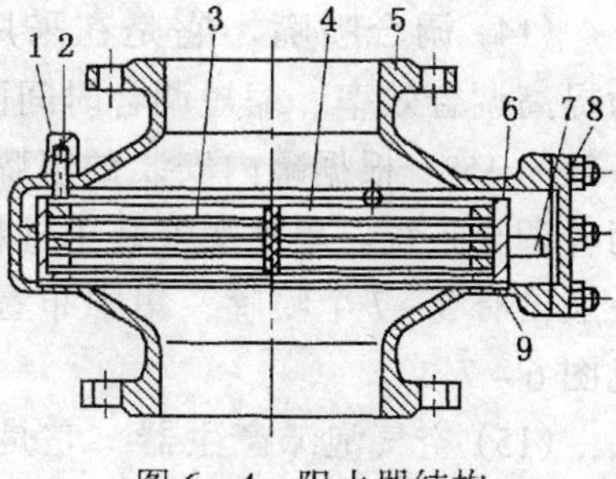

图 6－4　阻火器结构

1—密封螺帽；2—紧固螺钉；3—隔环；4—阻火元件；5—壳本；6—防火匣；7—手柄；8—盖板；9—软垫

阻火元件是阻止火焰传播的主要构件，过去常用多

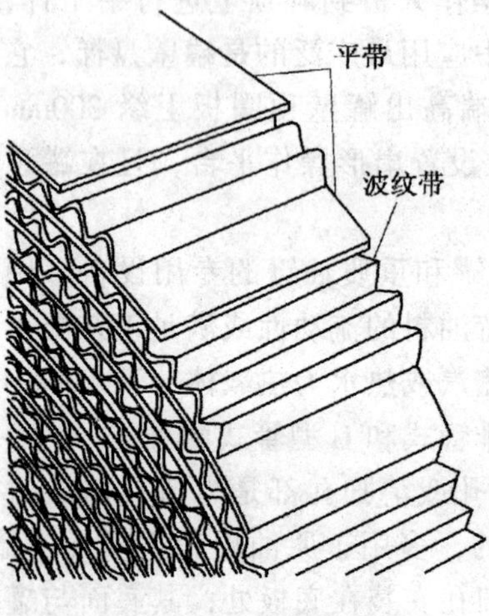

图 6-5 波纹形阻火元件

层金属丝网。目前广泛采用的波纹形阻火元件(见图 6-5)是由不锈钢平带和波纹带卷制而成的。这种阻火元件强度高、耐烧、阻火性能好。

(13) 储罐搅拌器　储罐搅拌器是用于油料调合和防止油料中沉积物聚积的机械设备。目前应用较多的是侧向伸入式搅拌器。搅拌器的安装高度，即螺旋浆轴与罐底的垂直距离，一般取螺旋浆直径的 1.5 倍。根据搅拌器安装就位后其螺旋浆轴在水平面上的方位(即与油罐半径的夹角)是否可以调节，搅拌器又分为固定角式和可调角度式两种。用作油料调合时宜选用固定角式搅拌器；用作防止沉积物堆积时，应选用可调角度式。图 6-6 为齿轮传动的可调角度式搅拌器结构图。

(14) 调合喷嘴　它是在采用泵——罐循环法调合油料时，为提高调合效率、缩短调合时间而设置的专用设备。喷嘴的锥度一般为 15°。根据罐内安装的喷嘴数量，可分为单喷嘴和多喷嘴两种调合系统。单喷嘴安装于进料管道接合管端部，多喷嘴系统一般设有 5~7 个喷嘴，集中布置在罐中心，它们的布置示意图见图 6-7。

(15) 空气泡沫产生器　它是安装于储罐顶圈圈板上用来产生空气泡沫的装置。

(16) 储罐冷却水喷淋系统　该系统的作用是本罐或相邻罐着火时，淋水降温以防火灾蔓延。冷却水喷淋管一般是围绕储罐顶圈壁板设计为两个半圆环状或4个1/4圆环状。

以上储罐附件或附属设备适用于拱顶罐，有些也适用于浮顶罐和内浮顶罐。选用时应根据储罐类型、容量、所储油料性质、操作要求及其它工艺条件等因素确定其种类、数量和规格。

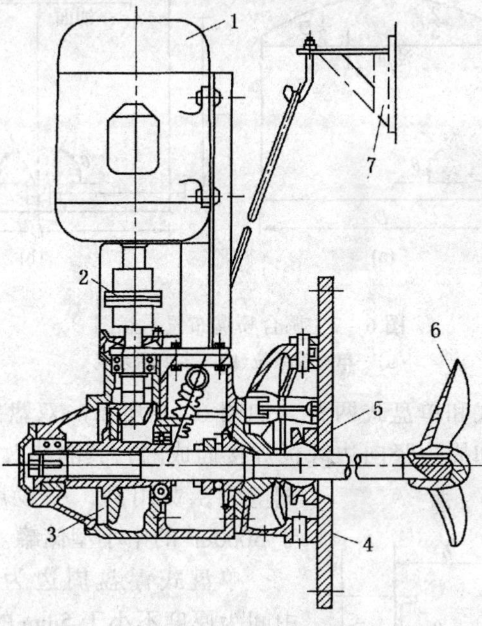

图6-6　齿轮传动可调角度式搅拌器

1—防爆电机；2—联轴节；3—齿轮传动装置；4—油罐法兰盖；
5—密封装置；6—螺旋桨叶片；7—吊架

2. 浮顶罐　浮顶罐顾名思义其顶盖是在罐内液面上浮动的，在浮顶周边与罐壁之间的环形空间里设有密封装置。浮顶罐、罐底、罐壁的结构、选材与拱顶罐无大的差别，但由于浮顶罐是敞口容器，为使储罐在风载作用下不致使罐壁出现局部失稳，即被风局部吹瘪，就必须在浮顶罐罐壁顶圈处设置抗风圈，其结构如

图 6-8 所示。对大型浮顶罐，在抗风圈下的适当高度还要设置加强圈。

浮顶罐的浮顶是由浮盘和密封装置组成的。浮盘的结构形式

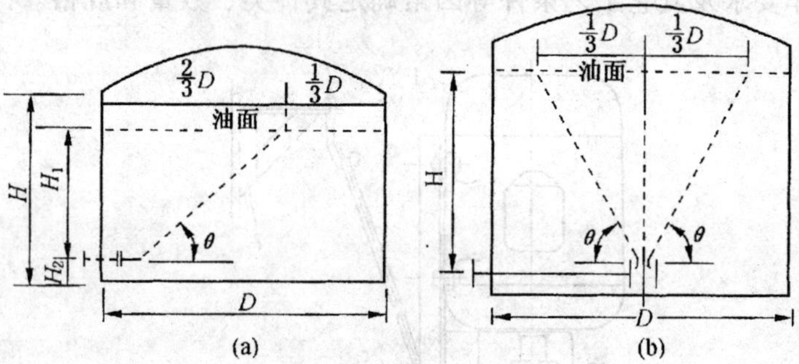

图 6-7 调合喷嘴布置示意图

(a)—单喷嘴系统(b)—多喷嘴系统

可分为双盘式和单盘式两种，如图 6-9 所示。双盘式浮盘是由顶板、底板和周边竖向边缘板焊接而成的，其隔热效果好，但耗钢量大，费用高，一般用于容量小于 $5000m^3$ 的中小型储罐。

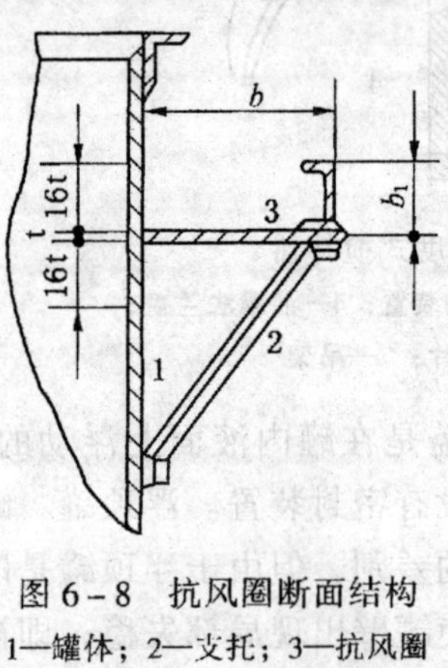

图 6-8 抗风圈断面结构

1—罐体；2—支托；3—抗风圈

（由槽钢和钢板组成）

单盘式浮盘周边为环形浮船，中间为厚度不小于 5mm 的单层钢板。单盘式浮盘结构简单、省钢材，广泛应用于容量大于 $5000m^3$ 的浮顶罐。

浮顶的密封装置安装在浮盘外缘板与罐壁间 200mm ~ 300mm 宽的环形间隙中，其作用是降低油料的蒸发损耗和防止雨雪风砂对油料的污染。

密封装置的形式很多。早期使

用的主要是机械密封，目前多使用弹性密封或管式密封，此外还有唇式密封和迷宫式密封。

弹性密封是目前应用最广泛的密封装置。它以涂有耐油橡胶的尼龙布袋作为与罐壁接触的滑行部件，其中装有富于弹性的软泡沫塑料(一般为聚氨基甲酸酯)，利用其自身弹性压紧罐壁，达到密封要求，其结构见图 6－10(a)。

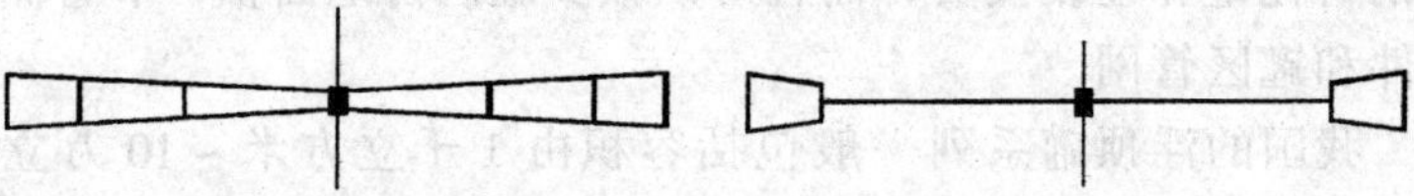

图 6－9　浮盘结构示意图

(a)—双盘式浮盘；(b)—单盘式浮盘

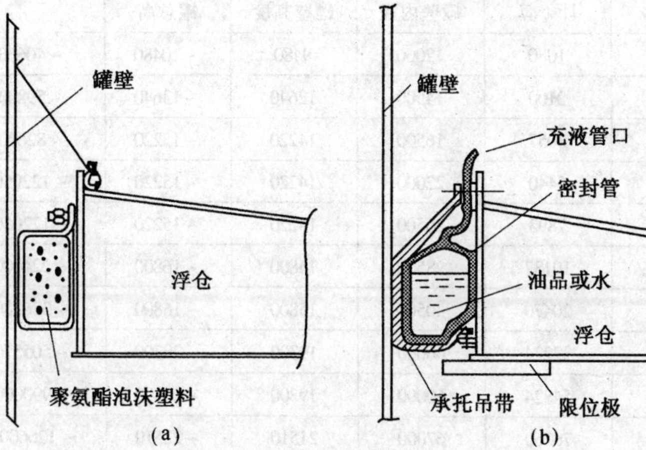

图 6－10　弹性密封和管式密封装置

管式密封由密封管、充液管、吊带、防护板等组成。密封管由两面涂有丁睛橡胶的尼龙布制成，管内充以柴油或水，依靠柴油或水的侧压力压紧罐壁，其结构见图 6 – 10(b)。

浮顶罐由于极大地减少了油料蒸发损耗及对大气的污染，降低了储罐火灾的危险性，又适合于建造大型储罐，已被广泛用于储存原油、汽油、石脑油、溶剂油及性质相似的石油化工产品。目前国内最大的浮顶罐容积为 10 万立方米，国外最大浮顶罐已达 24 万立方米。建造大容积储罐，不仅可以节省单位储油容积的钢材耗量和建设投资，而且可以减少罐区占地面积，节省储罐附件和罐区管网。

我国的浮顶罐系列一般包括容积由 1 千立方米～10 万立方米共 11 种规格。现将洛阳石化工程公司的浮顶罐系列列于表 6 – 3。浮顶罐的结构示意图见图 6 – 11。

表 6 – 3 浮顶钢储罐系列表

容积/m^3		储罐尺寸/mm			储罐总质量/kg
公 称	计 算	罐壁内径	罐壁高度	罐总高	
1000	1080	12000	9480	～10480	～40630
2000	2100	14500	12640	～13640	～59800
3000	3057	16500	14220	～15220	～82690
5000	5440	22000	14220	～15220	～122950
7000	7893	26500	14220	～15220	～172050
10000	10137	28500	15800	～16800	～224000
20000	20470	40500	15800	～16800	～336280
30000	32224	46000	19300	～20300	～505570
50000	54824	60000	19300	～20300	～990000
70000	76260	67000	21510	～22510	～1266000
100000	109578	80000	21800	～22800	～1700000

为了便于浮顶罐的操作管理和维修，罐上设有下列不同于拱顶罐的附件：

(1) 中央排水管　它是为了排除落在浮顶上的雨雪而设置的。中央排水管由几段浸于油料中的钢管组成，管段间用旋转接头连接，可随浮顶的浮动而伸直或折曲。近来中央排水管也有用金属软管代替钢管的。

(2)转动扶梯　它是为操作人员从储罐盘梯顶部平台下到浮顶上而设置的。转动扶梯上端通过旋转轴固定在靠近平台的罐壁顶部，下端通过滚轮可以沿浮顶上的导轨移动。

(3) 浮顶立柱　它的作用是限制浮顶降落高度，并将其支承在罐底板上。立柱的高度可以在浮顶上人工调节，正常作业时高

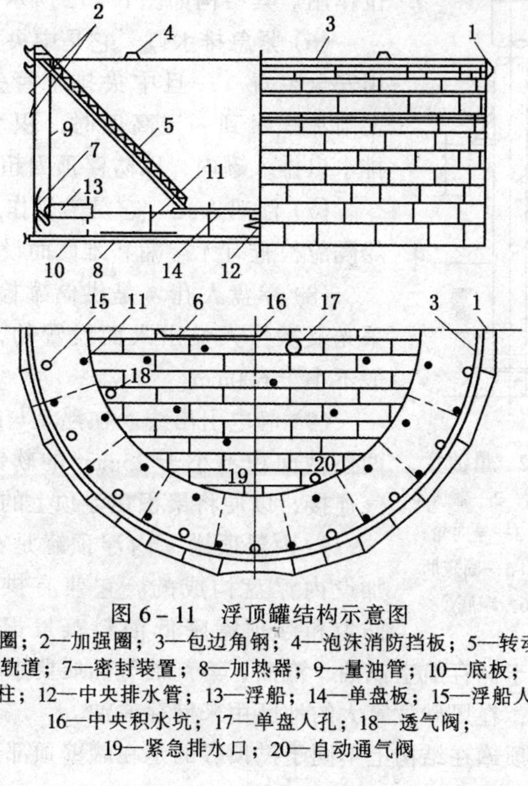

图 6－11　浮顶罐结构示意图

1—抗风圈；2—加强圈；3—包边角钢；4—泡沫消防挡板；5—转动扶梯；6—扶梯轨道；7—密封装置；8—加热器；9—量油管；10—底板；11—浮顶立柱；12—中央排水管；13—浮船；14—单盘板；15—浮船人孔；16—中央积水坑；17—单盘人孔；18—透气阀；19—紧急排水口；20—自动通气阀

度为 1.2m；储罐检修或清罐时，其高度可调至 1.8m。

(4) 自动通气阀　它是一种保护浮顶的安全装置，由阀体、阀座、阀盘、长阀杆和阀杆导向装置组成。当浮顶下降到浮顶立柱支承高度前，阀杆首先触及罐底，使阀盘脱离阀座，阀开启，防止油面与浮顶间出现真空状态。同理，进料时，可以排出油气混合气体，避免在浮顶下出现空气层。

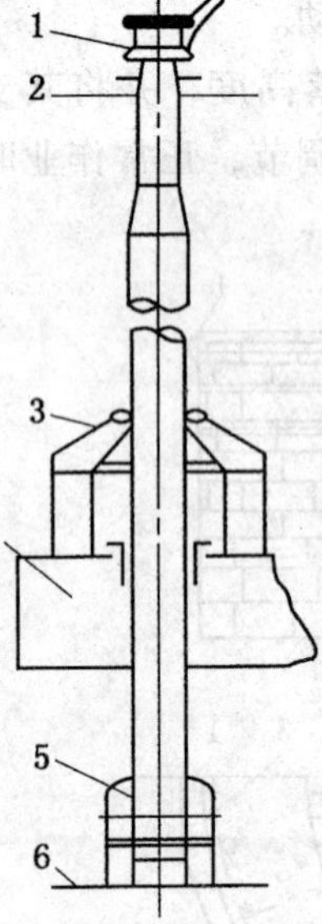

图 6－12　量油管

1—量油孔；2—罐顶操作平台；3—导向轮；4—浮盘；5—固定肋板；6—罐底

(5) 量油管　它是供操作人员在罐顶平台上进行人工检尺、取样、测温而设置的。同时它还可以起到防止浮盘水平旋转的限位作用。其结构如图 6－12 所示。

(6) 紧急排水口　它是中央排水管的备用安全装置。一旦中央排水管失灵，浮顶上雨水积聚到一定高度时，积水可由紧急排水口排入罐内，以防浮顶因超载而沉没。

(7) 浮船人孔　它是为操作人员进入浮船隔舱检查有无渗漏和维修而设置的。

(8) 单盘人孔　是供储罐检修时通风、采光及操作人员出入而设置的，其直径一般不小于 600mm。

(9) 静电引出线　在浮盘与罐壁间需用两条截面积不小于 $25mm^2$ 的软铜绞线作电气连接，以便将聚积在浮顶上的静电导走。

3. 内浮顶罐　内浮顶罐是在拱顶罐中加设内浮盘构成的。它兼有拱顶罐防雨、防尘和浮顶罐降低油料蒸发损耗的优点，广泛应用于储存航空汽油、汽油、溶剂油等品质要求较高的易挥发性油料，在风砂危害大的地区用来储存原油。

内浮顶罐在结构上不同于拱顶罐的是在罐壁顶部开设了若干

个罐壁通气孔(见图 6-13)。这是为了保证浮盘上部空间有一定的换气次数，以防油气浓度聚积到爆炸下限以上而设置的。罐壁通气孔等间距地设置在顶圈罐壁上，且相邻孔间距不得大于10m，每个罐的总数不得少于4个。

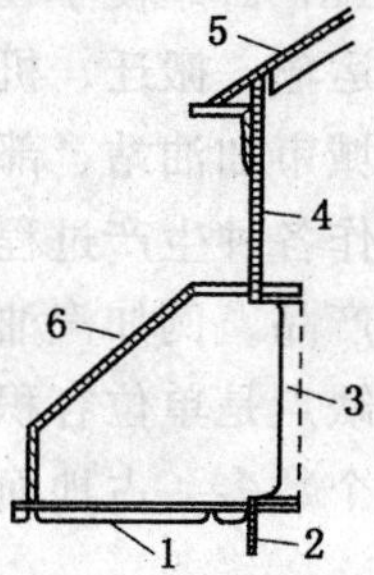

图 6-13 罐壁通气孔
1—不锈钢丝网及压条；
2、4—罐壁；3—壁板开孔；
5—罐顶；6—罩板

在结构上不同于浮顶罐的是，因为有拱顶，所以在罐壁上不需要设置抗风圈和加强圈；另外，为了适应原有拱顶罐改装成内浮顶罐的要求，内浮顶的浮盘通常采用组装式结构，国内应用最广泛的是铝合金组装式浮盘。

在储罐附件配置上，内浮顶罐不同于轻质油拱顶罐的是：用通气管代替呼吸阀，用量油管代替量油孔。它不同于浮顶罐的是没有中央排水管、紧急排水口和转动扶梯。

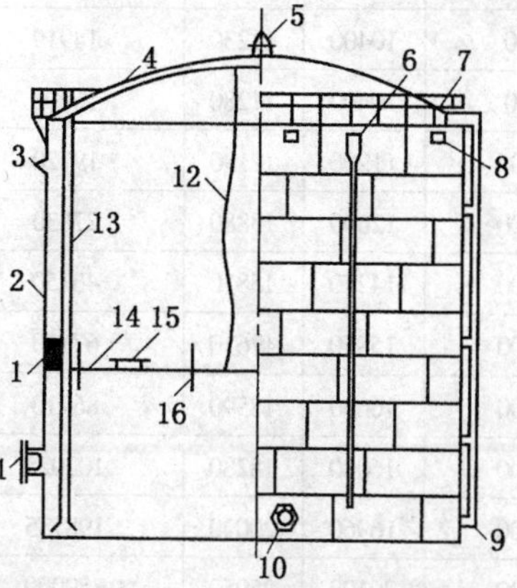

图 6-14 内浮顶罐结构示意图
1—密封装置；2—罐壁；3—高液位警报器；4—固定罐顶；5—罐顶通气孔；6—泡沫消防装置；7—罐顶人孔；8—罐壁通气孔；9—液面计；10—罐壁人孔；11—高位带芯人孔；12—静电导出线；13—量油管；14—浮盘；15—浮盘人孔；16—浮盘立柱

内浮顶罐设计系列与拱顶罐类似，见表 6-4。内浮顶罐的结构示意图见图 6-14。

（二）卧式圆筒形钢罐

卧式圆筒形钢罐一般简称为卧罐。与立式圆筒形储罐比，卧罐的容量小，单罐容积为 $2m^3 \sim 400m^3$，常用容积为 $20m^3 \sim 50m^3$；卧罐的承压能力范围大，可为0.01~

4.0MPa；卧罐便于在工厂中成批制造，生产率高、制造成本低；便于运输、搬迁，机动性强。卧罐常用于小型分配油库、农村油库、城市加油站、部队野战油库。在炼油厂、石油化工厂中，广泛用作各种生产过程中的工艺容器。卧罐可用于储存各种油料和化工产品，例如汽油、柴油、液化石油气、丙烷、丙烯等等。卧罐的缺点是单位容积的耗钢量大，当储存一定数量油料时，所需卧罐个数多，占地面积大。

表6－4 内浮顶储罐系列

容积/m³		储罐尺寸/mm				罐体质量/kg
公称	计算	罐壁内直径	拱顶曲率半径	罐壁高	罐总高	
100	110	5000	6000	5600	6150	5185
200	237.5	6000	7200	8400	9060	8810
300	319	6500	7800	9600	10320	11580
400	459	7500	9000	10400	11230	14919
500	523	8000	9600	10400	11280	16000
700	712.5	9000	10800	11200	12190	19720
1000	1100	10800	13200	12690	13880	27830
2000	2200	14000	16800	14270	15810	46150
3000	3127	16000	19200	15850	17610	67150
4000	4232	18100	21600	16630	18590	86710
5000	5049	20000	24000	16080	18280	102025
10000	10440	28000	33600	16960	20040	198735
20000	21612	37000	37000	20100	25050	359000
30000	32490	46000	46000	19550	25980	563300

注：罐体质量不包括内浮盘部分。

卧罐的结构包括筒体和封头两部分，见图6－15。通常卧罐放置在两个对称的马鞍形支座上。为加强筒体的强度和稳定性，在鞍座处焊有加强板或加强圈。当卧罐直径大于3m时还要在加强圈上设三角支撑。

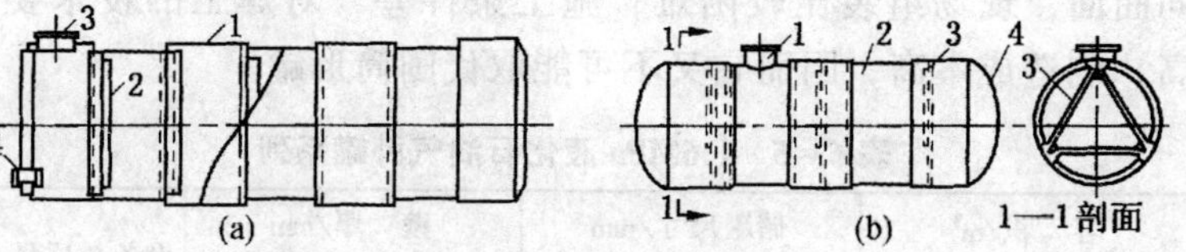

图6-15　卧式罐示意图

(a)—平封头卧式罐

1—筒体圈板；2—加强环；3—人孔；4—进出油管；

(b)—碟形封头卧式罐

1—人孔；2—筒体圈板；3—三角支撑；4—碟形封头

卧罐的封头种类较多，常用的有平封头和碟形封头两种。平封头卧罐承压能力较低，一般用作常压储罐。碟形封头受力状态好，常用于压力容器。

卧罐作为一般油料储罐时，其附件一般有进出油管、人孔、量油孔、排污-放水管、呼吸阀或通气管等，其作用与立式储罐相同。

卧罐作为压力容器储存高蒸气压产品时，为密闭储存，它的附件设置见球罐部分。

卧罐的设计系列通常是按其设计压力来编制的，但卧罐的直径应受其封头系列尺寸的限制而不能随意确定。卧罐的设计系列较多，下面仅将设计压力为1.6MPa的液化石油气卧罐系列列于表6-5，该系列主体材质为Q345，使用温度为-40~48℃。

（三）球罐

球罐是生产实际中应用比较广泛的压力容器。与圆筒形储罐相比，球罐的优点是：当二者容积相同时，其表面积最小；当直径和壁厚相同时，其承压能力约为圆筒形罐的两倍，因而它可大量节省钢材；减少占地面积；适于制造中、低压容器，以便采取密闭储存方式，消除油料蒸发损耗。但另一方面，球罐壳体为双向曲面，现场组装比较困难，施工条件差，对焊工的技术要求高，制造成本高，因而它又不可能取代圆筒形罐。

表 6－5　1.6MPa 液化石油气卧罐系列

容　积/m³		储罐尺寸/mm		壁　厚/mm		设备总质量/kg
公　称	计　算	公称直径	总长度	筒　体	封　头	
2	2.01	1000	2740	8	8	931.1
5	5.07	1200	4704	10	10	1848.5
10	10.01	1600	5258	12	12	3156.8
20	20.11	2000	6762	14	14	5547
30	30.03	2200	8306	14	16	7135
50	50.04	2600	9900	16	18	12659
100	100.01	3000	14764	18	20	22729
100	100.02	3200	13008	20	20	23965
120	120.07	3200	15498	20	20	27957

球罐主要用于储存液化石油气、丙烷、丙烯、丁烯及其它低沸点石油化工原料和产品。在炼油厂、石油化工厂、城市燃气供应部门都有广泛应用。

球罐由球壳、支柱及其附件组成。球壳是球罐的主体。它由许多块在工厂预制成一定形状的钢板在现场组装、焊接而成。

球罐支座常用的是正切式支柱，它们用无缝钢管制成，对球壳的支承点在水平球径上，并与壳体相切。支柱间有斜拉杆，以增强其稳定性。球罐结构示意图见图 6－16。

球罐的壁厚取决于它的设计温度、设计压力和所选用钢材的机械性能。我国劳动部的有关规程中规定：盛装临界温度高于50℃的液化气体的压力容器，如设计有可靠的保冷设施，其最高

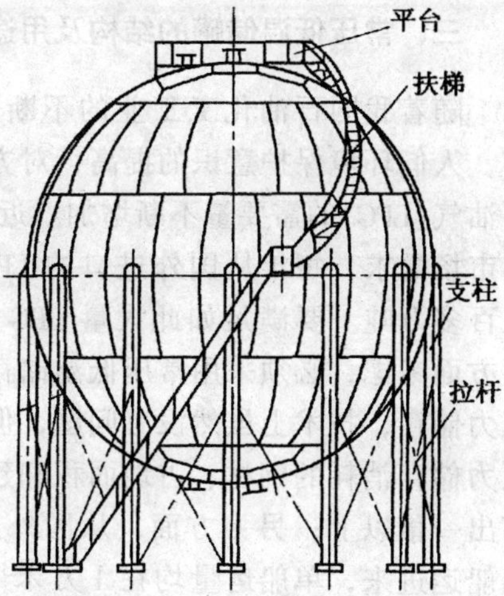

图 6-16　球罐结构示意图

工作压力应为所盛装液化气体在可能达到的最高工作温度下的饱和蒸气压力；如无保冷设施，其最高工作压力不得低于该液化气体在50℃时的饱和蒸气压力。常温下盛装混合液化石油气的压力容器应以50℃为设计温度；还规定压力容器的设计压力不得低于最高工作压力。

球罐通常要设置人孔、进出料接合管、放水管、液面计、温度计、压力表和高低液位报警器等附件或附属设施。另外球罐还应设置安全阀。

根据国家行业标准 JB/T4711，常用的桔瓣式球罐系列的基本尺寸见表 6-6。

表 6-6　球罐系列表

<table>
<tr><td>公称容积/m³</td><td colspan="2">50</td><td colspan="2">120</td><td colspan="2">200</td><td colspan="3">400</td><td colspan="3">650</td><td colspan="2">1000</td><td colspan="2">1500</td></tr>
<tr><td>球壳内直径/mm</td><td colspan="2">4600</td><td colspan="2">6100</td><td colspan="2">7100</td><td colspan="3">9200</td><td colspan="3">10700</td><td colspan="2">12300</td><td colspan="2">14200</td></tr>
<tr><td>几何容积/m³</td><td colspan="2">51</td><td colspan="2">119</td><td colspan="2">187</td><td colspan="3">408</td><td colspan="3">641</td><td colspan="2">974</td><td colspan="2">1479</td></tr>
<tr><td>球壳分带数</td><td colspan="2">3</td><td colspan="2">4</td><td colspan="2">4</td><td colspan="2">4</td><td>5</td><td colspan="2">4</td><td>5</td><td colspan="2">5</td><td colspan="2">5</td></tr>
<tr><td>支柱根数</td><td colspan="2">4</td><td colspan="2">5</td><td colspan="2">6</td><td>6</td><td>8</td><td>8</td><td>6</td><td>8</td><td>8</td><td>8</td><td>10</td><td>8</td><td>10</td></tr>
<tr><td>公称容积/m³</td><td colspan="2">2000</td><td colspan="2">3000</td><td colspan="2">4000</td><td colspan="3">5000</td><td colspan="3">6000</td><td colspan="2">8000</td><td colspan="2">10000</td></tr>
<tr><td>球壳内直径/mm</td><td colspan="2">15700</td><td colspan="2">18000</td><td colspan="2">19700</td><td colspan="3">21200</td><td colspan="3">22600</td><td colspan="2">24800</td><td colspan="2">26800</td></tr>
<tr><td>几何容积/m³</td><td colspan="2">2026</td><td colspan="2">3054</td><td colspan="2">4003</td><td colspan="3">4989</td><td colspan="3">6044</td><td colspan="2">7986</td><td colspan="2">10079</td></tr>
<tr><td>球壳分带数</td><td colspan="2">5</td><td colspan="2">5</td><td colspan="2">6</td><td colspan="3">6</td><td colspan="3">6</td><td colspan="2">7</td><td colspan="2">7</td></tr>
<tr><td>支柱根数</td><td>10</td><td>12</td><td>10</td><td>12</td><td>12</td><td>14</td><td colspan="2">12</td><td>14</td><td colspan="2">12</td><td>14</td><td colspan="2">14</td><td colspan="2">14</td></tr>
</table>

三、常压低温储罐的结构及用途

随着我国石油化工工业的不断发展，人民生活水平不断提高，人们环境保护意识的提高，对方便、清洁、高效能源的液化石油气(LPG)的需要量不断增加。近几年国产的 LPG 已远不能满足市场需求，每年从国外进口的 LPG 数量已从几十万吨增加到三百多万吨。要满足如此大量 LPG 的储存，从经济性和安全性两方面考虑，必须采用常压低温储存技术，因为如用常规的常温压力储存，技术上虽然没有问题，但在经济上是不可行的。常温压力储存消耗的钢材、占地面积和建设投资都要比常压低温储存高出一倍以上；另一方面，从国外进口的 LPG 大部分由常压低温船运进来，单船运量均在 1 万米^3 以上，接收港口必须具备相应的大容量的常压低温储运设施。

从九十年代开始，我国南方沿海地区已陆续建成了一些常压低温 LPG 储运设施，储罐总容量已达 37.2 万米^3。这些设施都是中外合资企业所有，技术、设备和材料绝大部分均由国外引进。1993 年洛阳石化总厂建成了国内第一套 LPG 低温储存设施，包括 2 座 7000m^3 和 1 座 3000m^3 双壁立式地上常压低温储罐和相应的辅助设施。

常用的常压低温储罐有两种型式，即双层金属式低温罐和预应力混凝土(PC)低温罐。两种皆可做成地上式、半地下式和地下式三种型式。地下罐比较安全，但投资较高；地上罐投资低，但不如地下罐安全；半地下罐介于二者之间。

双层金属式低温罐按其结构可分为吊顶双壳体储罐(见图6－17)和双拱顶双壳体储罐(见图 6－18)两种。内罐壳体通常采用耐低温镍钢材料，外罐壳体采用普通钢材。内外层之间为绝热层。吊顶双壳体储罐提供了一个“开顶”的内罐，储罐仅有一个压力源，运行安全、操作方便，是目前广泛应用的形式。在江苏太仓由华能阿莫科清洁能源有限公司建造的2座3.1万立方米LPG低温储罐，即为金属吊顶双壳体储罐。双拱顶双壳体储罐有封闭的内罐，消除了因超装或地震引起的液体溢出问题。在内、外壳间，采用检测绝热层气体的组分来判别内罐是否泄漏。为了避免因大气压力或温度变化及湿空气进入内、外壳间绝热层，需设置

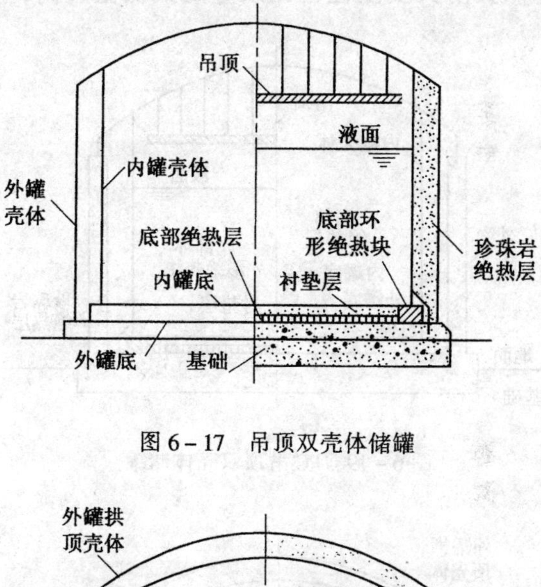

图6-17　吊顶双壳体储罐

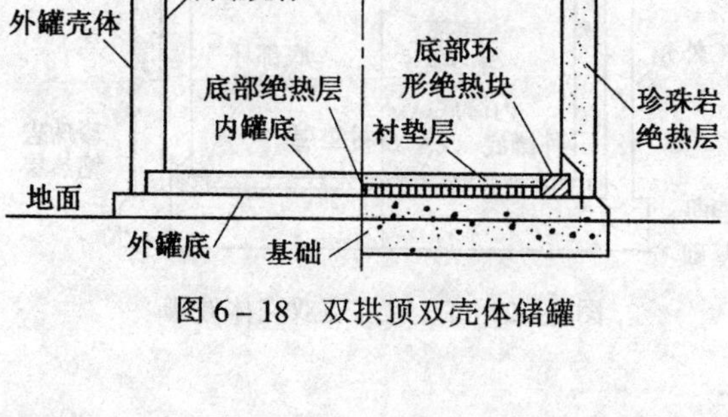

图6-18　双拱顶双壳体储罐

一套氮气平衡系统。与吊顶双壳体罐相比，双拱顶双壳体罐的安装和运行费用较高。

预应力混凝土(PC)式低温罐按其结构也可分为PC吊顶双壳体储罐和PC双拱顶双壳体储罐两种，见图6-19、图6-20。PC式低温罐的外壳也能储存低温液体，罐周围不需要防护堤，故占地面积较小。其防火安全性也比双金属式低温罐高，抗震性能

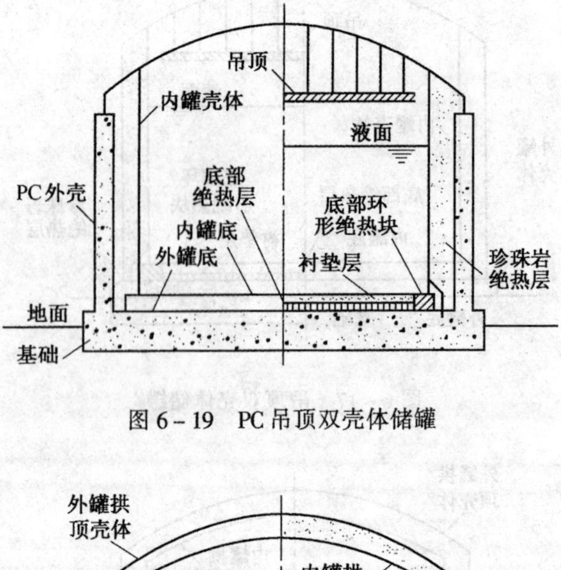

图6-19 PC吊顶双壳体储罐

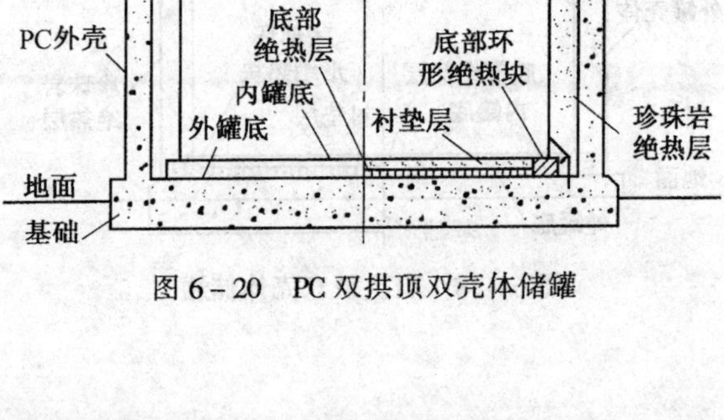

图6-20 PC双拱顶双壳体储罐

好，维修容易，所以近年采用较多。最近中美合资的金地石化有限公司正在浙江乍浦建造的2座5万立方米LPG低温储罐就是PC吊顶双壳体低温储罐。

常压低温储罐主要用于储存低温LPG，即丙烷和丁烷，由于二者的沸点差异较大，一般均将它们分别储存。丙烷的储存温度为-42℃左右；丁烷的储存温度为-4℃左右。用于储存低温乙烯时，其储存温度为-103℃～-107℃。用于储存液化天然气时，其储存温度为-160℃左右。

常压低温储罐单罐的容积较大。我国已建成的这种罐的容积有0.9万立方米、2.5万立方米、3.1万立方米、5万立方米和8万立方米5种。日本已有13万立方米的低温罐。根据他们的经验，考虑到地基的不均匀沉降，这类储罐的直径应不超过64m。

四、储罐的发展趋势

在我国国民经济持续高速发展的情况下，目前我国每年均要进口几千万吨原油和几百万吨LPG，才能满足国民经济和人民生活的需要。随着全球经济一体化的发展和我国即将加入世界贸易组织(WTO)，我国必须大力增加石油储备资源，以减少国际局势动荡对我国经济的影响。以上情况迫切要求我们大力增加石油储存能力，发展大型储罐。目前10万立方米～15万立方米的浮顶罐是世界各国储存原油的主体罐型。日本已建成了单罐容量为16万立方米的大型储罐，还设计出了18万立方米和30万立方米的特大型储罐。

自1985年以来，我国陆续在秦皇岛、黄岛、浙江舟山和大连等地建造了十几座10万立方米浮顶原油罐，5万立方米和10万立方米浮顶罐已成为我国目前原油储存的主体罐型。为了适应我国原油进口和适当储备的形势，我们必须开发和建造更大容量的储罐，开发我国的高强度优质钢材，为建造大型储罐打下基础。

对于汽油、喷气燃料和柴油等大宗油料的储罐，随着石油化工企业生产加工装置的大型化，也正朝着大型化发展。沿海某些石化企业已建成了一批2万立方米～5万立方米的浮顶成品油储罐。今后1万立方米～5万立方米储罐将是成品油的主体罐型。

对于LPG的储罐，在沿海地区要大力开发大型常压低温储罐，以满足LPG日益增长的需求量(主要由国外进口)的储存要求。

用于常温压力储存的球罐，对于LPG的生产企业，它的主体罐型将是1000～3000米^{3}的大型压力容器。因为在这些企业中，LPG的储罐储存能力一般为7天～10天的生产量。由于油料周转快，想要采用常压低温储存，就必须设置庞大的致冷设备，将生产装置生产的温度为40℃左右的LPG降至－4℃(丁烷)～－42℃(丙烷)，而LPG的出厂手段一般为铁路罐车、汽车罐车或水运装船，用户都不要求进低温的LPG，这样就会造成能量的巨大浪费，所以在这些LPG的生产企业中采用大容量常压低温储罐在经济上是不可行的。

第三节 油料的水路运输

一、概述

我国海岸线长度达1.8万公里，有良好的港湾和优越的建港条件。从北到南沿海已建成能停靠万吨级以上油轮的港口有大连鲇鱼湾、秦皇岛、山东黄岛、浙江乍浦、镇海算山、福建惠安、广州、湛江等十多处。我国的内河运输以长江、珠江、黑龙江和大运河的航线为主。

长江水系通航航线里程在8万公里以上，占全国内河通航航线里程的一半，万吨级油轮在洪水期从上海可直达武汉，枯水期也可直达南京。沿江已建有扬子石化、南京炼厂、安庆石化、九江石化、长岭炼化、武汉石化等多座油运码头。

我国内河运输，大都是东西走向的横干线，而海上运输则是南北纵向，它把沿海各地和陆地上主要的东西走向的运输线连接起来，成为我国东部的一条纵向运输线。

水上运输按其航行的区域，可划分为远洋运输、沿海运输和内河运输三种类型。水上运输与其他运输方式相比，其载运量大、能耗少、成本低。在九十年代以前，国内成品油运输主要由铁路承担，水运量在 1980 年只占 26%，到 1990 年达到了 31.5%，总运量约为 2810 万吨[3]。随着我国经济的高速发展，对油料的需求量有了很大提高。从 1993 年开始我国已是纯石油进口国，1996 年进口量已达到约 4200 万吨。这些进口油料主要从菲律宾、新加坡、印尼、科威特和沙特阿拉伯等国买进，全部由海上进口，因而促进了我国油料海运事业的发展。

二、港口和码头

港口由水域和陆域两部分组成。水域是供船舶进出、运输、锚泊和装卸作业使用的。陆域包括码头、泊位、道路、仓储区、装卸设施和辅助生产设施(包括给水排水和消防系统、输电及配电系统、办公、维修、生活用建筑物、工作船基地等)。

港口中供船舶停靠的水工建筑物叫码头。码头前沿线通常即为港口的生产线，也是港口水域和陆域的交界线。

码头上停靠船舶的位置叫泊位，也叫船位。一个泊位可供一艘船停泊，一座码头可同时停泊一艘或多艘船只，即一座码头可同时有一个或多个泊位。泊位的长度要与船型的长度相适应。在同一条线上的两个泊位间还要留出两船之间的距离，以便船舶系解缆绳，因此码头线长度是由泊位数和每个泊位所需长度决定的。

(一) 码头的分类

码头按平面布置形状，可分为顺岸码头、近岸式浮码头、突堤码头、栈桥岛式码头、岛式码头等。

顺岸码头是指与岸线平行的码头，一般利用地形沿岸线建筑，常用于河港。近岸式浮码头是由趸船、引桥、护岸等组成，其特点是船可随水位涨落升降，趸船与船舶间在任何水位下均可方便停泊，引桥与护岸采用绞接。这种码头多用于河港。码头伸入水面与岸线正交或斜交的称为突堤码头，常用于海港。栈桥岛式码头借助引桥将泊位引至深水处，由引桥、工作平台和靠船墩等组成。我国沿海的大中型油码头多为这种形式。孤立于水中的码头叫岛式码头。这种码头利用天然海上岛屿或在海上建造人工平台，码头的输油设备通过海底管道与岸上的储油设施相连。多点系泊码头和单点系泊码头也属于这类码头。这种码头能适应巨型油轮的装卸，码头离岸线距离较远。

如果船只停泊不靠码头，而是抛锚，或者系在浮筒上停泊，则通称“锚泊”。锚泊的水域叫“锚地”。锚地可供等待泊位的船只临时停泊，也可以就在锚地上傍靠，另用船只转载油料，叫做“过驳”也叫“捣载”。内河驳船队的排队或解队也在锚地进行。

我国沿海、沿江已建成一大批油料运输专用码头，主要的油码头见表 6-7 所示。

表 6-7 我国沿海沿江的主要油码头

序号	地点	泊位吨级/万吨	业主
1	辽宁大连大孤山	30.0	交通部(规划中)
2	辽宁大连鲇鱼湾	10.0	交通部
3	辽宁大连寺儿沟	5.0	交通部
4	辽宁营口鲅鱼圈	3.0	交通部

续表

序　号	地　点	泊位吨级/万吨	业　主
5	河北秦皇岛	5.0	交通部
6	天津塘沽新港	5.0	交通部
7	山东黄岛	20.0	交通部
8	上海金山	2.5	上海石油化工股份有限公司
9	浙江镇海	15.0	镇海炼油化工股份有限公司
10	浙江岙山	20.0	中国化工进出口公司等
11	浙江宁波	2.4	中国化工进出口公司等
12	福建小烦	10.0	福建炼油化工有限公司
13	广东黄埔	2.5	交通部
14	广东惠州	13.0	广州石油化工总厂
15	广东博贺湾	25.0	茂名石油化工公司
16	广东水东	5.0	茂名石油化工公司
17	广东湛江	5.0	交通部
18	上海外高桥	5.0	高桥石油化工公司
19	江苏浏家港	2.5	江苏长江石油化工有限公司
20	江苏仪征	2.5	扬子石油化工有限责任公司
21	江苏南京	2.4	金陵石油化工公司
22	安徽安庆	2.0	安庆石油化工总厂
23	江西九江	1.0	九江石油化工总厂
24	武汉青山	1.0	武汉石油化工厂
25	湖南陆城	1.0	长岭炼油化工总厂
26	上海高桥	1.5	高桥石油化工公司

(二)单点系泊

在外海系泊大型和超级油轮，除修建孤立的岛式码头外，多数采用浮筒系泊。采用多个浮筒多条缆索系船的叫“多点系泊码头”。近年来更多的是在海上只设一个特殊的浮筒或塔架来系住船首，系船部分有转轴，油轮可随水流和风向的变化而改变方向，这种方式叫“单点系泊码头”，简称SPM。

单点的位置由油轮吃水和海域水深来决定。单点系泊的作业半径至少为最大油轮长度的3倍。在作业半径范围内不得有任何固定建筑物，如平台、浮标以及暗礁和沉船或其他潜在危险物。

常见的单点系泊形式有悬链泊腿系统和固定塔式系泊系统，如图6-21和图6-22所示。前者应用广泛。目前全世界80%的单点系泊为该系统，其优点是可在比较大的水深范围内移位。其缺点是在台风季节漂浮软管和水浮标须排除和移走。固定塔式系泊系统的优点是其主要机械设备和关键部件位于水面以上，易于安装和维修，其缺点是系统弹性较差。

我国第一套25万吨级单点系泊原油接卸系统建于广东博贺湾水东港外海水域，1994年底建成投产。单点浮筒直径11.5m，高3.65m，上面有2条270m长直径为500mm的飘浮软管，浮筒下有2条长30m直径为500mm的水下软管，有1条直径为864mm，长15.23km的海底管道把单点系泊与岸上储油设施连接起来。

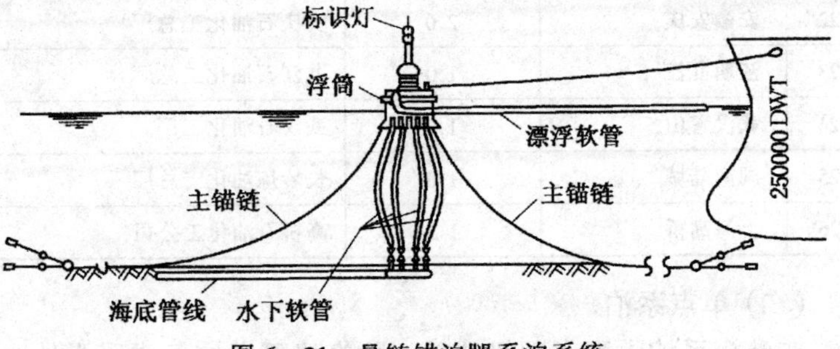

图6-21 悬链锚泊腿系泊系统

三、油船

油船是油料水上运输的主体。运油船为单甲板、尾机型，过去是单层底和设置纵舱壁，现在多为双层底、纵舱壁和双层壳的结构形式。

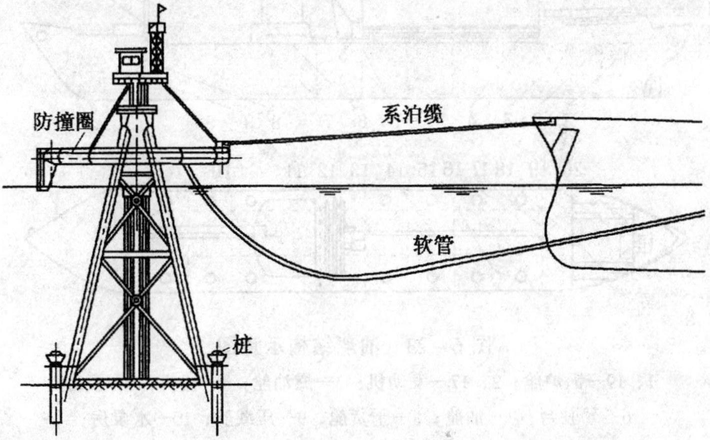

图 6-22　固定塔式系泊系统

“1973 年国际防止船舶造成污染公约”规定，新造的载重量超过 2 万吨级的原油油船或载重量超过 3 万吨级的成品油船都要设专用压载舱，载重量 2 万吨以上的油船还须设有惰性气体防爆系统；还对装油区的专用压载舱的保护面积做出规定，因油船的保护面积如果足够大，船壳破洞后装油舱所可保持完整，不致引起泄漏。

油船上除货油舱外，还设有机舱、锅炉舱、油泵舱、专用压载水舱、隔离空舱、干货舱等，如图 6-23 所示。

为满足操作安全和生活的需要，油船上有多种管系。一般有输油管系、货油泵舱管系、扫舱管系、蒸汽加热管系、专用压载水管系、灭火管系、通风管系等等。

液化石油气(LPG)船与油船总体设计相似，呈尾机型，由于LPG很轻，货舱不能用作压载舱，所以船的干舷都很高。

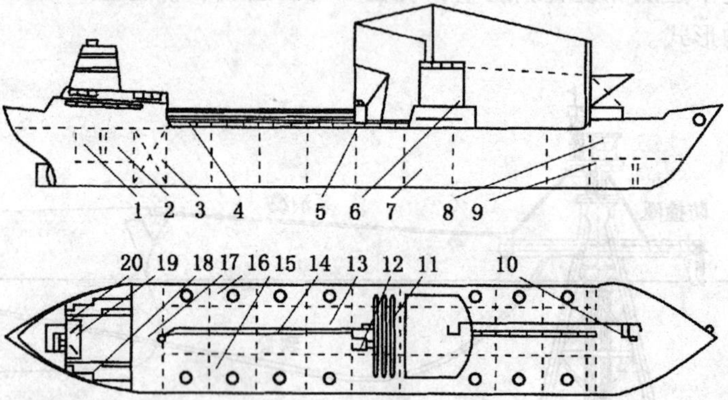

图6-23 油船结构示意图

1、19—锅炉舱；2、17—发动机；3—燃油舱；4—栈桥；5—泵房；6—驾驶台；7—油舱；8—干货舱；9—压载舱；10—水泵房；11—管组；12—泵房；13—油舱(中间舱)；14—输油管；15—油舱(边舱)；16—油舱；18—生活间；20—冷藏间

LPG船通常分为4种，即全压式、半压/半制冷式、半压/全制冷式和全制冷式。

全压式LPG船的液货舱设计压力通常为1.75MPa，总货舱容积在3000m^{3}以下，一般采用球型结构或圆柱型结构。这种船容量较小，钢材耗量、造价和营运成本都较高。

半压/半制冷式LPG船液货舱的设计压力通常为0.8MPa，最大容积可达5000m^3，液货制冷到5℃装运，液货舱通常为卧式圆柱形。

半压/全制冷式LPG船(见图6-24)能装多种液货，适用范围广，在卸货时能对LPG加热，在航行时能对LPG迅速制冷。

液货舱的设计压力为 0.8MPa，其温度可维持在 -48℃(装乙烯的货舱可维持在 -105℃)。液货舱形状通常为圆柱形或球形，采用耐低温的碳钢或镍合金钢制作。

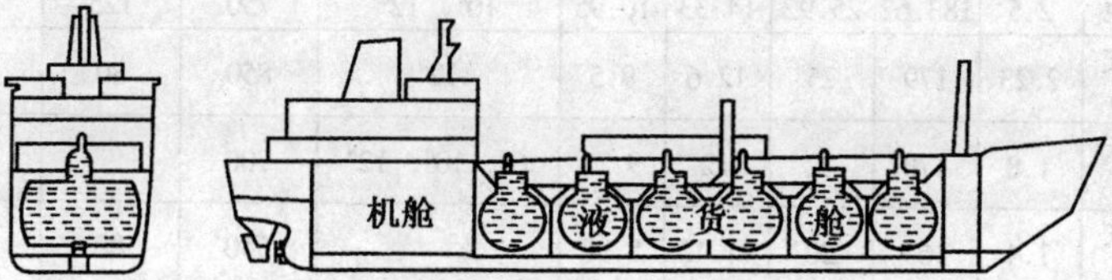

图 6-24　半压/全制冷式液化石油气船

全制冷式 LPG 船液货舱的最大设计压力为 0.025MPa，容积为 1 万立方米～10 万立方米。适应的最低营运温度为 -48℃(运丙烷)或 -104℃(运乙烯)。液货舱壁用玻璃纤维或聚氨酯泡沫塑料绝热。在液货舱与船壳间充有惰性气体。液货舱呈棱柱形。

我国的原油油轮船队主要由 5 万吨～7 万吨级的油轮组成，成品油轮均在 3.5 万吨级以下。我国目前拥有的 LPG 船全部为 $3500m^3$ 以下的压力式运输船。我国现有部分油轮的参数见表6-8。

表 6-8　我国油轮参数

船名	吨位/10^4t	总长/m	型宽/m	型深/m	满载吃水/m	管接头直径	卸油泵 流量/(m^3/h)	卸油泵 扬程/m	卸油泵 台数(台)
大庆252	7.0	239	37	16.46	12.51	—	1000 1500	120 100	2 4
锦河	6.1	231.2	35.6	18	12.3	8″,10″,12″,14″	2000	120	3
大庆257	6.0	231.2	35.6	18	12.3	8″, 10″, 12″	2000	120	3
桂河	5.8	210	32.29	16.4	12.36	14″	1600	120	3
大庆256	4.7	221	31	15.48	12.31	8″, 10″, 14″	1000 1500	120 90	1 2
大庆251	4.2	215	29	15.39	11.64	14″	1500	80	3
剑池	2.75	183.62	25.91	14.33	10.98	10″, 12″	750	70	3

续表

船名	吨位/10^4t	总长/m	型宽/m	型深/m	满载吃水/m	管接头直径	卸油泵		
							流量/(m^3/h)	扬程/m	台数(台)
滇池	2.5	183.62	25.92	14.33	10.95	10″, 12″	750	125	4
大庆240	2.23	179	25	12.6	9.5	12″	850	80	2
大庆247	1.8	170	22	12	9.73	6″, 10″, 12″	700		3
大庆232	1.4	163	20	11.15	8.98		550	80	2
大庆216	0.5	106	15	7.9	6.88	6″, 10″	565	70	2
大庆210	0.5	101	15	7.9	6.94	6″	500	80	2

注：1″ = 2.54cm

四、装卸工艺与设备

(一) 油料装卸工艺

1. 原油和成品油装卸　原油和成品油的装卸工艺流程比较简单，装船流程为：储罐 - 装船泵(或自流) - 流量计 - 输油臂 - 油船。卸船流程为：油船 - 油船输油泵 - 输油臂 - 流量计 - 储罐。除非储罐的地理位置很高，一般很难进行自流装船。

由于大型油码头和油船的造价较高，为了提高它们的利用率，对船舶的装卸作业时间均有严格要求。我国港口工程规范中，规定了 10 万吨级以下原油轮净装卸油的时间，见表 6 - 9。

表 6 - 9　装卸油港泊位净装卸时间

油轮吨级(DWT)	10000	20000	30000	50000	80000	100000
净装油时间/h	10	10	10	10	13 ~ 15	13 ~ 15
净卸油时间/h	24 ~ 18	27 ~ 24	30 ~ 26	36 ~ 32	36 ~ 31	36 ~ 31

2. 液化石油气(LPG)装卸　常温 LPG 的装卸工艺与原油和成品油相似，不同之处在于在 LPG 的装卸中应设一条气相返回管

道，气相管道要比液相管道小 1～2 级。为了安全，装卸作业时要求液相管道内的流速不应超过 5m/s。

如果 LPG 船为全制冷式，而 LPG 储罐为常温压力罐，就需要在泵出口至储罐的管道上增设加热器。图 6－25 是 LPG 转运站的示意流程图。

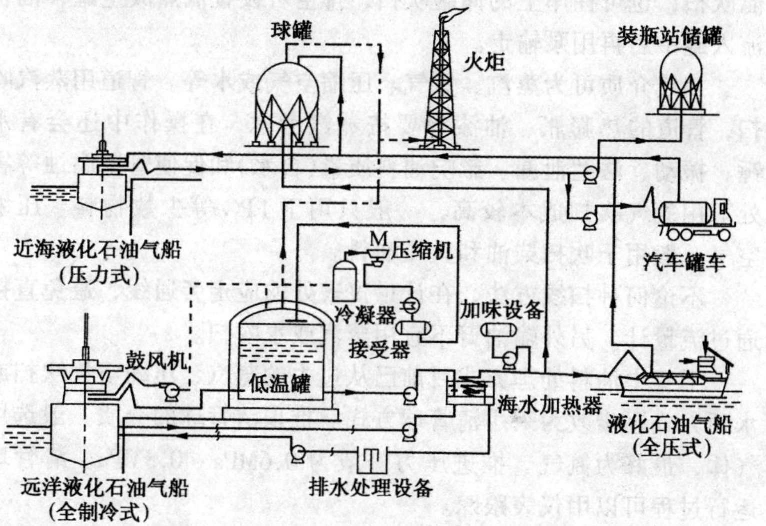

图 6－25　液化石油气转运站流程

3. 油码头管道系统处理　装卸作业完成后，管道中的油料根据性质和操作要求的不同，可以保留，也可以排空。干管和输油臂中的油料可以同时处理，也可单独处理。

装船完毕后，船位下降，船上管接头常低于码头面，这时输油臂中有相当部分油料可以自流入船，其余部分若不会凝结，则可保留在管内，为避免挥发、滴流，可在输油臂末端加法兰盖封闭。反之，卸船完毕后，输油臂中油料不能自流入船，可用扫线介质扫入船内或排入泊位上的收集罐中。

对于干管中的油料，若不会凝结时可保留在管内，这样对计量、减少管道内壁腐蚀、节省动力消耗等都有好处，若油料会凝结，则需要连续伴热。当一种油料有二根管道时，也可采用定时循环，用热油置换的方法。

干管中的油料也可用吹扫、放空的方法来处理，存油可往船舱吹扫，也可往岸上的储罐吹扫，排空可设置低点放空罐，油料流入罐中后再用泵输走。

扫线介质可为蒸汽、氮气、压缩空气或水等。管道用蒸汽吹扫，管道的热膨胀、油漆等要按蒸汽考虑，在操作中还会有水锤、振动、法兰泄漏、影响油料质量(含水)和促使管壁腐蚀等害处。用氮气吹扫成本较高，一般只用于 LPG 等少数物料。压缩空气一般用于吹扫柴油和重质油料。

不论何种扫线方法，在计量仪表处均应走旁通线，避免直接通过流量计。另外输油臂不宜用蒸汽或水吹扫。

干管中油料处理方式目前已从过去的蒸汽、压缩空气吹扫或水顶方式逐步改为采用清管球方式。推顶清管球的介质一般选用气体，最好为氮气。推进压力一般为 0.6MPa ~ 0.8MPa。清管球运行过程可以用仪表跟踪。

油码头上使用了清管球技术后，清扫管道比较方便，使用动力少，吹扫时间短，干管内油料可全部收入储罐，减少了环境污染，对码头管道和各种油料的适应性好，一条干管可输送几种性质相近的油料，提高了干管的输送效率，降低了成本。这种清管方式更能适应多变市场的需求。

(二) 装卸设备

1. 输油臂和软管　目前油码头的装卸油导管有输油臂和软管两种。输油臂是国内外大型油码头广泛采用的金属装卸油导管，它结构安全、密封可靠、操作灵活、省力、造型美观，其缺点是加工制造复杂、造价高。软管在中小型、装卸物料品种多的码头使用较多。过去我国的油码头软管装卸工艺布置简单，装卸时软管与管道用法兰连接，装卸完毕后软管就放置在码头上，有时，多达数十根。由于油码头操作平台较小，使码头管理困难。近来在一些新设计建造的油码头上，采用了先进的用树脂、塑料薄膜、钢丝或不锈钢丝等材料制成的新型软管，重量轻，可适应不同油料或其他化学品。在码头上采用了钢结构的软管吊架，使码头装卸区布置紧凑、美观，操作方便，装卸安全。软管平时悬吊在架上，使用时不会磨损及任意弯曲，使用寿命长。这种设计对多种油料适应性好，一次投资比输油臂低，使软管的应用出现了新的转机。

2. 输油臂的结构　输油臂口径一般为 DN100 ~ DN600，主要由立柱、内臂、外臂、回转接头、平衡配重、快速接头等部件构成。内外臂总长可达 18m，在装卸作业过程中，在船舶的正常活动范围内，输油臂的管系可与船舶随动。输油臂有手动和液压驱动两种操作方式，一般大口径的输油臂采用液压驱动。输油臂的末端均为法兰接口。

根据输转物料的不同，输油臂的材质有碳钢、低温钢、不锈钢和 PTFE 衬钢等，使用温度范围为 - 196 ~ 200℃。为保持输送物料温度，输油臂上可附设电伴热。输送液化石油气的输油臂上设气相、液相两根管道。输油臂还可配备双球阀紧急脱离系统，以便在锚链拉断、船舶从泊位漂移出去、失火、超载、突发暴风雨天气等危险状态下，使输油臂与船舶接口迅速脱离，且装卸物料不会外流。

输油臂已有系列产品，国内外生产厂家较多。图 6 - 26 为一种典型的船用双管自支撑输油臂结构图。

3. 输油臂的布置　输油臂一般布置在码头操作平台中部。我国交通部港口工程规范中对 15 万吨级泊位及其以下泊位的输油臂规格、数量及其布置参数作了规定，见表 6 - 10。

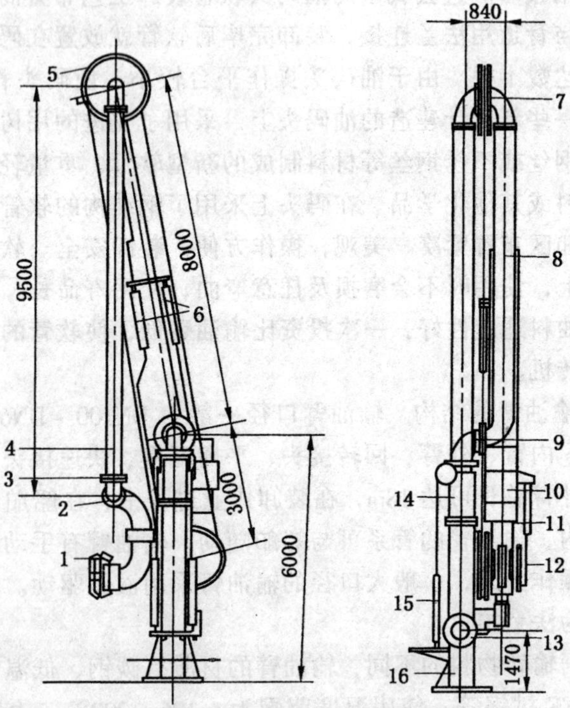

图 6－26 船用双管自支撑输油臂

1—快速接管器；2—三向回转接头；3—静电绝缘法兰；4—外臂；5—头部大绳轮；6—内臂驱动油缸；7—头部回转接头；8—内臂；9—中间回转接头；10—旋转配重；11—外臂驱动油缸；12—固定配重；13—输油臂连接法兰；14—竖向回转接头；15—旋转驱动油缸；16—立柱

表 6－10 油轮泊位输油臂及布置参数

油轮泊位吨级 DWT	输油臂口径 DN/mm	输油臂台数	输油臂中心与操作平台边缘距离/m	输油臂间距 /m
10000	200	2～3	1.5	2～2.5
20000	200～250	3	2.0	2～2.5
30000	250	3	2.0	2.5～3.0

续表

油轮泊位吨级 DWT	输油臂口径 DN/mm	输油臂台数	输油臂中心与操作平台边缘距离/m	输油臂间距/m
50000	300	3~4	2.0~2.5	3.0~3.5
80000	300	4	2.0~2.5	3.0~3.5
100000	300~400	4	2.5	3.5
150000	400	4	2.5	3.5

大口径输油臂，最大流速应控制在9.5m/s以下，小口径输油臂最大流速应略小一些。一般输油臂的最大流量见表6-11，对于重质油料流量可略小一些。

表6-11　输油臂的最大流量

输油臂口径 DN/mm	最大流量/m^3	输油臂口径 DN/mm	最大流量/m^3
250	1750	400	4500
300	2500	600	10000

第四节　油料的铁路和公路运输

一、概述

在我国，成品油料的运输目前仍以铁路运输为主。大部分内地炼油厂、石油化工厂和各类油库油料的进出厂几乎全由铁路运输来完成，一些沿海沿江(河)石化企业和油库的油料运输部分依靠水运，但仍有部分油料靠铁路运输。全国成品油料运输的60%~70%是由铁路完成的。铁路运输具有机动灵活、流向范围广、较安全可靠、受自然因素影响小等优点。但铁路运输与管道输送相比，存在着装卸环节多、油料损耗大、污染环境、双向占用铁路运力、运输效率低、成本高等缺点。公路运输虽然机动灵活，但运量小、运距长，一般仅作为石化企业、油库的辅助运输方式。

二、铁路装卸设施

油料的铁路运输，按照产品包装方式，可分为散装运输和整装运输。散装运输利用铁路油罐车输送，这种运输方式运量大，运载工具可反复使用，但运输过程是非密闭的，自然损耗大，产品易受污染，主要用于大宗油料的运输。整装运输则将油料装在桶、听等密闭容器中运输，这些容器直接参与贸易。这种运输方式主要用于小批量产品和质量要求高的产品。

油料铁路散装运输的装卸作业是在炼油厂、石油化工厂或油库的铁路专用线上进行的。用于装卸作业的主要设施有装(卸)油鹤管、泵及其管路系统、零位油罐和装卸油栈台等。

(一) 铁路油罐车

铁路油罐车是散装油料铁路运输的专用车辆，绝大部分由铁路部门设计、制造、运营、检定、维修和统一管理。另有一小部分是企业自备车辆，这主要是指盛装特种物料如液体沥青、乙二醇、醋酸等的铁路罐车，这些罐车由使用企业自行购买、使用。

铁路油罐车按运载油料类别可分为轻油罐车、粘油罐车和液化气罐车。

1. 轻油罐车　主要用于装运汽油、柴油、煤油和其他不需加热的轻质油料及化工产品。罐车的设计压力正压为0.15MPa，负压为-0.01MPa。该种罐车只能进行上部装卸，无下装卸口。

2. 粘油罐车　用于装运原油、重质润滑油、燃料油等需要加热卸车的油料，其设计压力与轻油罐车相同。该罐车设有加热装置和下部卸料装置。

加热装置有内部排管式和半圆筒形外部加热套两种形式。二者均以压力≤0.5MPa的水蒸汽为加热介质。

下卸装置一般由安装在罐车底部正下方的中心排油阀、将油料引导到罐车两侧的三通短管、以及短管端部的侧排油阀和盖组成，如图 6－27 所示。

3. 液化气罐车　液化气罐车用于装运常温下加压液化的石油烃类，如丙烯、丙烷、正丁烷、异丁烷、丁烯、异丁烯及其混合物。罐车的设计压力随其装运的介质不同而略有差异，一般为 1.8MPa～2.2MPa，允许工作温度为－40℃～50℃。液化气罐车均采用上装、上卸作业方式，而且均在高于装运介质临界压力下进行密闭装卸。罐车上部设有 DN50 的液相管接头和 DN40～DN50 的气相管接头。为了安全，罐车还设有安全阀、高液位控制阀和事故紧急切断阀。在罐车顶部还装有检测罐车内液面的滑管液位计。

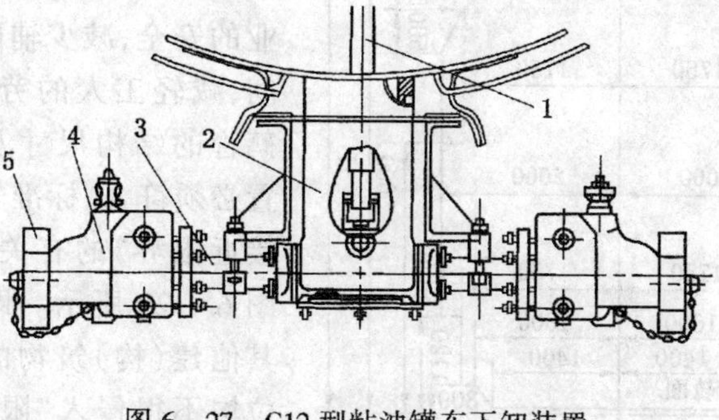

图 6－27　G12 型粘油罐车下卸装置

1—中心排油阀阀杆；2—中心排油阀；3—连接短管；
4—侧排油阀；5—端盖

为了避免阳光直射而使罐车内介质温度超过允许的最高值，在罐体上方设有遮阳罩，其包角一般为 120°，遮阳罩与罐体的间距不小于 60mm。

目前国内使用率较高、数量大的罐车统称为主型罐车，其有效容积为 50m³ 及 60m³，总长度在 10m 左右。

铁路油罐车除了上述三种常用罐车外，还有一种装运液态热沥青专用的沥青罐车。其保温效果良好，当装车时沥青温度不低于160℃时，罐车在运行7天后仍能保持在120℃左右，就能免除卸车时的加热作业，缩短了卸油时间并节省了加热所需燃料。沥青罐车罐体内径为2.6m，有效容积为50m³，罐体内设有火管，供罐内沥青加热升温之用。罐车采用上部装油、下部卸油的作业方式，下部与粘油罐车一样有下卸阀。

（二）装卸鹤管

装卸鹤管是铁路油罐车进行装卸油料作业的专用设备，它一端与汇油管(或称集油管)固定连接，另一端与铁路罐车上的装卸油管活动连接或直接由罐顶人孔插入罐车内。

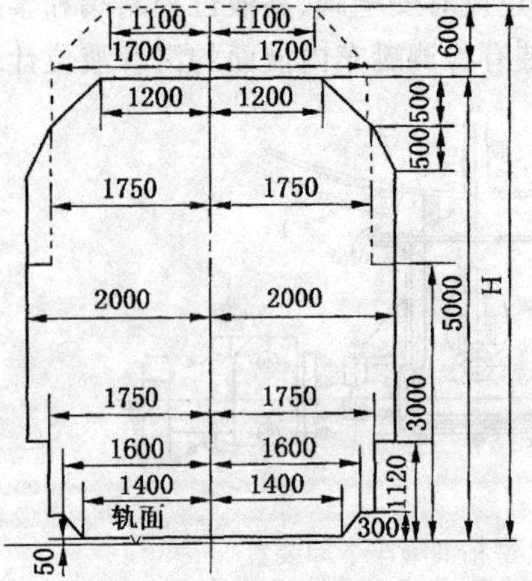

图6-28　标准轨距铁路接近限界(单位：mm)

——基本建筑限界；—·—·—·适用于油库专用线上的装卸油栈桥及洗罐线上的洗罐台；……适用于电力牵引的线路，高度H根据接触网高度及悬挂形式确定

为了确保油料装卸作业的安全,减少辅助作业时间,减轻工人的劳动强度,鹤管的结构尺寸及安装位置必须符合《标准轨距铁路接近限界》的有关规定,如图6-28所示。即鹤管或其他建(构)筑物的任何部位均不得侵入“限界”所规定的范围。同时要求鹤管在空间三个方向均有足够的调节范围,以保证实现列车进入装卸栈台后不摘钩对位、浸没式装油和卸油作业的要求。还要求鹤管气密性良好、操作时轻便灵活。

鹤管按照其适用作业性质可分为装油和卸油以及同时适用于两种作业的装卸鹤管；按照鹤管口径大小可分为大鹤管(口径为DN200)和小鹤管(口径通常为DN100)两种；按照驱动方式鹤管可

分为手动、气动、马达驱动和气缸活塞杆驱动等几种。下面介绍目前较为常用的鹤管形式。

1. 小鹤管　小鹤管即通常所说的鹤管，口径为DN100，适用于各种油料或液体化工产品的上部装卸作业。其结构大体上由固定立管、水平管、垂直管、旋转接头和力矩平衡装置组成。有下述几种类型：

(1) 位移配重式轻油装卸鹤管。它利用配重平衡水平管的自重力矩，结构简单，操作方便可旋转360°，适用于两条铁路作业线中心距6m～6.5m的双侧装卸栈台。其特点是延伸长度调节范围较小，仍有部分不平衡力矩存在。

(2) 压簧平衡式装卸鹤管。它利用压簧平衡器平衡水平管的自重力矩，结构轻巧，平衡性好，可作360°水平回转，鹤管对位调节范围大，适用于各种油料的顶部装卸作业。

(3) 气动密闭装车鹤管。这种鹤管用压缩空气作为操作动力，操作轻松灵活，装车时挥发性油气可通过气相管收集，减少对环境污染。鹤管配有气控系统，当鹤管插入槽车并用密闭盖盖紧后，头部主阀自动打开，开始装油；鹤管一旦离开槽车，主阀自动关闭，可杜绝跑油事故。输入气源压力为0.4MPa～0.9MPa，适用于各种油料的装车，操作温度为－30～＋70℃。

(4) 气动带手动密闭式装车鹤管，见图6－29。这种鹤管用压缩空气作动力用气动马达和蜗轮、蜗杆机构来完成鹤管对位、垂直管升降等动作，操作方便，对位调节范围大，能实现液下装车。输入气源压力大于等于0.35MPa，适用于轻重油料的装车作业，适用温度范围为－50℃～80℃。

2. 大鹤管　大鹤管是一种公称直径为DN200的上部装车鹤管。与小鹤管装车比较，大鹤管装车有如下特点：

(1) 单车装车流量大，速度快，小鹤管的单车($50m^3$)装油时间为25～30分钟，而大鹤管仅为6～8分钟。

(2) 鹤管数量少，装车栈台短。一般一种油料在一座装车栈台一侧只设一个鹤管。一座双侧装车栈台长度为36m。小鹤管每个车位均要设一鹤管，栈台长度与车位多少成正比。

(3) 便于集中控制，可实现装车作业的自动化，减轻劳动强度，节省劳动力，提高作业可靠性。

(4) 罐车与鹤管对位利用"小爬车"牵引装置移动列车进行粗对位，然后利用大鹤管本身行走机构进行微调。装车过程中列车逐个间歇移动，辅助作业时间长。

(5) 铁路专用线比小鹤管装车栈台要长约一倍，铁路线投资大，占地面积大。

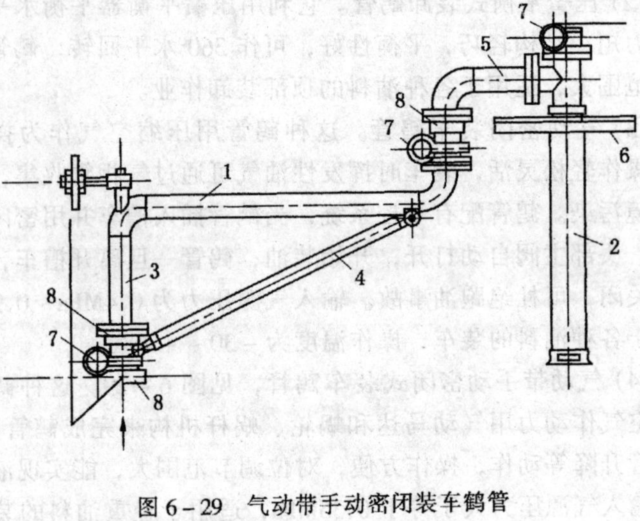

图6-29 气动带手动密闭装车鹤管

1—水平管；2—垂直管；3—立管；4—撑杆；5—加长管；
6—密闭盖；7—气动马达；8—旋转接头

3. 粘油下卸鹤管　粘油下卸鹤管是用于粘油罐车下卸作业的专用设备。鹤管直径为DN100。新式下卸鹤管全部由钢管和滚珠轴承式旋转接头组成，采用压簧平衡，密封性能好，操作安全灵活，工作范围大，与罐车对接方便，采用氟橡胶密封，耐高温、抗老化；作业完毕后，鹤管可回复到收拢状态，鹤管内残余油料容易排空，避免了对环境的污染和资源的浪费。

（三）装卸栈台

装卸栈台是为了操作工人登上罐车、启闭罐车人孔盖、检尺计量、取样化验和操纵鹤管对位而设置的。按其使用的材料，装卸栈台可分为钢结构台和钢筋混凝土结构台两种；按鹤管形式可分为大鹤管台和小鹤管台；按其作业情况可分为单侧台和双侧台。单侧台的宽度不宜小于 1.5m，双侧台的宽度应为 2m ~ 3m。小鹤管装卸油台的台面应比铁路轨顶高 3.4m ~ 3.6m，装卸油台除两端应各设一座斜梯外，台子中间每隔 60m 左右应设安全梯(直梯)一个。

大宗油料的小鹤管装卸油台在多雨或炎热地区应设棚，其它地区可不设棚。航空汽油、喷气燃料、润滑油等油料的小鹤管装卸油台也应设棚。小鹤管台台柱的间距与鹤管间距协调，一般为 6m。

大鹤管装油台的长度一般为 3 辆油罐车的总长(约为 36m)。轨顶以上 3.5m 高的台面宽度宜为 3.5m ~ 4m。

大鹤管装油台应设棚，棚高视鹤管结构尺寸而定，棚应使雨水淋不到铁路罐车的灌油口。在多雨或多风沙地区，棚的两侧宜设挡雨(风)板。主台面的中央部位设操作室。

三、铁路装卸油系统

（一）原油卸车系统

原油铁路罐车一般均成列运行，罐车均设有下卸接口，所以均采用密闭自流下卸工艺。下卸系统主要由卸车鹤管、汇油管、粗过滤器、导油管、零位罐和转油泵组成，其工艺流程示意图如图 6－30 所示。

我国原油凝固点一般较高，在卸油时均要先用低压蒸汽进行加热(罐车均设有加热套)，然后开启下卸阀进行密闭自流卸油。

从零位罐向原油储存罐输转用的转油泵，现在均采用立式潜油泵，直接安装在零位罐顶部。一般每座罐设两台泵。

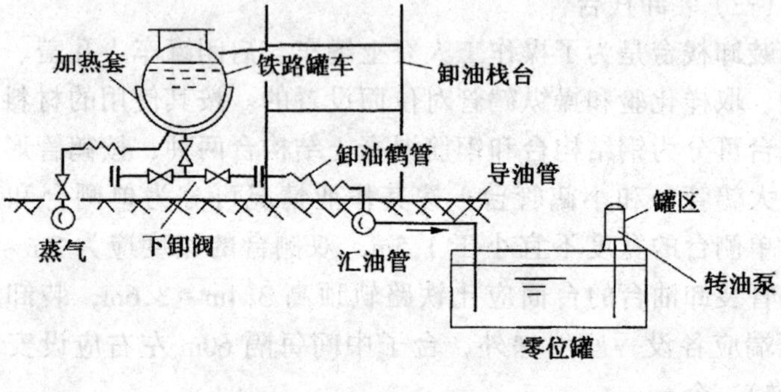

图 6-30 原油下卸系统

(二) 成品油装车系统

成品油装车系统主要由装车泵、装车总管、支管和装油鹤管组成。目前我国均采用上装方式，即装油鹤管从罐车上部人孔放入罐车。

按照装车时鹤管出口位置高低和装车排出的油气是否进行收集,可分为敞口喷溅式装车、敞口浸没式装车和密闭浸没式装车。前两种因环境污染严重,正在逐步淘汰。密闭浸没式装车不仅要求鹤管要插到罐车底,而且应将罐车口盖严,装车时要将排出的油气集中回收。这种装车方式不仅使装油损耗降至最低,而且可进行回收,改善了工作环境和基本消除了对大气的污染,现在绝大部分炼油厂、石油化工厂的汽油、石脑油、芳烃等物料已采用这种装车方式或正在采取措施将旧的装车方式改成这种方式。

小鹤管装车台的鹤管布置，同一油料鹤管采用 12m 等间距布置，以满足不脱钩装车要求。不同油料鹤管采用相互间隔方法布置，所以相邻鹤管间距一般为 6m。小鹤管装油台流程示意图见图 6－31。

大鹤管装车和小鹤管一样，根据油料性质的不同，可采用不同的装车方式。大鹤管装油台一般采用双侧装车，每侧设一台大鹤管，并设有程序装车控制系统，鹤管对位阀门开、闭、油料计量等均可自动完成。

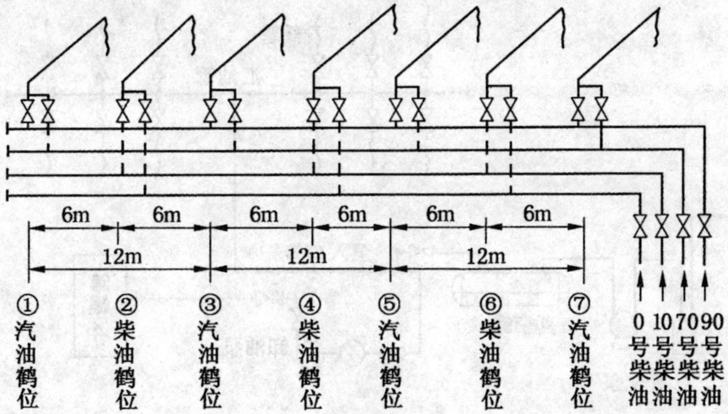

图 6－31　小鹤管装油站台流程示意图

（三）成品油卸车系统

我国目前的铁路油罐车中，轻油罐车没有下卸口只能上卸，只有粘油罐车有下卸口，可以下卸。粘油罐车的下卸系统与原油下卸系统相似。

轻质油料的上卸系统主要由卸车鹤管、汇油管、真空泵、真空罐、卸油泵等组成，其工艺流程见图 6－32。

卸油时，将鹤管插入罐车之后，启动真空泵将真空罐内和汇油管中的气体抽出造成一定真空度以后，开启鹤管处阀门，油罐车内油料在大气压作用下就会流入汇油管、真空罐及卸油泵入口管道。另外，由于卸油泵的位置均比油罐车低，按照虹吸原理，开启卸油泵以后，就可将罐车内的油料卸入储罐，完成卸车作业。

在轻质油料上卸系统中，当卸油鹤管最高点处的管内压力小于或等于操作温度下所卸油料的饱和蒸气压时，油料就会在该处迅速气化，从而使卸油泵断流，卸油作业中断，这就是轻质油料上卸的气阻问题。气阻问题在夏季气温较高地区会经常发生，给轻质油料的下卸作业带来了困难。

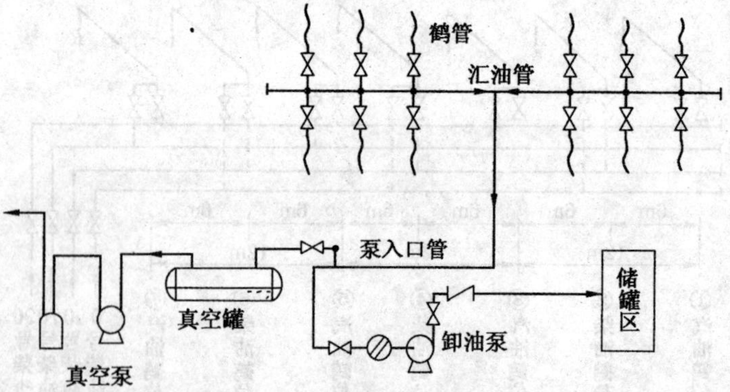

图 6-32　上卸工艺流程图

目前，克服气阻的各种方案都在实验研究中，例如采用压力卸车，在罐车内通入氮气等。最近，研制的防阻式上卸鹤管也已取得了成功。利用原有的卸车系统，只是将卸油泵出口的油流用一根辅助管道引到设在鹤管端部的喷射增压器上，就可使卸油鹤管内的压力增大，从而克服鹤管高点处的气阻。

近来，许多小型商业油库在轻油卸车作业中采用滑片泵直接抽吸油罐车中的轻油取得了成功，从而可以取代真空泵—离心泵卸油系统，简化了卸油工艺，是小型油库中替代真空泵卸油系统的理想设备。

四、公路装卸设施

油料的公路运输也可分为散装运输和整装运输。汽油、柴油、液化石油气等大宗油料主要采用散装运输，各种润滑油、润滑脂等一般采用听装、桶装的整装运输。

(一) 汽车罐车与装车鹤管

1. 汽车罐车　是散装油料公路运输的专用工具。汽车罐车的种类繁多，可用于装各种轻质油料、重质油料、液化石油气、液体沥青、各种化工产品和食品等，载重量为 3t ~ 20t。根据所装油料压力不同，罐的形状有圆柱形和椭圆柱形。国产汽车罐车只有一个液舱，罐内设有两个带孔的挡板，把油罐分隔成三个可以相通的隔舱，以减轻油料在运输时的水力冲击。罐上装有量油口、人孔、呼吸阀、安全阀、排油阀等附件。装载重质油料的罐车设有保温层，有的还设有加热器。

2. 装车鹤管　汽车罐车的装车鹤管与铁路罐车的相似，就是公称直径一般为 DN80 或 DN50。有手动操作也有气动操作，有敞口喷溅式，也有敞口浸没式或密闭浸没式等装车鹤管。它们的用途也与铁路罐车的装车鹤管类似。图 6 ~ 33 所示的是用于汽油、石脑油、芳烃等挥发性物料的密闭浸没式装车鹤管。

(二) 装油台

汽车罐车装油台是为了操作工人登上罐车启闭罐人孔盖、检尺、取样和操纵鹤管而设置的。装油台一般设有遮阳防雨棚。

装油台根据装车车位的多少、场地的大小、自动化程度、装载的油料品种等因素来确定其型式，一般分通过式和旁靠式两种。

(三) 汽车罐车装卸工艺

汽车罐车装车有泵装和自流装车两种方式。

1. 泵送装车　用输油泵从储罐中抽油，经输油管道、流量计、装车鹤管进入汽车罐车。这种方法装车速度快，容易实现自动控制，已被广泛采用。

2. 自流装车　自流装车可分为储罐自流装车和高架罐自流

装车两种。当装车位置较低，而储罐位置地势较高，有足够势能可以利用时，就可由储罐直接自流装车。若受地形限制，可用泵将油料泵入高架罐，再从高架罐进行自流装车。

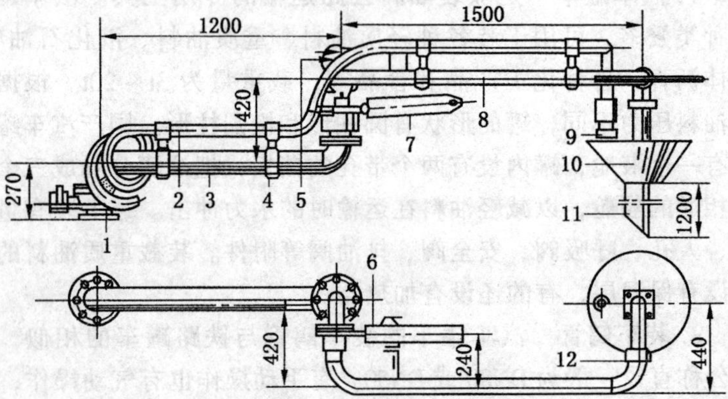

图 6-33 密闭装车鹤管

1—连接法兰；2—气相软管；3—水平管；4—软管头；5—耳片；6—平衡器；7—气缸；8—长臂；9—软管接头；10—密封盖；11—液面探头；12—端部旋转接头

汽车罐车的装油可分为上装和下装两种方式。在我国除了液化石油气罐车外，大部分汽车罐车采用密闭浸没式的上部装油(民航机场加油车有采用下部装油的)。

汽车罐车的卸油也可分为抽(压)送和自流两种方式。油罐汽车的加油车上带有泵和流量计，可用泵将油料卸入用户储罐。油罐汽车的运油车上没有泵，只能自流将油料卸入用户低位罐。液化石油气罐车也有带泵和不带泵两种。

第七章　海上油气田的油气储运

第一节　海上油气生产和集输系统

海上油气开发已有一百多年的历史。1897年美国人在加利福尼亚Summerland近岸发现石油后，搭建了十多道延伸至海中400米长的木质栈桥、在栈桥上用木质井架钻了198口生产井，每口井平均日产量不到2桶，连续生产了5年，从此开始了海上油气开发的历史。在过去的一百多年中，尤其是自1947年钢质导管架平台在美国墨西哥湾成功的应用以后，海上油气田的开发和油气生产得以迅猛地发展。海上石油日产量已从1974年占世界石油总产量不到20%上升到1999年的36%以上，日产量达到了461万立方米(2900万桶)的水平。中国的海洋石油工业起步于二十世纪六十年代，在改革开放政策的指引下得到了迅猛发展。通过对外合作和自营，全国海上石油年产量从1982年不足10万吨一跃发展到1998年生产原油2000多万吨、天然气40亿立方米。截止到1999年，已在渤海湾、黄海、南海、北部湾建成投产了24个海上油气田。预计到2005年，中国海上年产油当量可达3000万吨以上。

一、海上油气生产和集输的特点

从油气水处理的工艺流程上讲，海上和陆上的油气生产是没有差别的。但由于海上油气田的开发和生产是在特殊的海上环境条件中进行的，其生产设施的布置和集输系统设计具有许多不同于陆上油气田的特点：

1. 集输系统不仅要适应复杂的油气田的地层条件和满足油气组分及流动特性多变的处理工艺要求，还要适应所在海域的海洋条件、能在百年一遇的最恶劣的海况和气候条件下正常运行和生存。在这样的海况条件下保持生存和安全持久有序的操作运行，才能确保实现所设计的油气产量和经济效益，确保操作人员和国家财产的安全。

2. 海上油气田一般远离岸上基地，故障设备的维修和更换费时、费工、费用高，有时还要动员昂贵的大型工程船。为了减少停产的风险，在设计中要考虑适度的冗余度，要选用质量可靠、效率高的工艺设备，集输管线要选用耐腐蚀的材料。

3. 海上油气田的生产设备和工艺处理设施安装在固定平台或浮式装置的甲板上，每平方米甲板的造价十分昂贵。为此，海上油气田的生产和工艺处理设备布置上下分层、相隔间距紧凑。设备选用要高效、小型化。

4. 在海上深水油气田的开发中要采用水下井口、水下管汇、水下增压泵、水下阀组，所有的集油、输油管线均在海底铺设，这些对设计、施工、维修提出了更高的技术要求。

5. 海上工艺处理设施和集输系统自动化程度高。运行中的监控，操作状态的调改，操作参数的检测，可燃气体、烟、热报警，局部和系统关断等均是通过自动控制系统实现。

6. 由于海上油气田的投资大、风险大、操作费用高，海上油气田的开发原则是高速开采、高速回收，以便能够在短的生产期内回收投资、实现设定的盈利率。为此，在设计油气处理工艺流程和集输系统时要能满足持续和高速开采的要求，要具有很长的不停产运行周期。

7. 由于海上平台、生产设施和海底管线的投资很大，在开发建设大油气田时，其集输系统和基础设施的布置要考虑到周围小油气田的开发。在周围和附近发现小油气田时，充分利用大油气田的生产处理装置和海底管线等基础生产集输设施，带动小油气田的开发。这样不仅可以降低大油气田的桶油开发生产成本，也可以使单独开发时不具有经济效益的小油气田、在尽可能少投入情况下有效益地开发起来，既可使发现的海上油气资源得以充分利用，又能使勘探投资得以及时回收。

二、海上油气生产和集输系统的模式

在海上油气田的开发中，要根据油气田所处的海况条件和水深、离岸边基地的远近、油气产量的规模、油气销售市场等因素，经过方案的分析和优化，选用具有经济效益的油气生产和集输模式。目前通用的海上油气生产和集输系统有以下模式：

（一）半海半陆式

对于气田、油气产量大的大型油田和离岸近的的中型油田一般采用该类油气集输模式。半海半陆油气生产和集输模式由海上平台，海底管线和陆上终端构成。图 7－1 为其布置示意图。

海上平台可按其功能和用途分为井口平台，生活、储存或生产、处理、集输、生活等项组合的综合平台。井口平台上只进行油气的测试计量，然后将油气水通过海底集油管线输往综合平台处理。综合平台上安装有油气水处理设施、动力发电设备、通信设备、生活住房等生产和生活所必需的装备，在此对油气井产出的流体进行计量、分离、油气水净化等处理。井口采油树安装在井口平台或综合平台的甲板上，钻井可以用平台钻机或水下基盘预钻井完成，若采用预钻井的方式，在平台安装后需要回接到甲板上的井口采油树。一座平台的生产井数可多达几十口，应用定向井、大斜度井、水平井等钻井技术，在少建平台的情况下，最大限度地覆盖采油面积。

油气在平台上经过净化处理达到管输或外销的技术规格要求后通过海底管道输往陆上终端；地层水和含油污水经过除油净化

处理后回注油层或排入海水中。对于气田，通常伴生有凝析油，为了节省投资，往往采用在海上平台分离、脱水干燥后，油气混输上岸，在陆上终端再进行分离和轻烃回收，然后再输往用户。对于油田伴生气，在满足了油田的发电、油气处理、公用设施、生活等用气后，若剩下的伴生气量在经济上不值得回注油层或输往陆上时，则在平台上建火炬燃烧排放至大气。

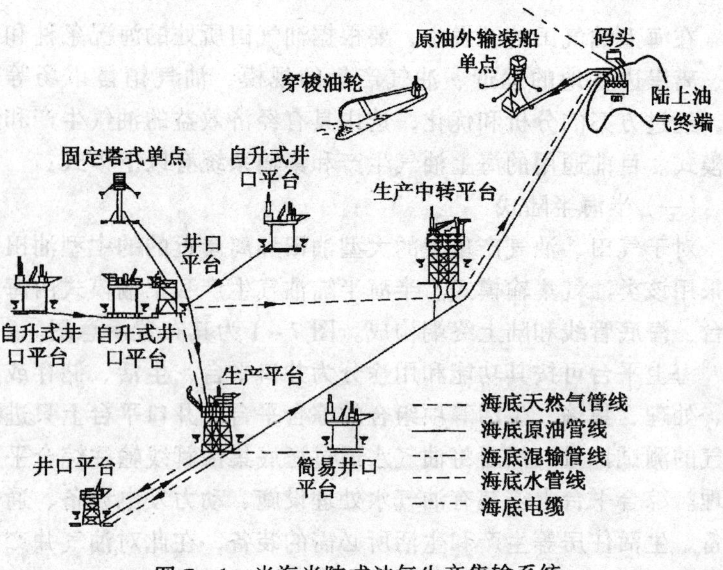

图 7－1　半海半陆式油气生产集输系统

陆上油气终端的设施和规模取决于其所承担的功能，对原油终端一般需要建原油储罐和外输码头或外输装船系泊单点。有的天然气终端则是一座天然气处理厂和外输首站。

目前技术成熟、普遍采用的海上平台的结构形式主要有以下几种：

1. 固定式导管架型平台。这是国际上使用最普遍的固定式平台结构形式。导管架型平台由导管架、钢桩和上部甲板结构组成，如图 7－2 所示。导管架是由钢管焊接而成的空间刚性构架，用作打桩的导向架和桩的横向支撑；钢桩将平台永久地固定于海底，并承受横向和垂直荷载；上部结构由用于承受操作荷载和其他荷载所必需的桁架和甲板构成。平台的功能分为钻井、采油、储存、生活或其中几项的组合。对于综合功能的平台，在上部甲板上安装有油气生产所需要的井口，油气水集输和处理、动力、生活、吊机、直升飞机甲板等设施；对于功能单一的平台，上述设施则布置在不同的平台上。导管架、钢桩、上部

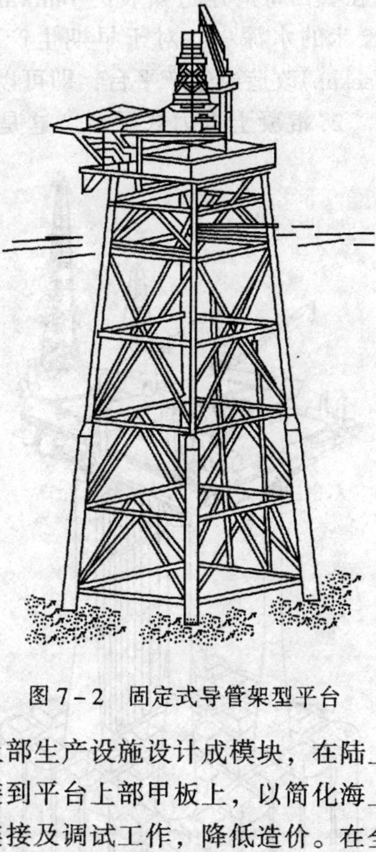

图 7－2　固定式导管架型平台

结构在陆上预制，海上安装；上部生产设施设计成模块，在陆上预制和调试，用重型的浮吊吊装到平台上部甲板上，以简化海上的安装、设备间的管线和电气连接及调试工作，降低造价。在全世界范围内，已经建造和安装了 6000 多座导管架型平台，其中 4000 多座是在墨西哥湾，在中国近海有 34 座此类平台。3～8 腿的导管架平台是当今世界上在中浅水深海区最广泛采用的海上平台，为了降低工程造价，近十多年来又开发设计出了多种类型的轻型平台(Minimal platform)。这类平台的使用受到水深的限制，普遍认为最大的水深限度是 450 米，超过这个水深在技术上和经济上都将不可行。目前世界上最高的导管架平台是 Shell 于 1988

年在墨西哥湾建造安装的 Bullwinkle 平台，总高 492 米，座落在 412 米的水深中。对于早期生产系统，有的把自升式钻井平台(Jackup)改造成生产平台，即可以早日投产，又可以重复使用。

2. 混凝土重力式平台。这是由导管架型钢平台派生的、在欧洲北海挪威海域普遍使用的另一种固定式平台，下部支撑腿和底座由钢筋混凝土浇注而成，如图 7－3 所示。由于该类型平台重量巨大和大的底座面积，平台不需要桩基而靠其自身的重量承受住环境荷载、稳定地座落在海床上。在重力平台的底座部分可以储存原油，储油容量可达 15 万立方米。在油气田终止生产后，重力式平台可以移动到新油田重复使用。在北海已安装了 23 座混凝土重力式平台。

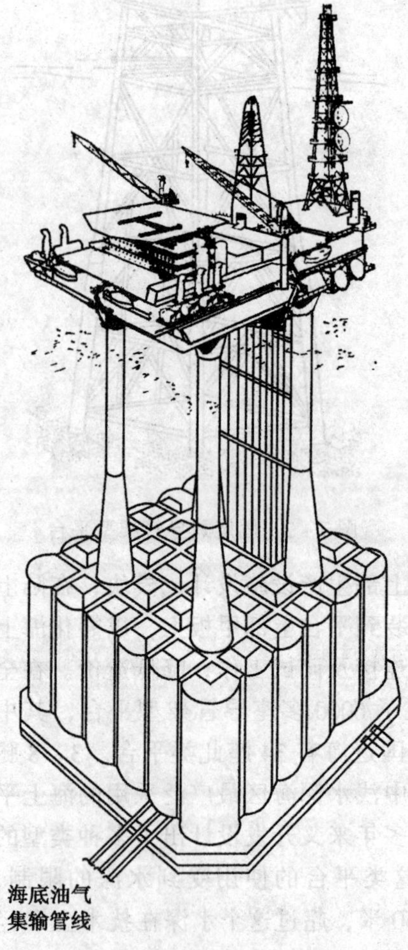

图 7－3 混凝土重力式平台

3. 张力腿平台。随着海洋石油工业的发展，新发现油气田的水深越来越大。到 1998 年底，全世界已经找到约 141 亿吨油当量的储量，其中有 28 亿吨是在水深 300 米以外的海域中。为了找到适合深水的经济开发方式，1984年开发出了张力腿平台，并首先在北海的Hutton油田安装使用，随后在墨西哥湾采用。至今已安装了9座张力腿平台，其中Sell公司于1999年在墨西哥湾水深1200米的Ursa油田安装了一座张力腿平台。从原理上讲，张力腿平台是用数组张力管型杆(张力腿)或缆绳系泊于海底桩基上的半潜式船。在波浪流作用下，由于张力系杆的垂直刚性系泊，只允许平台的上部浮体有限度的横向运动、而不会产生上下运动，使其保持水平。张力腿平台在海洋环境中的表现和固定平台是一样的，井口装置可以安装在甲板上，钻井可在平台上进行，油气生产能够平稳地进行。与固定的导管架平台相比，由于不需要巨大的下部支撑构件－导管架，其造价对水深的敏感性小。海洋工程师认为，张力腿平台适用的水深可达2000米。

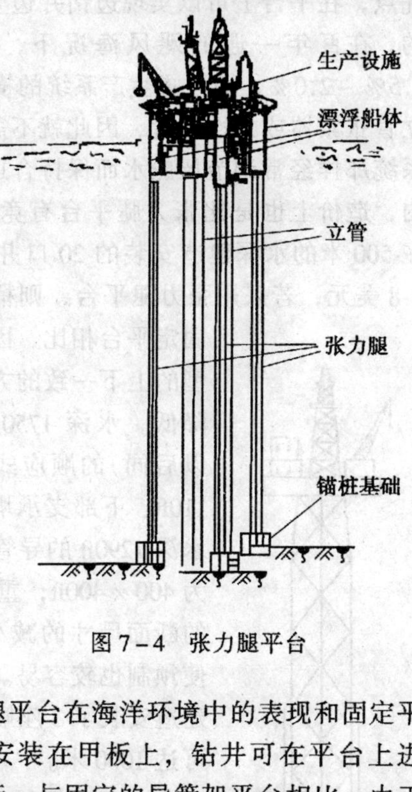

图7－4　张力腿平台

4.顺应型平台。这是为了开发300米以上水深的油气田而研究设计的。顺应型平台有一个具有很大柔性的座底式结构，其柔性之大足以使作用于其上的的外力在很大程度上被平台运动的惯性力所抵销，其结果是减小了传递给平台和其支承基础的作用力。从支撑方式上讲，顺应型平台又可分为牵索塔型和顺应塔型两种形式。与浮式平台相比，顺应式平台具有固定平台所具有的优点，在平台上可以实现边钻井边生产；顺应式平台是非常稳定的，在百年一遇的飓风海况下，其横向运动量仅为水深的1.5%~2.0%，而浮式生产系统的横向运动量高达10%；不需要立管张紧器或柔性立管，因此就不需要象张力腿平台和浮式生产系统那样经常调节压舱水而保持合适的张力。在一定的水深范围内，造价上也是比张力腿平台有竞争力的。1998年在墨西哥湾在500米的水深建造安装的20口井的顺应式平台的桶油造价为2.8美元，若采用张力腿平台，则桶油造价将升至3.5美元。与固定平台相比，因顺应式平台从顶到底是细长型的上下一致的方型断面，从而使其重量大大降低。水深1750ft(ft为英尺，1ft = 0.3048m，以后同)的顺应式平台的底座尺寸仅为110×110ft、下部支承塔和桩的重量是34000吨，而水深1290ft的导管架固定平台的底座的尺寸则为400×400ft，重量为43000吨。由于顺应塔的断面尺寸的减小，不需要大型的起吊设备，使预制也较容易。目前在墨西哥湾深水区已经建造安装了3座顺应式平台，其经济应用水深可达1000米。

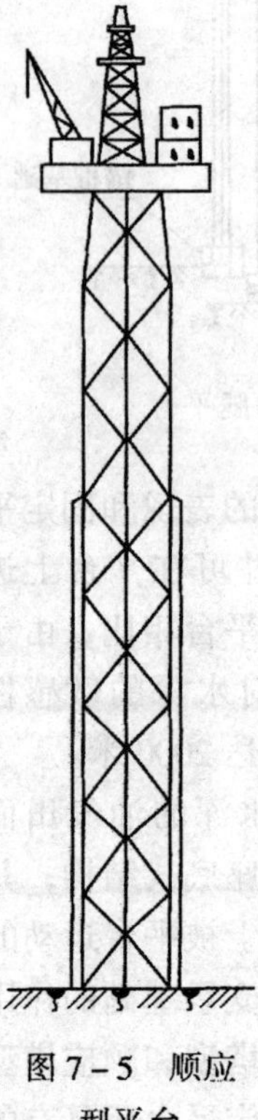

图7-5 顺应型平台

当水深超过1200米以上时，经济适合的平台结构形式还有Spar(圆杆型)，其经济适用水深超过张力腿平台，可达2000米以上。

(二) 全海式

对于远离岸边的中小型海上油田，往往采用全海式的油气生产和集输模式，这样就不需要铺设造价高的海底管线和建陆上终端，可以较大幅度地降低开发建设投资，从而使油田在有经济效益的前提下进行生产。全海式模式顾名思义就是，油气的生产、集输、处理、储存均是在海上进行，处理后的原油在海上装船外运。数量大的伴生气一般回注油层，小量的伴生气则燃烧放空。这种模式有多个体系：

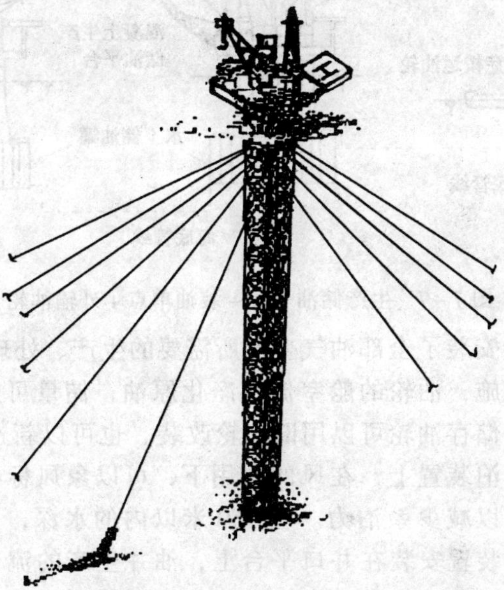

图 7-6　牵索塔式平台

1. 由生产平台、储油平台和原油外运装船设施或单点系泊(SPM)组成的海上生产储运系统。该系统仅适用于浅水油田，需要在海上建甲板面积大的储油罐平台或水下储油沉箱，在欧洲北海的挪威水域采用混凝土平台的底部储油。处理后的原油在海上直接装船外销。我国渤海湾的埕北油田和锦州 9-3 油田采用了这类生产、集输和储油系统。

2. 浮式生产储存外输系统(FPSO)。该系统由井口平台(或水下井口装置)、单点系泊、浮式生产储存外输船构成。该系统是 1977 年 Shell 首先采用的，由于短的建造期和低的造价，最

初的目的是用于早期生产和边际油田的开发生产，随着技术的进步，已被用于深水油田的开发生产。浮式生产储油轮是在油

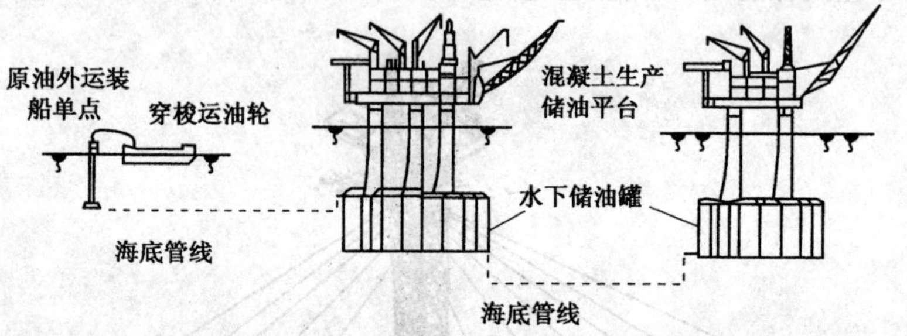

图 7－7 生产储油平台＋装油单点＋外输油轮

轮的甲板上安装了全部油气生产所需要的生产、处理、动力、控制和生活设施，油轮的舱室储存净化原油，储量可达十几万立方米。生产储存油轮可以用旧油轮改装、也可以新造。FPSO 系泊在单点系泊装置上，在风的作用下，可以象风标样的围绕着单点转动，以减少系泊力。在 150 米以内的水深，一般建井口平台，井口装置安装在井口平台上，油井生产的流体在井口平台测试计量后、油气水经海底集油管线混输到浮式生产储油轮进行处理。对深水区的油田，则采用水下井口装置，回接到 FPSO。井口平台需要的电力由 FPSO 通过海底电缆供给。如需要注水，水处理也是在 FPSO 上进行，然后通过海底管线分输到各个井口平台。用穿梭油轮定期地从 FPSO 装运净化原油销往用户。由于浮式生产储存系统的经济性和相对较短的建造时间，是目前海上边际油田和深水油田开发中首选的油气生产集输方案之一。到 1998 年底，世界上已经建成使用了 82 艘 FPSO，其中欧洲北海有 21 艘、中国海域有 9 艘。据报道，正在规划开发建设的 53 个海上油田计划也要使用浮式生产储油系统。巴西在 Campos 盆地水深 1853 米的 Roncador 油田建成了世界上水深最

深的 FPSO 生产系统，水下采油树和立管是为深水使用专门设计的，可以重复使用在其他油田。FPSO 的适应水深可达 2500 米。

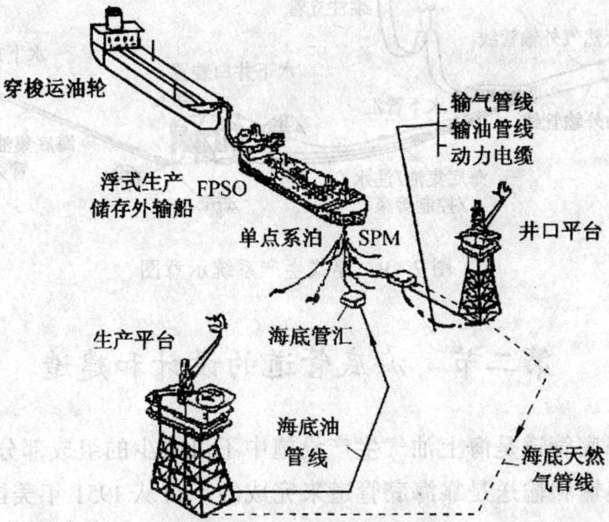

图 7－8　浮式生产储油系统示意图

3. 浮式生产系统(FPS)。这是适用于深水油田开发生产的一种生产集输系统。生产处理、动力和所有辅助设施均安装在由悬链或索缆锚固在海床上的半潜式船上。采用水下井口装置，水下井口回接到半潜式船上。钻生产井和油气生产处理在半潜式船台上进行，但其立管要具有能够摆动的能力，以适应船台在风浪流作用下引起的的横向运动。半潜式船强于 FPSO 的优点是运动量小，这对油气的生产、分离和处理、立管的工作状态等非常有好处。其缺点是半潜式船没有储油能力，因此需要在其附近设置永久系泊的浮式储油轮(FSO)储存净化原油并将其装穿梭油轮外销或通过海底管线输往其他的储油装置。

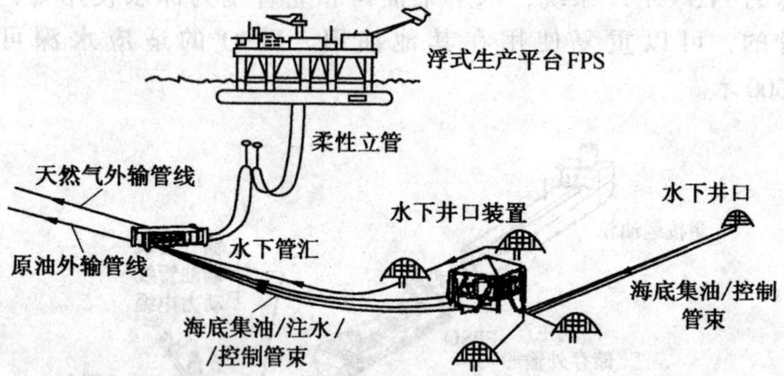

图 7-9 浮式生产系统示意图

第二节 海底管道的设计和建造

海底管道是海上油气生产设施中不可缺少的组成部分，海上油气集输和输送是靠海底管道来完成的。自从 1951 年美国 Brown & Root 公司在墨西哥湾 Cameron 气田铺设了长 16 公里的世界上第一条海底管道以来，迄今为止已在北海、墨西哥湾、地中海、澳大利亚、东南亚、拉丁美洲、非洲等海域累计铺设了约 100000 公里的海底管道，海底管道的铺设水深已达 1463 米，海底管道的直径已达 42 英寸(1 英寸 = 25.4mm，以后同)。我国的海底管道建设也取得了瞩目的进展，从八十年代中期仅能铺设平台间的小口径、低压油气集输管道到九十年代中期发展到了铺设长距离大口径、高压油气输送干线，达到了国际海底管道建设的技术水平。到 1998 年底，在我国海域已累计铺设了约 2000 公里的海底管道，其中南海海域的崖城 13-1 气田到香港的口径 28 英寸、长 778 公里的高压输气管道是世界上第二条最长的海底管道。经过十多年的努力和实践，中国海洋石油总公司完全具备了独立设计、铺设、试运投产海底管道的技术能力和施工装备。随着海洋石油工业的发展，海底管道的长度也将不断增加，技术水平也将进一步提高。本文将简要地介绍海底管道设计和建设的有关问题。

一、海底管道的设计

(一) 海管的设计要求

海管设计所遵循的标准是海底管道系统规范 SY/T4804 - 92 (引用挪威的 DET NORSKE VERITAS Rules for Submarine Pipeline Systems)，美国的 American National Standard Code For Pressure Piping ANSI B31.8(气)和 ANSI B 31.4(油)。

1. 为了设计出安全可靠运行的海底管道，满足海上油气生产要求、在设定的使用寿命期间内能够经受住所处海域的各种最恶劣海况条件，需要取得以下的资料和数据：

• 输送流体：包括油气类别、流量、组分、密度、粘度、露点、温度、压力、比热容、导热性。

• 工程地质：海床土壤类别和力学特性、海床的垂直和水平摩阻特性、海床表层土壤结构组成、海床地貌、海底管道路径纵断面图、地震烈度。

• 海洋学资料：水深图、海流、波浪、潮汐、冰、水温、海水盐度、海域内的动植物分布、海水可见度。

• 气象资料：风向与风速、气温、气压、可见度。

• 其他资料：所在海域的海图、需要穿越的海底电缆或管道、水下障碍物、航道、捕渔区、政府的有关法规。

在上述要求的资料中，海洋学和气象资料一般可从当地的海洋气象部门获取。但在一些新开发的海域内，往往需要海底管道的建设者自己安装浮标通过海上的直接测量获得所需要的许多海洋气象资料。对于工程地质数据，通常是没有现存的资料可以利用，需要动用工程地质调查船进行管道路由现场勘察获得。调查船上装备有地质钻孔取样、回声测深仪、旁侧扫描声纳、浅层地震仪、地磁仪等设备。

2. 为了确保海底管道的最大的安全性，在对环境数据和资料进行仔细评审的基础上，要认真地选择和确定设计参数。在选取海洋水文设计参数时，通常是把百年一遇的最恶劣的波高和海流作为管道的设计海况，以确保整个设计寿命期间内的海管的安全操作；同样地，确保管道施工安全的海况条件是取铺设施工期间内可能出现的最恶劣的波浪和海流。

在海管的设计过程中，要从事以下的分析、研究和计算：

- 海管尺寸；
- 路由的选择；
- 安装和运行期间的流体动力稳定性分析；
- 土壤的液化分析；
- 土壤的运移和给海管施加的荷载；
- 冰的运移；
- 海管的保护方法和对埋设的要求；
- 屈曲分析；
- 疲劳分析；
- 热负荷和膨胀补偿分析；
- 管道铺设方法确定和铺设应力分析；
- 立管设计和连接方法；
- 近岸段的穿越；
- 穿越已建海管和电缆的设计；
- 有关建设许可证的申请；
- 材料、安装等技术规格书的编写。

当然，在有的海管建设中，上面的某些分析和计算并非都需要做。一般讲，海底管道在设计阶段必须要分析和评估的项目是输送流体的流动特性，海浪流作用在管道上的流体动力，管道的内外压力，海流引起的漩涡导致的管道振动，管道在土壤中的稳定性，管道的屈曲，大规模土壤移动、地质断层、海底的障碍物、可能形成海管悬空的凹陷对海管的影响。通过上述分析，就可以知道和确定可能造成海管损伤和破坏的原因，以便在设计中选择合理的路由，采取相应的保护措施，消除所有那些可能引起海管损伤的潜在因素。

(二) 海管的尺寸

海底管道口径的计算方法和陆地管道的计算方法是一样的，也是根据输送流体的数量和其流动特性以及管道内壁的粗糙度计算出输送过程中的摩阻损失，在满足要求的操作压力和输量条件下，确定合适的管道尺寸。

(三) 海管壁厚、管材和管子制造

1. 在确定了海管的口径后，管道的壁厚按照下述公式计算选用：

$$\sigma_h = \frac{PD}{2t}$$

式中　σ_h——环向应力；
P——管道内的压力；
D——管道的外径；
t——管道的壁厚。

管道的环向压力不应超过所选用管材的许用应力。

用上述方法计算出钢管的壁厚之后，还要进行铺管应力校核，如满足不了铺管要求时，则要加大壁厚或采取施工措施。

2. 管子用钢

在选用海底管道的管材时，国际上最通用的标准是美国石油学会的 API5LX 规范。该规范已被我国等同引用为海洋石油的行业标准。API5L 中的 X 级钢材含碳量低、微含硫，较高含锰量和含有其他少量的合金元素，这样可使该类钢材既具有高的强度，又具有良好的可焊性。

3. 管子制造

用于制造海底管道管子的最常用的方法有：

(1)无缝钢管。一般用在小口径、有特殊要求的海底管道。

(2)焊接钢管：

• UOE成型的直缝埋弧焊钢管(SAW)。口径一般在16英寸以上，最大可达56英寸。

• 直缝高频电阻焊钢管(HFERW)。由于焊接质量的大幅度提高、价格低，该类管子已被越来越多地用在了20英寸以下的海底管道。

• 螺纹焊接钢管。据报道，个别油公司已开始把螺纹焊接钢管用在海底管道上。但由于焊缝长和焊缝的焊接质量易出问题，这类管子还没有被海洋管道工业所普遍认可。

(四) 海底管道的屈曲分析

在向深水方向进行管道铺设作业的过程中，可能出现因静水压力的增加引起管道局部被压扁的问题。引起管子压扁的因素是多方面的，诸如直径/壁厚比、应力-应变特性、椭圆度、静水压力(水深)、局部皱曲、管道的轴向应力等。在管道设计时要对屈曲和其扩展进行分析。

1. 局部屈曲的产生

引起屈曲的最可能的工况是铺管作业。如图7-10所示，这是因为海管在铺设时内部是空的，当海水深度超过一定数值时，在海水压力的作用下，极有可能产生屈曲变形。对于圆度完好的管道的临界屈曲压力可采用Timoshenko公式计算：

$$P_c = \frac{2E}{1-\nu^2}\frac{t}{D}\left(\frac{t}{D-T}\right)^2$$

式中　P_c——临界压扁压力；

E——弹性模量；

ν——泊桑系数；

D——管径；

t——管子壁厚。

2. 屈曲扩展和屈曲阻止器(Buckle Arrestor)

当管道铺设超过一定水深时，管道上产生的局部屈曲会沿着管道的轴线方向扩展，直到静水压力小于屈曲扩展压力的水深时扩展才停止。屈曲扩展是海管设计中必须分析的问题。在DNV的规范中详细说明了屈曲扩展压力计算方法。

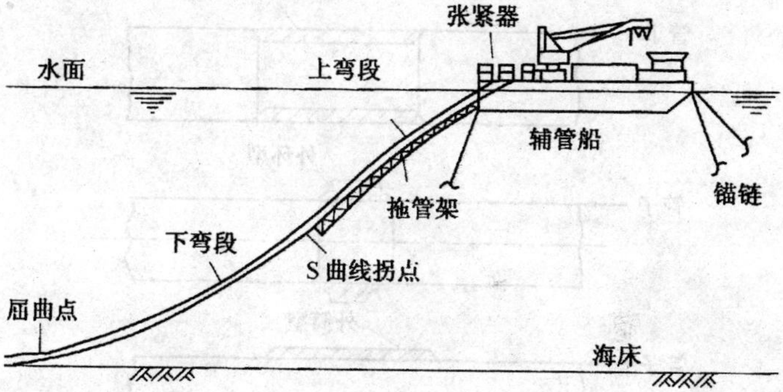

图7－10　铺管过程的曲线示意图

增加管道的壁厚是在深水段铺管作业时防止屈曲发生及阻止其扩展的最有效的方法，但是把管道的全部长度壁厚均按产生屈曲的水深设计显然是不经济的。为此，在工程上采用了经济有效的屈曲阻止器来防止屈曲的发生或扩展。从原理上讲，屈曲阻止器是一小段加强和加厚的短管或空心圆柱体，沿管道的走向分段设置。其型状多种多样，可归纳为以下几种类型：

• 焊接在管子间的厚壁短管。厚壁短管与海底管道具有相同的内径、但其外径比管道外径大。

- 焊接在管道外壁上的厚壁环。
- 用水泥砂浆浇固在管道外壁上的厚壁套环。

屈曲阻止器的数量和设置的间距与管道铺设方式、经济等因素有关，在大多数情况下采用 120～150 米的间距，个别也采用长达 400 米的间距。

(五) 管道在海床上的稳定性

自由安放在海床上的管道在受到海流、海浪、土壤的运动等因素所产生的力的作用下，将可能产生移动。为此，海管应予支

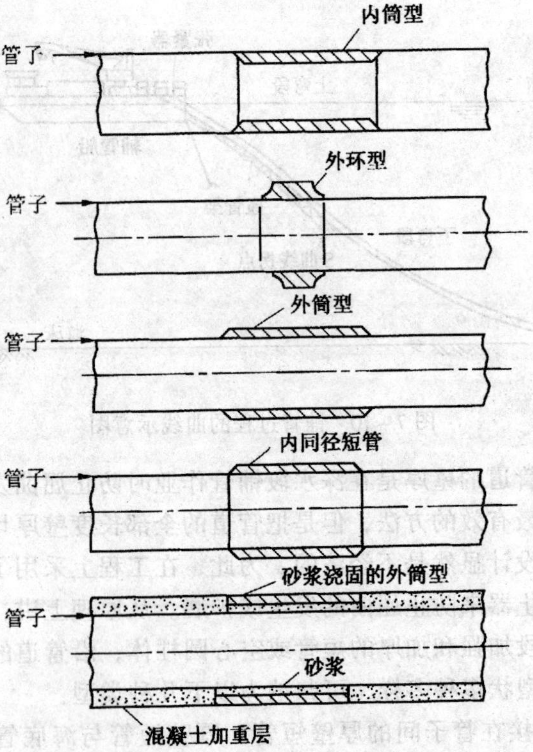

图 7－11 屈曲阻止器类型

承、锚固或挖沟埋设，使其在设计的条件下不得从安装位置上有超过设计允许的移动。要分析三种工况下的稳定性：

• 液体管道和气体管道在充满空气或气体的情况下应具有高于海水的比重(负浮力)。

• 水平(横向的)的稳定性应按正常运行期间的环境荷载不得小于一百年期间内可能遇到的最大波浪和海流予以核算，还必须考虑同时作用在管道上的垂直和水平力的最不利的组合。

• 轴向(纵向)的稳定性也必须予以校核，特别是在邻近平台或管道改变方向处，应允许有充分的柔性和膨胀余地。

二、防腐蚀涂层和加重层

为了确保海底管道在设定的寿命期间内能安全运行，管道系统应充分地防止由输送介质和海水引起的内外腐蚀。

(一) 外涂层

工程实践证明，在实际的海水环境中，外涂层能够提供有效的腐蚀保护。用于海底管道的外涂层有：煤焦油瓷漆、沥青瓷漆、环氧树脂、聚乙烯树脂、聚丁橡胶等。

当为一条海底管道系统选择外涂层时，必须考虑以下的因素和外涂层的性质：

• 涂敷过程中对环境的影响；
• 粘结力和抗分离能力；
• 耐久性或抗化学、物理和生物损坏的能力；
• 使用温度范围；
• 延伸率或柔性强度和抗冲击能力；
• 与混凝土加重层的相容性；
• 被损坏涂层的修理。

(二) 阴极保护

作为外涂层的补充和加强，阴极保护能在海底管道系统的设计寿命期间内提供充分的保护。海底管道的阴极保护系统通常是以牺牲阳极为基础，而外加电流阴极保护系统只是使用在伸到岸上登陆段的短距离管段上。

牺牲阳极的材料可以是铝或锌的合金。阳极的重量和数量与周围土壤的电阻率、电流密度要求、涂层破坏的标准、管道的设计寿命有关。在设计中要计算阳极的重量、分布间距、每一个阳极块的长度和厚度。在有涂层的海底管道上，两个阳极之间的间距一般不超过 150 米。

阳极的形状有：长条形、板状和半环状。后者应用最普遍，其结构示意见图 7－12。

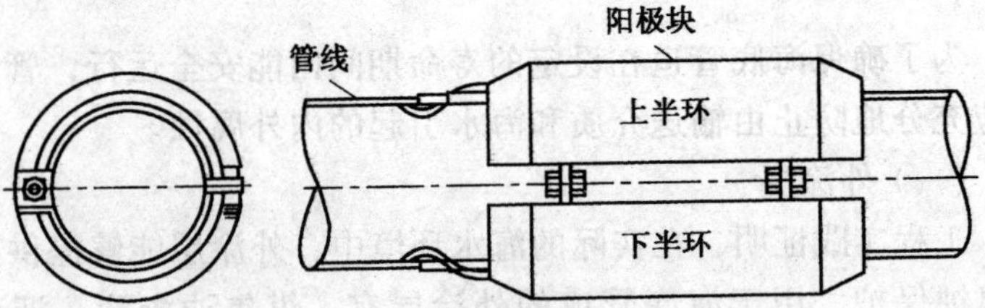

图 7－12 半环型阳极块安装图

阳极在管道上的安装方式应能确保其在管子的装卸和施工期间不受到机械破坏，阳极块的直径应小于加重层的直径，要牢固地固定在管子上。为了确保阳极和管子的可靠的机械连接和正确的位置，可用钢条把两个半环焊在一起。

（三）内腐蚀的控制

对输送具有腐蚀性烃类的管道系统应进行内腐蚀控制。对海底管道来讲，内腐蚀控制可用下述的一种或几种方式进行：用缓蚀剂、加腐蚀余量、内涂层、采用耐腐蚀管材或内衬、保持输送介质无水。

内防腐的方案是根据所输送介质的性质确定的，这些性质包括油、气、水的比例；含盐量、细菌含量、水的 PH 值；腐蚀气体的含量，如 CO_2、H_2S 和 O_2；固体含量及其流动特性；温度和压力。

（四）混凝土加重层

为了确保管道铺设后在海床上的稳定性，管道需要具有负浮力。混凝土加重层的用途是对海底管道在其整个使用寿命期内提供负浮力，并保护防腐涂层和管道本身在安装和运行期免受到船锚、拖网等机械损坏。在使用沿海床面底拖法铺设管道时，混凝土加重层必须能承受在牵引作业时海床与管道接触所产生的磨损。

混凝土加重层的成分是水泥、水、沙和骨料。为了要达到设计要求的密度，就需要加入铁矿砂或重晶石之类的重骨料。所有的材料均要满足有关的规范。加重层混凝土的比重为 2240～3040kg/m^3，厚度在 25 厘米到 125 厘米之间。结构见图 7－13。

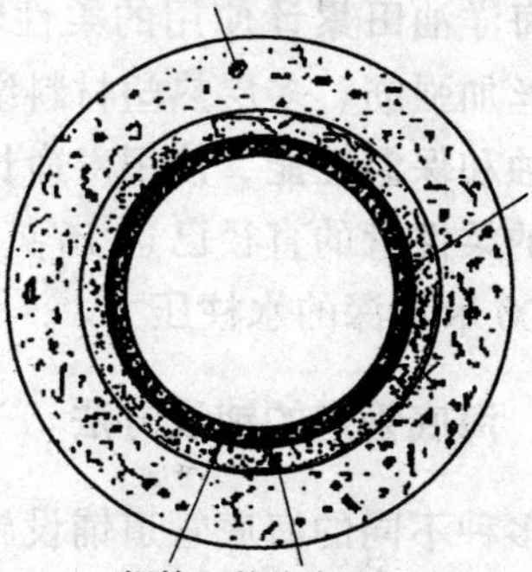

图 7－13　混凝土加重层

混凝土加重层的施工方法有下述三种：

• 模铸法。一般用于小量的混凝土涂层施工，如短距离的河流穿越。

• 挤压法。混凝土通过聚乙烯带成螺旋状缠压在管子上。

• 冲击附着法。通过旋转将搅拌好的混凝土浇注在管子上，这是国际上普遍使用的方法。

为了增加整体性和强度，在混凝土涂层中要设置加强筋，加强筋有钢筋笼和钢丝网两种类型。

（五）管中管

对于输送高粘度、高含蜡、高凝固点原油的海底管道，常常采用双层结构的管中管，在两层钢管壁之间充填以绝热保温材料，以减少输送过程中的热损失，确保原油的流动性能。外钢管除了具有隔水和保护保温层的作用外，还大大增加了管道的负浮力，可取代混凝土加重层。

（六）柔性管

在许多海上的临时和早期生产装置上，为了早产油、早见到经济效益，集油气管道常常使用柔性管。据报道，到1999年5月世界海洋油田累计使用的柔性管长度已达3780公里。柔性管是由钢丝加强筋、多层热塑材料组合成的铠装软管，具有非常好的耐腐蚀和保温性能，使用寿命长，回收容易、可重复使用。目前生产的柔性管的直径已达16英寸，破裂应力可达280MPa，可承受2100米水深的水柱压力。

三、海底管道的铺设方法

有多种不同的海底管道铺设施工方法，每一种方法都有其适合的铺设施工条件，要根据管道的设计参数、所处的海况、水深等选用最适合的铺设施工方法。

（一）铺管船法

铺管船法是海洋管道工业界最熟悉和使用最普遍的铺设施工方法。铺管船的技术性能和装备水平已经从60年代的第一代浅水平底驳船发展到90年代的第三代深水半潜式，可在恶劣的海况下进行铺管作业，铺管的能力已达可铺设直径60英寸的管道、水深可达2000米。在铺管船上装备有吊机、坡口加工、焊接、接头涂敷、无损探伤等设备，还有铺管作业必须的张紧器和托管架。在铺管作业时，除了铺管船外，还需要配备辅助支持船（管子运输船、布锚船、供应船、潜水支持船、测量船等），从而组成一个施工船队。铺管船的施工方法又可细分为以下三种类型：

1. S形铺管法。这是惯用的海底管道铺设方法，在陆地上预制好的12米或24米长的管段在船上的流水生产线作业上进行组对、接头焊接和涂防腐层、无损探伤检验，然后从船的尾部经托管架连续不断地下放到海底，见图7-14。因在铺设过程中管道从铺管船的托管架下到海床是成S形，因而得名。S形铺管法的水深一般不超过300米。

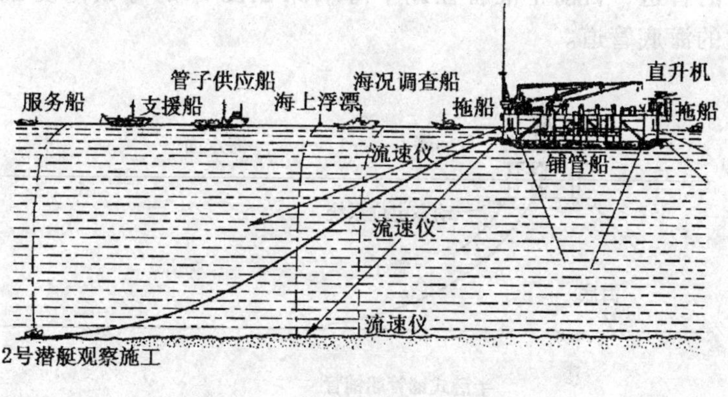

图7-14 铺管船作业示意图

在采用S形法的铺管施工过程中，在管道的S形段的上弯部和下弯部将产生高应力，其大小与管子的直径和壁厚、混凝土加重层的厚度、水深、张紧器的握紧力、托管架的长度和曲度、海底的状况、海况等有关，为此，承担铺管的承包商也要进行铺管作业中的应力分析，以选用合适的张紧器和托管架，确保施工应力不会超过管材的许用屈服强度。

2. J形铺管法。随着水深的增加，为了防止管道在铺设过程中产生过大的应力，需要增加托管架的长度；需要增加管子的壁厚以防止在铺管过程中的破裂和变形，这将使铺管船和海底之间悬空段的管串很重，给张紧器的设计带来很大困难，水深超过一定深度后已无法采用S形铺管法。在深水海域中采用J形铺管法，该法没有上弯段，降低了弯曲应力；也最大限度地减小了张紧器的握紧力；托管架的方向是垂直朝下。该法受水深变化的影响小，可使用同样的管子下水滑道，可铺设大口径的管道。J型铺管法的管段是在船上的立式塔架上进行组对、焊接等施工作业的，该塔架几乎是垂直的，其倾斜角度可调整至10～15°。使用该法已在墨西哥湾1463米的海区铺设了18英寸的管道，目前正准备在地中海水深2160米的海域铺设24英寸的海底管道。

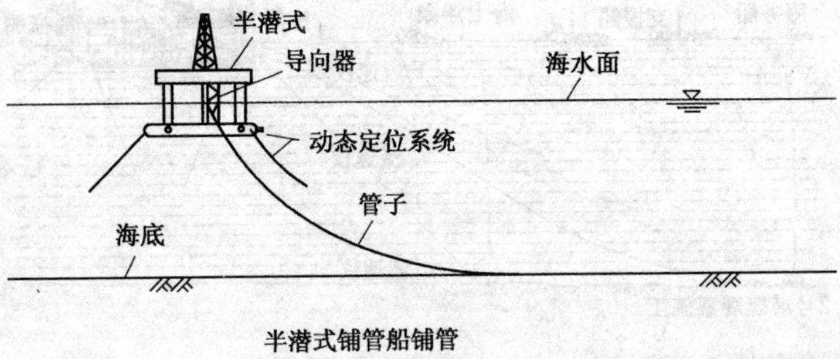

图7－15　J形铺管法

3. 卷筒法。对于小口径管道(最大不超过16英寸)，可采用卷筒法进行铺设。铺设的管道在陆地上预制成一定长度的连续管段，经过检验后缠绕在直径12～16米的卷筒上，铺管时在铺管船上拆卷和校直。一个卷筒上管子的长度取决于其直径大小，如4英寸的管子长度可达80公里，而16英寸的管子长度只能达到9公里。由于管子要卷绕在滚筒上，不能采用混凝土加重，要用厚壁管、以防止管子在缠绕过程中压瘪。管子卷筒在铺管船的安装有立式放置和水平放置两种方式，按照水深的要求，采用S形或J形进行管道铺设作业。卷筒法的突出特点是日铺管速度很快，可以大大降低海管的铺设费用。

（二）拖管法

拖管法常用于平台间的比较短的集油和集气管道、注水管道和装有控制电缆的管束等的铺设，也用在航道和河流的穿越中。拖管法的好处是，管串的预制、试压、检验工作可在陆地上进行，尽量减少海上工作量，降低费用；也不需要动用费用昂贵的铺管船。从作业角度讲，一般有四种拖管施工方式：沿海水平面拖管(Surface Tow)；在海水平面下拖管、在海床面以上拖管、沿海床面拖管。

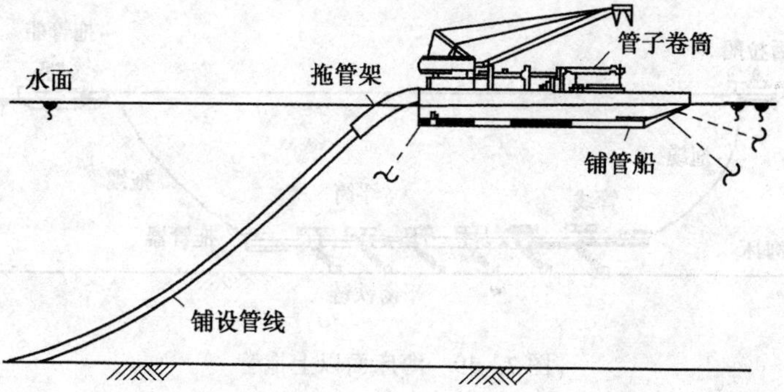

图 7－16　卷筒铺管法

1. 沿海水平面拖管

对于该种施工法，管串需要具有正浮力，一般用浮桶来达到所需要的浮力。在拖管作业过程中，需要有两条工作船，一条是在管串前端产生拉力的拖管船，另一条是使管串保持一定张紧力

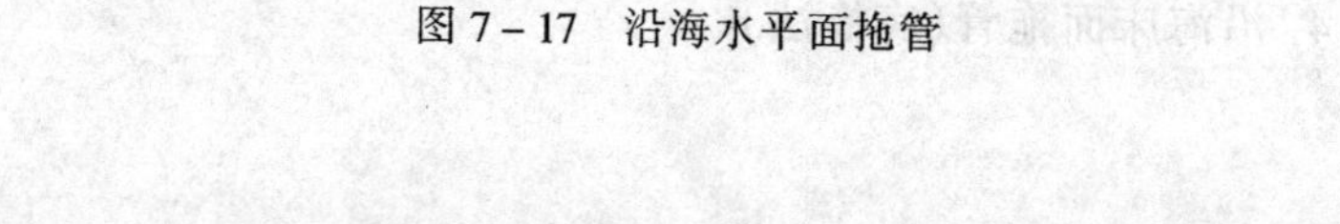

图 7－17　沿海水平面拖管

在其末端的后拉船。该拖管法的优点是不需要大马力的工作船，施工费用比较低。其最大缺点是对海况非常敏感，而且也易受到海上的过往船只的影响。

2. 在海水平面下拖管

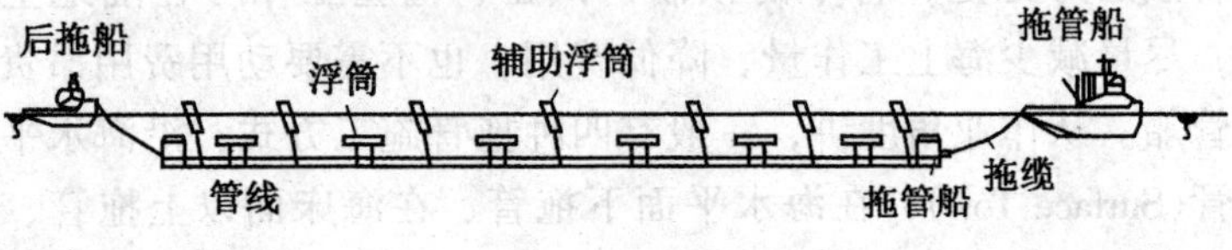

图 7－18　海水平面下拖管

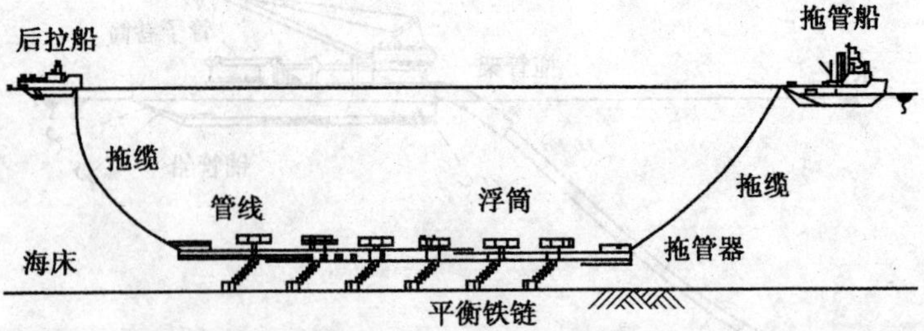

图 7－19　海床面以上拖管

该方法的施工作业与沿海水平面拖管法是一样的，其区别是由于被拖的管串保持在水面以下，极大地减小了表面风浪流的影响。通过工作船的拖拉力和张紧力、附加浮筒的浮力，使被拖管段在拖管作业中始终保持在水下一定的深度。

3. 在海床面以上拖管

该方法是使附加有浮筒的管串具有很小的正浮力，在浮筒下悬挂铁链，通过铁链悬挂在水中长度的变化，调节浮力大小，以使管串在拖管作业过程中保持漂浮在距海床一定高度的水中，避免和海床接触。

4. 沿海床面拖管(底拖法)

与上述三种方法相比，该拖管法的最大不同点是在拖管作业中始终要接触海底。在底拖法的设计中，拖管路径的选择是施工设计的基础，选择路径时要考虑对涂层的磨损少、没有障碍物、海床土壤组分适宜等，要进行详细的路径勘察。底拖法的优点是

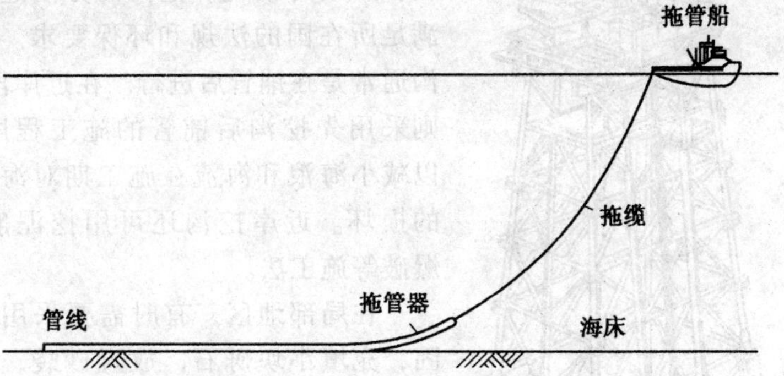

图 7－20　沿海床面拖管

在拖管作业时管串几乎不受气候条件的影响；如果拖管作业中气候条件超出拖船的能力，管串可以安全地停放在海底，等气候变好后再恢复拖管作业；底拖法不需要后拉船。底拖法的缺点是拖管船马力相对要大；易损坏外涂层。其费用相对要高一些。

四、海底管道的挖沟方法

海底管道将会在海流和浪作用下危及其稳定性；也可能受到拖网或船锚的损坏；在所选的路径中可能会遇到不可避免的沙浪和凹凸不平的海床地貌，使管道产生局部过高应力。为了确保海底管道在设计寿命期间的安全性，除了混凝土加重层外，需要对管道采取其他保护措施，挖沟埋设是目前公认的最有效的办法。在海底管道挖沟作业中最常使用的方法有以下四种：水力喷射、液化、机械切割、挖沟犁。

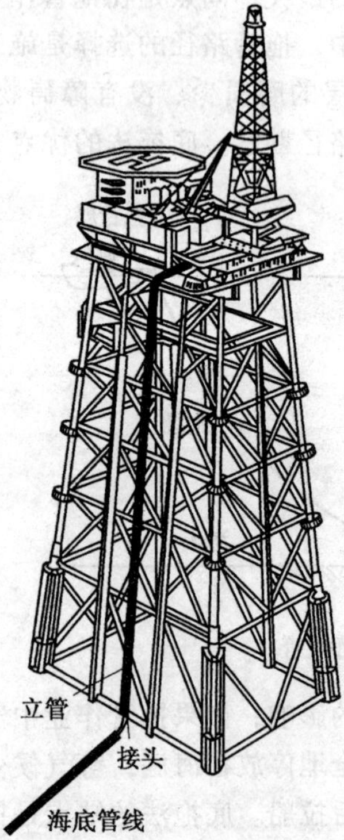

图 7-21 立管示意图

在选择挖沟方法时需要考虑的参数是：土壤的组分和性能、水深、管道的尺寸和重量、所在海域的海况、挖沟的土方量、所需要动用的设备和动力消耗。挖沟的方法还要满足所在国的法规和环保要求。挖沟通常是在铺管后进行。在近岸段，则采用先挖沟后铺管的施工程序，以减小海浪和海流在施工期对海管的损坏。近岸挖沟还可用挖泥船、爆破等施工法。

在局部地区，有时需要采用锚固，充填小块砾石，放置砂袋，混凝土盖板，混凝土鞍型支座，加大壁厚或混凝土层厚度等办法，保护海底管道。

五、海底管道的立管

和平台上的生产设施的连接方法是海底管道设计中的一个重要问题，这个连接是通过立管来实现的。海底管道和立管的连接方法的选用取决于水深、项目的进度、费用和平台的设计。

对于预先安装在平台上的立管和管道的连接方法有：法兰连接、高压舱焊接、机械接头等。

对在海上油田现场安装的立管和管道的连接方法有：铺管船上焊接、J 型导管内拉管、J 型导管内反向拉管、通过平台底部的弯管滑轨弯管法。

第八章　面向21世纪的油气储运技术

第一节　油气水的多相混输技术

如前所述，油气水在同一管道内流动的现象在油气田上是经常遇到的。研究油气混输技术是为了节约油气田的地面工程投资及运行费用、充分利用伴生气并减少环境污染。据国外粗略的统计，直到1981年，世界各油田一年放空和烧掉的伴生气总量，约相当于当时世界气田天然气年总产量的90%。

虽然世界上从40年代末就开始研究气液两相管流，著名的Lockhart－Martinelli两相流压降方程是在1949年发表的。但由于在陆上油气田中气液两相流动的管路都比较短，当时对井口能量的利用及减少环境污染尚没得到足够重视，故该项技术发展不快。

70年代中随着近海石油的大规模开发，油气流从井口到平台、从生产平台到处理平台、以及从生产平台到陆上处理厂之间的管路大都是多相混输，不仅距离长、投资大，其工况的不稳定对生产的影响也大。

在海洋石油工业中，采用混输技术所节省的投资是十分可观的。距岸边愈远、水深愈深、海洋条件愈不利的情况下，采用多相混输技术的效益愈高。目前世界上已投入运行的最大、最长的油气混输管道都是海洋管道。

进入90年代以来，随着海洋、沙漠、极地油气田的开发，多相混输技术已成为各国研究的热点。这些油气田环境条件恶劣，地面工程投资大，故简化集输流程、增加油气混输距离，将处理设备建在自然条件较好的地区，可以减少地面工程投资、充分利用油气资源，便于运行管理和环境保护，有重大的经济和社会效益。

随着重质原油开采比例的增大，以及进入中后期开采的油气井的含水量的递增，油气混输技术的难度也不断加大。油气水三相流动已成为各国多相流研究的重点。

由于油气水三相流动过程所特有的复杂性，各相在管内的分布情况和结构特征多种多样，相界面之间又存在着能量交换和传热、传质过程，必须将由机理分析建立多相流动的理论模型、和通过实验室试验取得某些参数、再经过现场试验来检验修正三者结合起来，才能得到可望用于工程实践的模型和软件。

近年来，英、美、法、挪威等国相继建立了不同规模的试验环道，在大量高质量的试验数据基础上进行多相流研究。如挪威SINTEF实验室的多相流环道，最大直径200毫米，水平段长1000米，竖直段高50米，配有管内流型可视化测试装置。该环道耗资近3000万美元。

鉴于多相流研究耗资巨大，目前国外的研究机构都倾向于采用由多家石油公司出资，共同支持某个研究机构开展其有特色的若干多相流研究课题。例如著名的软件OLGA就是由挪威国家石油研究院联合多家研究院所共同开发的，并采用多家院所的实验数据改进其数学模型。

多相流的研究包括管输工艺及混输设备两大方面，混输设备包括多相泵、多相流量计及三相分离装置等，国外经过十多年的研究开发，目前已有若干种产品。

管输工艺则包括稳态及瞬态流动模拟两大部分。在稳态模拟中，气液两相流动的流型划分、持液率及压降计算方法等比较成熟，著名软件的压降计算误差大都在20%以内，持液率则稍差些。但对于油气水三相流动的稳态模拟，则还有不少分歧。通过对三相流动的研究，人们认识到首先要搞清楚油水两相流动的规律。过去在油水两相流动方面的研究工作开展得要比气液两相流少得多。

近年来，英、美、挪威等国的多家研究院所都正在进行油水乳状液类型及其稳定性、影响反相点的因素、乳状液的流变性、油水两相管流的流型及压降规律等的实验研究。

瞬态流动模拟是多相流管道运行控制的基础，在多年稳态模拟研究的基础上，近年来国外已将研究重点转向瞬态模拟。在管道启动、停输、清管、改变运行条件及设备维修时，正确预测其瞬态多相流参数，是选择系统设备、保障安全经济运行所必需的。

多相流管道安全运行的研究还包括对水合物生成规律及解堵措施研究、多相流腐蚀机理及防腐措施研究等。由于多相流管道中气、水的存在，在一定的压力、温度下会形成水合物并可能造成管道堵塞。正确预测水合物的形成情况，确定适当的解堵方法，可以节约大量投资及运行费用。

由于水相的存在，油气水三相管道的内腐蚀要比油气两相管道严重得多。而且还可能伴有冲蚀现象，其内腐蚀问题很受各国研究部门的重视。

我国虽然从60年代就开始研究气液两相管流，但研究工作时断时续，迄今研究基础仍较薄弱。“九五”以来，在大庆设计研究院及石油大学分别建设了1英寸、2英寸、3英寸的多相流试验环道、多相流量计标定装置和多相泵试验场等，试验研究工作还刚开始。

鉴于我国的原油大都易凝高粘，在低温含水条件下多为非牛顿流体，因此我国的多相流研究特别重视油水混合物的流变特性、及气体—非牛顿液体的多相流动。

又鉴于我国沙漠地区的沙丘移动频繁，导致管道沿线高程起伏激烈。管道的倾角及其变化程度对多相流动的流型、持液率和压降都有很大影响。因此，必须结合沙漠和海底管道的实际情况，深入研究倾斜管和立管的多相流动。

第二节 易凝高粘原油的改性、改质常温输送技术

我国目前开采的原油大部分为易凝高粘原油。由于常规可采资源的减少，预计21世纪在全球范围内，易凝高粘原油的开采量将会增加。这些原油的输送能耗较大，管道运行的弹性小，实现其节能、安全输送多年来一直是油气储运领域科学研究和技术开发的主攻目标之一。

20世纪60年代以来逐步形成了以含蜡原油添加降凝剂改性输送、重质原油乳化输送等技术为代表的节能输送技术，取得巨大的经济和社会效益。但这些技术本身及其应用范围都还存在一定的局限性，需要从技术上进一步提高。为了迎接经济全球化和加入WTO带来的日趋激烈的国际竞争，石油企业必须不断降低生产成本，增强市场竞争力。输油管道的节能降耗是其中的重要组成部分。同时，我国现有主力油田大多已进入产量递减期，相应地输油管道的输量也随之下降。在本书第三章中已经指出，输量低于管道的经济输量范围时，管道的单位运输成本将显著上升，甚至亏损；对于加热输送的管道还有最低输量的限制。综上所述，新的形势需要输油技术有新的提高。

一、含蜡原油综合改性、改质常温输送技术

含蜡原油凝点高、常温下流动性差，其主要原因是原油中的蜡结晶析出，并相互联结形成网络结构。因此，改善含蜡原油的流动性，降低其输送能耗，需要从改变蜡晶的析出、形态和结构着手。预计这方面的发展方向，将是根据原油物性和管道条件，

综合运用多种物理的、化学的方法，进一步提高改性效果，实现在输送过程中不再加热的“常温输送”。

80~90年代间，添加降凝剂改性输送技术有了较大的发展。降凝剂添加量已从早期的1000克降凝剂/吨原油的数量级，降低至50克降凝剂(纯剂)/吨原油。但是，对于含蜡量较高，或组成特殊的原油，现有降凝剂的改性效果及其稳定性还不能满足生产的要求。例如，大庆原油是我国管道输送距离最长、输送量最大的一种原油，但降凝剂至今未在输送大庆原油的长输管线上推广应用，其主要原因之一，是大庆原油的胶质中含有较多可抑制现有降凝剂发挥作用的成分，限制了现有降凝剂的改性效果及其稳定性，使加剂输送时不能停掉足够多的加热站，故能耗并不比加热输送小。又如新疆吐哈盆地的某些原油虽然含蜡量并不太高(10%~15%)，但由于其含有大量C_{35}以上的高碳数蜡，故降凝剂处理的改性效果不大。因此，需要针对特殊组成的原油研究新型降凝剂。目前这项工作正在开展中。

加热输送管道输量降低到一定程度时，下站进站油温将低于安全极限。为保证管道安全、平稳运行，必须增加加热设备，甚至需要正输与反输交替运行，能源浪费巨大。改性后原油凝点降低，管道输送所要求的原油最低进站温度随之下降，从而节省了增加加热设备所需的投资，或可避免反输；对有些管道，在地温较高时还可以停掉部分或全部的中间加热炉。故实现易凝高粘原油的常温输送(中途不再加热)，可以充分节约加热能耗，增加管道运行的弹性和安全性，对于环境恶劣地区(沙漠、海上)的管道尤其重要。目前我国大多数含蜡原油管道还不能免除中途加热，实现经济、安全的常温输送是今后研究的主要目标之一。

通过热裂解、分子筛裂解等方法可以使原油中蜡的碳链断裂，从而减小蜡含量，或把化学改性难度大的高碳数蜡转变为碳数较低的蜡。这些方法既改善了原油流动性，也改变了原油的品质，统称原油“改质”。通过控制改质过程的工艺参数，可以控制原油改质的深度。若单纯从管道输送这一环节考虑，目前原油改质输送技术应用的主要障碍在经济方面，因为原油改质相当于将其粗加工一次。但对于流动性差、输送距离长的原油，若把原油的集输、长距离管输和加工诸环节作为一个整体综合考虑，以取得最高的整体效益为目标，有可能找到经济上合理的方案。这个一体化方案的实现，除了技术上的因素，还必须解决管理体制和经济核算的问题。

二、重质原油的采、集、输、加工一体化技术

世界上重质原油(稠油)的储量十分丰富。据联合国训练研究署(UNITAR)重油和沥青砂中心在十五届世界石油大会上发表的数据[1]，世界上重质原油的未来潜在可采储量为6951亿桶(1105亿立方米)。但目前重质原油占世界市场的份额不足5%，这主要是因为其开采、运输、加工成本较高。随着常规原油资源的减少，重质原油从80年代开始引起了国际石油界的重视。联合国训练研究署专门成立了重油和沥青砂中心。

重质原油的特点是比重大、粘度高、轻馏分油含量少。其蒸馏残渣油超过50%，而轻质原油中渣油的比例小于20%[1]。传统上重质原油的输送采用掺轻质油稀释降粘的方法，常常稀释与加热并用。由于轻质油来源不足，以及加热的高能耗，国外从80年代初开始急切地寻找重质原油输送的替代技术。所研究的技术包括水包油乳化降粘输送技术、低粘液环减阻输送技术，其中前者发展较快。在委内瑞拉，重质原油的水包油乳化技术已较成熟，所制备的“奥里乳化油”稳定性良好，可供管道输送、船运及长时间储存。近年来，通过对乳化技术的改进，已研制出相同油水比条件下粘度更低的第二代产品。目前，奥里乳化油主要用作燃料直接燃烧。

水包油乳化技术的应用可以从采油过程开始，采、集、输诸环节整体受益。原油常与水同时产出，一般含水率在40%～60%以内时，油井产出液为油包水乳状液，其粘度比原油粘度还要高。把表面活性剂溶液通过井筒注入井下，可促使油包水乳状液反相，在井下形成低粘的水包油乳状液，降低井筒和集输管道的流动阻力。这种技术在委内瑞拉、加拿大、美国均有应用。由于长距离运输和储存过程对乳状液稳定性的要求较高，目前这种在井下形成的乳状液一般不能直接作为产品外输，在外输以前需要重新处理。若重质原油乳化技术得到进一步提高，可以实现从井下乳化后采、集、输全过程减阻输送，则乳化技术可望得到更广泛的应用。

某些重质原油可用于生产优质道路沥青等高附加值的产品。但若在采、集、输环节掺入含蜡原油降粘，会影响沥青产品的质量。这就要求把采、集、输与加工诸环节联系起来作为整体考虑，以获取最大的总体经济效益为目标。

预计在未来的一段时间里，简单易行的稀释降粘技术仍将得到广泛的应用，但轻质油来源不足的问题将越来越突出，因此对稀释输送的替代技术的需求将越来越大。水包油乳化技术将继续完善，并越来越多地用于采、集、输诸环节。随着低粘液环减阻输送技术的进一步研究和完善，对于在不需过泵增压的输送距离内输送密度接近水的重质原油的情况，这项技术可望得到应用。目前还在研究重质原油的化学降粘剂，在有关机理研究取得进一步突破、产品的性能价格比进一步提高后，可望用于采、集、输过程的降粘减阻。

第三节　天然气产供销系统的发展趋势

目前，随着天然气在能源结构中所占的比重日益加大，世界各国无论是产气国或进口国，都在逐步建设连接全国(或各大区域)的天然气产供销系统。长输管道上均连接有若干进出支线和储气库。各进口国还大都有多个气源，以便于互通有无，确保供应。不论是从海上还是陆上，天然气的国际贸易量迅速增加。

前苏联的国家统一供气系统是全世界最庞大的供气系统，它连接了300多个大小气田、数十座地下储气库及2000多个城镇，管线总长度(包括输气支线)超过30万公里，总输气能力超过每年1万亿标准立方米。目前欧洲大陆的供气系统从北海延伸到地中海、从东欧边境的中转点延伸到大西洋沿岸，而阿尔及利亚至意大利输气管线、阿尔及利亚至西班牙输气管线又将该输气系统与北非的产气区连接起来了。

虽然目前天然气贸易的主要形式还是期货贸易，通过“照付不议”合同来互相制约，协调上中下游各方的利益，近年来在美国和加拿大一些天然气产量充足、储运销系统完善的地区，也正在开始发展天然气的现货贸易。

一、干线向长距离、大输量、大管径、高压力的方向发展[2]

近20年来，由于世界上新开发的大型气田大多远离天然气的消费中心，促使全球的干线输气管道的建设向着长运距、大口径和高压力的方向发展。从地域上则向着极地和海洋延伸。

正是因为超长距离的输气管道只有在大管径、大输量、高压力的前提下方能体现其经济性，简言之，管道的输气费用是其单位费率(元/标准立方米·公里)与距离的乘积，为了在长距离输送的情况下，仍能保持较低的输气费用，必须降低单位费率。如前所述，只有管径大、输量大时，其单位费率才低。因而长运距必须有大输量，才能有较强的竞争力。

一条管径为1420毫米、输送压力7.5MPa的输气管道，其输量可与三条管径为1020毫米、输送压力为5.5MPa的管道相当，而前者可节省钢材近20%。

前苏联是长距离、大口径管道最多的国家，到1990年其天然气的平均管输运距已达2698公里，最大管径为1420毫米，且有多条平行敷设，单条的设计输量约为300亿标准立方米/年。由于大管径、大壁厚时，制管及施工的难度大，在目前技术条件下，再加大管径就不一定经济可行了。目前欧美的最大管径为1220毫米(48英寸)。

提高输气管道的输送压力可以降低摩阻、减少压气站的数目、投资及运行费用，对于海底管道及通过边远地区的输气管道，提高输送压力的优越性更加明显。近年来，管材、制管水平及管道施工技术的提高为提高输气压力提供了现实可能性。目前世界上陆上输气管道的最高设计压力为12MPa(加拿大至美国的联盟输气管道)，海底输气管道的最高工作压力为15MPa(阿尔及利亚至意大利输气管道穿越西西里海峡段)。

目前世界上新开发和待开发的大型油气田不少分布在极北地区或海洋中，如俄罗斯的亚马尔半岛、美国的阿拉斯加、欧洲的北海等，这些油气田的开发促使输气管道建设不断向极地与海洋延伸。近二十多年来，海上油气开发获得了较快的发展，海底输气管道建设也获得了同步发展。据统计，1986~1990在欧洲和美洲海区共建设了6737公里海底管线，年平均增长率达到49.9%。目前世界上最长的海底输气管道是丹麦在北海海域铺设的Zeepipe管道，长度为821公里。

二、天然气转化为液体燃料技术的研究

正如本书第一章中所述，按输送同等热量计算，输气要比输油贵得多，故自90年代中以来，国外有不少研究部门正在研究将天然气转化为液体燃料(GTL)的技术。Exxon和Shell等公司已在中试工厂运行的GTL技术生产的液体燃料为石脑油、催化裂

化原料和某些中间馏分油。

决定此类技术能否推广的关键是规模和经济性。例如Exxon的自热式转化法，每生产1立方米液体燃料需耗天然气约1800立方米。当原料气价格为1.33美分/标准立方米时，每桶液体燃料的成本约为17.50美元(98年)。Shell的部分氧化法，每生产1立方米液体燃料需用天然气1430立方米及纯氧1.27公斤。

剑桥大学和麻省理工大学(1997年)对GTL技术提出的经济界限为：当布伦特原油价格高于20美元/桶、气价不高于1.33美分/标准立方米时，建设生产能力大于7900立方米/天的处理厂，在技术和经济上是可行的。年用气50亿标准立方米，要求气田的可采储量不小于850亿标准立方米。上述分析中没有包括长距离输送费用的比较。

1997年美国能源部提出了一个预期8年的GTL研究项目，目标是开发一种可将氧气从空气中分离出来，并使之与天然气反应生成合成燃料的薄膜技术，预期可使GTL的成本降低25%左右。

三、建设我国的天然气产、供、销系统

近年来，随着国内许多大中城市的天然气需求量逐年增加，我国显著加大了天然气工业的发展力度，除了要加速国内天然气资源的勘探开发外，还正在考虑从俄罗斯等国引进天然气。预计在二十一世纪初的一个相当长的时期内，我国输气管道建设将经历一个高潮期。目前，国家有关部门已经初步拟定了我国干线输气管网的总体规划方案。按照这一规划，即将开始建设或正在抓紧时间进行前期工作的输气管道包括：青海涩北至兰州、四川忠县至武汉、陕西靖边至北京的复线、塔里木至上海、俄罗斯的伊尔库茨克至中国东部地区的输气管线等。与管网相连的储气库也正在筹划之中。待这个规划实现后，我国将形成一个全国性的、

与国外输气管线相连通的大规模干线输气管网。

第四节　建立我国的石油战略储备系统[3]

自1993年以来，我国已成为石油净进口国。随着我国国民经济的快速发展，对进口石油的需求量迅猛增加，对其依赖程度不断加深。据预测到2010年，我国将进口原油0.5~1亿吨。为防止因国际突发事件导致进口原油供应中断，以及油价大幅度波动对我国经济的冲击，确保社会稳定，建立我国的石油战略储备，使之成为国家能源保障体系的重要环节，已是当务之急。

1973年爆发的石油危机，使各国政府深切认识到世界石油供应存在着种种不稳定因素，必须采取对策，1975年美国国会授权政府开始兴建石油战略储备系统。目前，美国是世界上拥有石油储备量最多的国家。其储备对象是原油。

美国的石油战略储备采用以地下盐岩洞储存为主，辅以部分地上油罐的方式。每个储藏点都有数量不一的岩洞，及与之相连的管道和中转泵站。地上罐就设在中转泵站上。每个储藏点都可通过其中转泵站与长距离输油管道或大型装卸油港口相接，以便于原油的顺利周转。每个储藏点的容量均可达几百万立方米，储备油必须由政府主管部门下令才能动用。

90年代初的海湾战争期间，美国就是通过动用其石油储备，不但确保了战争期间的石油供应，而且平抑了国际油价，使原油价格不升反降。

目前，经合组织(OECD)的各成员国经过10~20年的努力，均已建立起巨大的石油战略储备。尤其是日本，由于其石油消费的99%以上依靠进口，比别的国家更易受“石油武器”的冲击，从1968年起就开始启动石油储备计划。其储备对象主要是原油，也包括少量成品油和液化石油气。日本的石油储备体系是由政府储备和民间储备两部分组成的，到1995年3月，两者的储备量均约为4500万立方米，总储备量相当于157天的消费水平。

目前，日本已在不同地区规划建造了十多个国家原油储备基地，每个基地的容量都在500万立方米左右。因地制宜地采用了各种储备方式，有地面储油、半地下储油、海上储油和地下洞穴储油系统等。国家对储备基地的建设不仅有财政投资、贷款、税收优惠等一系列政策，还设立了专门的账户。

综观国外的情况，我国必须尽快制定国家石油战略储备的有关政策、法规。建立国家储备和民间储备的两级储备体系，规划储备量的逐年发展计划及储备基地的布局和实施步骤，因地制宜地研究各储备系统的建设方法，研究制定战略储备油的采购、销售及运行管理等的一系列政策和措施。

参 考 文 献

第一章

[1] Amir Badakhshan,第十五届世界石油大会文集(下册),石油工业出版社,679 ~ 689,1997

[2] 碧仁,50年来世界油气管道的发展,石油消息,1998.4.29

[3] E.F.Shawyer 等,第十四届世界石油大会文集(下册),石油工业出版社,365 ~ 370,1994

[4] 严大凡,不同运距的管道经济输量,油气储运,18(2):43 ~ 47,1999

[5] 陈钢等,国外 LNG 接收终端,石油规划总院,(3)1998

[6] J.L.Kennedy, Oil and Gas Pipeline Fundamentals, Pennewell Publish Company, 1984

第二章

[1] 冯叔初等,油气集输,石油大学出版社,1994

[2] 油田油气集输设计技术手册编写组,油田油气集输设计技术手册,石油工业出版社,1994

[3] 国家环境保护局,石油石化工业废水治理,中国环境科学出版社,1992

[4] Г.С. 卢托什金,油气水的收集与处理,石油工业出版社,1987

[5] 金德馨主编,油田生产自动化成果及展望,石油工业出版社,1995

[6] R.I. 威廉斯,油气工业监控与数据采集(SCADA)系统,石油工业出版社,1995

[7] Parviz Mehdizadeh,"Multi-phase Flow Metering Using Dissimilar Flow Sensor",SPE 29847,1995

第三章

[1] 石油天然气管道局,油气管道工程概论,石油工业出版社,1993

[2] 严大凡,不同运距的管道经济输量,油气储运,1999,18(2):43 ~ 47

[3] 杨筱蘅、张国忠,输油管道设计与管理,石油大学出版社,1996

[4] 中华人民共和国国家标准(GB50253—94):输油管道工程设计规范,中国计划出版社,1994

[5] Baum J.S. et al, Multi-products pipelines: Western Canadian experience, Proc. Int'l Pipeline Conf., 1998, Vol.1:127 ~ 137

[6] Bontkes P., Batching crude oil and NGL through a Canadian trunkline, Pipe Line Industry, June 1989:15 ~ 16

[7] Vergnes B., Microcomputers operate French products pipeline, Oil & Gas J. Feb. 8, 1982: 130

[8] Kennedy J.L., Oil and Gas Pipeline Fundamentals, PennWell Publishing Company, 1985
[9] 王可中、裘东平、李春光、钱建华,鲁宁管道添加CE-S原油改性剂工业性试验,油气储运,1998,17(2):13~18
[10] Thomson, R.W., Farrent, L.A., Treatment of Jackson waxy crudes for pipelining, Chemeca, 1984:79~86
[11] Zhang Jinjun(张劲军), Liu Zhonghui(刘忠晖), Zhang Fan(张帆), Huang Qiyu(黄启玉), Yan Dafan(严大凡), Waxy crude treated with pour-point-depressants: flow behavior and its evaluation, Proc. of ISMNP'97, International Academic Press, 1997. p.7-15~7-20
[12] 刘清林、张冬敏、高艳清,降凝剂在含蜡原油中作用规律的研究,油气储运,1993,12(3):1~5
[13] 庞万忠、王彪、陈立滇,大庆、大港原油对降凝剂的感受性及其非烃组分对降凝剂效果的影响,石油学报,1995, 16(2):125~133
[14] 张劲军、赵堂华、刘忠晖、黄启玉,剪切作用对添加降凝剂后新疆混合原油流变性的影响,石油大学学报,1993, 17(6):74~78
[15] 张劲军,含蜡原油添加降凝剂输送中剪切作用的影响和模拟,石油大学博士学位论文,1998
[16] Rimmer, D.P., Gregoli, A.A., Hamsbar J.A., Yildirim E., Pipeline emulsion transportation for heavy oils, In: L. L. Schramm ed., Emulsion: Fundamentals and Applications in the Petroleum Industry, American Chemical Society, 1992
[17] 傅诚德、刘振武主编,世界石油科技发展趋势与展望,石油工业出版社,1997
[18] Russell R.J., Chapman E.D., The pumping of 85°F pour point Assam(Nahorkatiya) crude oil at 65°F, J. Inst. Petrol., 1971, 57(554):117~128
[19] 曲慎扬等,原油管道工程,石油工业出版社,1991
[20] Lamb M.J., Simpson W.C., Transportation by pipeline of waxy-laden crude oil as a water suspension, Int. Pipes & Pipelines, March 1964:33~39
[21] Guevara E., Zagustin K., Zublillaga V., Trallero, J. L., Core-annular flow: the most economical method for the transportation of viscous hydrocarbons, Proc. of the 4th UNITAR/UNDP Conference on Heavy Crude and Tar Sands(Edmonton, Alberta, Canada, Aug.7-12,1988), Vol.5:531~544
[22] Oil-water line moves highly viscous crude, Oil & Gas J., 1972, 70(6):37
[23] Nijs L., 新型减阻剂,1995年国际管道技术会议论文集,石油工业出版社,1996
[24] 胡通年,减阻剂在我国输油管道上的应用试验,油气储运,1997,16(6):11~14

第四章

[1] 姚光镇. 输气管道设计与管理. 东营:石油大学出版社,1991
[2] 王志昌. 输气管道工程. 北京:石油工业出版社,1997

[3] 哈尔滨建筑工程学院．燃气输配．北京：中国建筑工业出版社，1988
[4] 张永红．天然气流量计量．北京：石油工业出版社，1995
[5] Katz D.L. Natural Gas Engineering, New York: McGraw-Hill Publishing Company, 1990
[6] Flanigan O. Underground Gas Storage Facilities-Design and Implementation. Houston, Texas: Gulf Publishing Company, 1995

第五章

[1] 中华人民共和国国家标准(GB50251—94)，输气管道工程设计规范，中国计划出版社，1994
[2] 中华人民共和国国家标准(GB50253—94)，输油管道工程设计规范，中国计划出版社，1994
[3] 梁翕章、唐智圆，世界著名管道工程，石油工业出版社，1994
[4] 王志昌主编，输气管道工程，石油工业出版社，1997
[5] 俞蓉蓉主编，地下金属管道的腐蚀与防腐，石油工业出版社，1998
[6] HopkinsP.，输气管道如何提高管道的完整性和预防事故，'95国际管道技术会议论文集，石油工业出版社：499－515
[7] Muhlbauer W.K., Pipeline Risk Management Manual, Gulf Publishing Co., Houston, 1992

第六章

[1] 郭光臣等，油库设计与管理，石油大学出版社，1991
[2] 何龙辉，我国原油储运设施发展趋势，油气储运工程设计，1995，(3～4)：30
[3] 李文忠、陈莲静，发挥管道优势加快成品油管道建设，油气储运，1995，14(2)：2

第八章

[1] Meyer R.F.，世界重油资源，第十五届世界石油大会文集(上册)，第十五届世界石油大会中国组委会秘书局、中国石油天然气总公司信息研究所，1997
[2] Ercolani D., Donati E.，利用高压长距离管道输送天然气，第四届东北亚天然气管道国际研讨会论文集，石油工业出版社，1998
[3] 张品先、严大凡，关于建立和完善我国石油储备制度的设想，国际石油经济，4(3)：1996